EFFICIENT USE OF FERTILIZERS IN AGRICULTURE

Developments in Plant and Soil Sciences

Volume 10

Also in this series

1. J. Monteith and C. Webb, eds.,
   Soil Water and Nitrogen in Mediterranean-type Environments.
   1981. ISBN 90-247-2406-6
2. J.C. Brogan, ed.,
   Nitrogen Losses and Surface Run-off from Landspreading of Manures.
   1981. ISBN 90-247-2471-6
3. J.D. Bewley, ed.,
   Nitrogen and Carbon Metabolism.
   1981. ISBN 90-247-2472-4
4. R. Brouwer, I. Gašparíková, J. Kolek and B.C. Loughman, eds.,
   Structure and Function of Plant Roots.
   1981. ISBN 90-247-2405-8
5. Y.R. Dommergues and H.G. Diem, eds.,
   Microbiology of Tropical Soils and Plant Productivity.
   1982. ISBN 90-247-2624-7
6. G.P. Robertson, R. Herrera and T. Rosswall, eds.,
   Nitrogen Cycling in Ecosystems of Latin America and the Caribbean.
   1982. ISBN 90-247-2719-7
7. D. Atkinson et al., eds.,
   Tree Root Systems and their Mycorrhizas.
   1983. ISBN 90-247-2821-5
8. M.R. Sarić and B.C. Loughman, eds.,
   Genetic Aspects of Plant Nutrition.
   1983. ISBN 90-247-2822-3
9. J.R. Freney and J.R. Simpson, eds.,
   Gaseous Loss of Nitrogen from Plant-Soil Systems.
   1983. ISBN 90-247-2820-7

Symposium on Research into Agro-technical Methods...

Efficient Use of Fertilizers in Agriculture

Proceedings of the Symposium on Research into Agro-technical Methods Aiming at Increasing the Productivity of Crops – Co-efficients for the most Efficient Use of Fertilizer Nutrients and Means for Reducing the Losses of Nutrients to the Environment under the Conditions of Intensive Agriculture. Organized by the Agriculture Section of the United Nations Economic Commission for Europe. Held at Geneva, Switzerland, 17–21 January 1983.

UNITED NATIONS ECONOMIC COMMISSION FOR EUROPE

1983 **MARTINUS NIJHOFF PUBLISHERS**
a member of the KLUWER ACADEMIC PUBLISHERS GROUP
THE HAGUE / BOSTON / LANCASTER

for the United Nations

Distributors

for the United States and Canada: Kluwer Boston, Inc., 190 Old Derby Street, Hingham, MA 02043, USA
for all other countries: Kluwer Academic Publishers Group, Distribution Center, P.O.Box 322, 3300 AH Dordrecht, The Netherlands

Library of Congress Cataloging in Publication Data

Symposium on Research into Agro-technical Methods Aiming at Increasing the Productivity of Crops--Co-efficients for the Most Efficient Use of Fertilizer Nutrients and Means for Reducing the Losses of Nutrients to the Environment under the Conditions of Intensive Agriculture (1983 : Geneva, Switzerland)
Efficient use of fertilizers in agriculture.

(Developments in plant and soil sciences ; v. 10)
"Proceedings of the Symposium on Research into Agro-technical Methods Aiming at Increasing the Productivity of Crops--Co-efficients for the Most Efficient Use of Fertilizer Nutrients and Means for Reducing the Losses of Nutrients to the Environment under the Conditions of Intensive Agriculture; organized by the Agriculture Section of the United Nations Economic Commission for Europe; held at Geneva, Switzerland, 17-21 January 1983."
1. Fertilizers--Congresses. 2. Plants--Nutrition--Congresses. 3. Crop yields--Congresses. I. United Nations. Economic Commission for Europe. II. United Nations. Economic Commission for Europe. Agriculture Section. III. Title. IV. Series.
S631.3.S96 1983 631.8'1 83-13094
ISBN 90-247-2866-5

ISBN 90-247-2866-5 (this volume)
ISBN 90-247-2405-8 (series)

Published for the United Nations by Martinus Nijhoff / Dr W. Junk Publishers

PRINTED IN THE NETHERLANDS

CONTENTS

REPORT OF THE SEMINAR

Introduction

1. The Symposium, held in the Palais des Nations, Geneva, from 17 to 21 January 1983, was attended by 40 experts representing governments, institutes and industry of the following countries: Czechoslovakia; Denmark; Finland; France; Germany, Federal Republic of; Hungary; Italy; the Netherlands; Portugal; Spain; Switzerland; Turkey; United Kingdom; the Union of Soviet Socialist Republics; and Yugoslavia.

2. A representative of the following specialized agency attended the Symposium: World Meteorological Organization (WMO). The following non-governmental organizations were represented: Centre d'Etude de l'Azote, International Centre of Chemical Fertilizers (CIEC) and the International Potash Institute.

3. The Officer-in-Charge of the FAO/ECE Agriculture and Timber Division welcomed the delegates and opened the meeting.

Adoption of the Agenda (Item 1)

4. The provisional agenda (document AGRI/SEM.18/1/Add.1) was adopted.

Election of Officers (Item 2)

5. Professor B. Novak (Czechoslovakia) was elected Chairman and Professor N.E. Nielsen (Denmark) was elected Vice-Chairman of the Symposium.

The Programme

6. The programme of the Symposium was composed as follows:

I. Maximizing the efficiency of mineral fertilizers (including economic factors) (rapporteurs: Professor Dr. V.G. Mineev, Director, All-Union Research Institute of Fertilizers and Soil Science, Moscow/USSR; Professor Dr. D. Sauerbeck, Director, and Dr. F. Timmermann, Institute of Plant Nutrition and Soil Science of the Federal Agricultural Research Centre, Braunschweig-Völkenrode and Professor Dr. A. Amberger, Director, Institute of Soil Science, Plant Nutrition and Phytopathology of the University of Munich/Federal Republic of Germany; Mr. K. Skriver, National Advisory Centre of the Danish Agricultural Organizations, Viby/Denmark; Dr. J.-P. Ryser, Agricultural Research Station of Changins, Nyon/Switzerland and Messrs. H. Braun and R.N. Roy, Fertilizer and Plant Nutrition Service, FAO).

II. <u>Integrated plant nutrition systems</u> (rapporteurs: Dr. I. Latkovics (Mrs.), Scientific Adviser, Research Institute of Soil Science and Agrochemistry, Budapest/Hungary; Professor Dr. B. Novak, Research Institute of Crop Production, Prague/Czechoslovakia and Messrs. R.N. Roy and H. Barun, Fertilizer and Plant Nutrition Service, FAO).

III. <u>Plant breeding for a more efficient use of plant nutrients</u> (rapporteurs: Dr. N.E. Nielsen, Department for Plant Nutrition, Royal Veterinary and Agricultural University, Copenhagen/Denmark; Messrs. F.X. Paccaud and A. Fossati, Agricultural Research Station of Changins, Nyon/Switzerland and Mr. J. Mesdag and Dr. A.G. Balkema-Boomstra (Mrs.), Foundation for Agricultural Plant Breeding, Wageningen/Netherlands).

IV. <u>Approaches and methods for evaluating and increasing the crop production potential of soils</u> (rapporteurs: Mr. J. Herbert, Director, Agricultural Research Station of Aisne, Laon/France; Dr. M. Bogdevich, Director, Byelorussian Research Institute of Soil Science and Agrochemistry, Minsk/Byelorussian SSR; Mr. R.W. Swain, Regional Soil Scientist, Derby/United Kingdom and Dr. J. Dissing Nielsen, Government Laboratory for Soil and Crop Research, Lyngby/Denmark).

7. In addition to these, the following papers were submitted and presented:

(i) Food security and ecology in conflict? (Professor Dr. J.von Ah, Federal Department of Agriculture, Bern/Switzerland);

(ii) Information on the co-operation of CMEA member countries for a rational and more efficient utilization of fertilizers (Secretariat of the Council of Mutual Economic Assistance, Moscow/USSR);

(iii) Nitrogen fertilization and its profitability in the light of the changed price/cost situation in the Federal Republic of Germany (Dr. H. Nieder, Fachverband Stickstoffindustrie e.V., Düsseldorf/Federal Republic of Germany).

(iv) The effect of the organic-mineral fertilizer (Humofertil) on the maintenance and increase of soil fertility and on the prevention of underground and water pollution (Dr. F. Pajenk and Professor Dr. Dj. B. Jelenić, University of Belgrade/Yugoslavia);

(v) Possibilities of increasing the production of corn in the chernozem zone of Yugoslavia (Vojvodina) by zinc application (Professor Dr. St. Manojlović, Faculty of Agriculture of Novi Sad/Yugoslavia).

(vi) Enrichment with certain trace elements through the application of fungicides (Professor Dr. D. Kerin, Agricultural College of the University of Maribor/Yugoslavia).

I. Maximizing the efficiency of mineral fertilizers (including economic factors)

8. In an opening paper it was shown that Switzerland in view of its special features attaches high attention to food security and how this implies that an input intensive agricultural production may have priority in some cases over ecological considerations. Evidence was given that the use of auxiliary inputs, such as fertilizers, has not yet reached the supportable limits and that a more location-specific approach in ecological concepts should be adopted in future.

9. In order to ascertain the agronomically and economically desirable level of fertilizer application on the various soil types of the USSR, the additional agricultural production and the share of yields attributable to fertilizers, the yields of basic agricultural crops in the rotation systems and the quality of production, but also the balance of nutrients have been determined. On sod-podzolic soils, the return was found to be 5.0-6.5 kg of grain per kg of fertilizer nutrient, 4-6 kg of grain on gray forest soils and on chernozem soils about 4 kg. Based on these results, the following recommendations could be formulated for an expected yield of 45 to 50 quintals of grain per ha:

On sod-podzolic soils 90-120 kg/ha and year of each N, P and K (after preliminary application of 9-10 tons/ha of manure); on gray forest soils 50-60 kg/ha and year of each N, P and K (after preliminary application of 9-11 tons/ha of manure); and on chernozem soils 40-50 kg/ha and year of each N, P and K (after preliminary application of 5-6 tons/ha of manure). Up to 55 per cent of the yield were attributable to fertilizers on sod-podzolic soils, up to 28 per cent on gray forest soils and up to 20 per cent on chernozem soils.

10. A report from the Federal Republic of Germany stressed the need to use fertilizers most economically, and the most critical nutrient in this respect is nitrogen. An N_{min}-method has been introduced in this country for the determination of the initial N requirements for cereals, supplemented by a relatively simple nitrate test in growing plants for determination of a second N application later during the vegetation period. Another practical assessment method for N is based on the population density of cereals per area unit. As to sugar beets, possibly N_{min}-determination in the soil at a later stage than sowing time may be indicated since the N situation in the soil may change until the real development of the beet plants later on in the vegetation period. Reference was also made to P and K fertilization on the basis of soil tests. As to the usefulness of supplying regularly certain trace elements there remains some doubt and such applications should be based on proven evidence in each particular case.

11. Another report from the same country dealt with ways of controlling the availability, turnover and losses of inorganic fertilizer N in soils. After determining the main forms of losses of nitrogen in soils, the paper discussed the various agrotechnical and chemical means for avoiding or minimizing such losses, such as:

- limitation and proper timing (resp. splitting) of mineral fertilizers according to the special need of crops,
- intercropping and straw mulching,
- proper placement,
- new fertilizer technology (formulations, coating, slow release fertilizers and foliar spray),
- nitrification resp. urease inhibitors.

By the way of inhibition of nitrification in the soil the nitrate load of ground water can also be reduced.

12. A report from Denmark presented the use of electronic data processing (EDP) in processing and utilizing individual farm and field data for the drawing up of fertilizer plans. EDP facilitates this complex task since it can efficiently handle the huge amount of relevant data, including specific indicators for each crop, interactions in crop rotations, soil analyses, fertilizer prices and application costs, etc.

13. A report from Switzerland dealt with the maximization of efficiency of potash fertilizers. A refined method of measurement is based on the exchange capacity of cations according to the different soil types. Important variations in the absorptive capacity of plants for potassium were observed, i.e. a high capacity for ray grass, wheat and barley, a low capacity for maize, clover and tomatoes. It was concluded that heavy (clay) soils are better suited for meadows or wheat and barley crops than for maize, clover or other crops with a low absorption capacity.

14. A report by FAO showed that to match food requirements of developing countries by 2000 with production, about 28 per cent of the required increase in production could still come from a further increase in the cultivated area, but about 72 per cent from higher yields. So far, fertilizers have accounted for about 50 per cent of the achieved increase in crop yields. The paper emphasized that to achieve food production target in the year 2000, the fertilizer consumption has to be increased by three-to-fourfold. In view of the present energy crisis and consequent high prices of fertilizers, plant nutrition has to be rationalized and in this context increasing fertilizer efficiency is of paramount importance. The paper described various pathways of nutrient losses and consequent recoveries. It also elaborated proper

management of various relevant factors like genetic, edaphic, fertilizer and other production factors enhancing fertilizer use efficiency and their practical applicability - keeping in mind economic considerations. Such proven techniques are being transferred to the benefit of large numbers of farmers in more than 50 countries through the FAO Fertilizer Programme.

15. A further report from the Federal Republic of Germany discussed the profitability of nitrogen fertilization. It was pointed out that farmers have to get as closely as possible to the optimum level of fertilization in order to exploit fully the potential of modern high-yielding varieties. Nitrogen application as an area of decision making requires a great deal of expertise and knowledge. A highly efficient use of N fertilizers is not only an economic necessity but this is also a way of responding to potential ecological problems.

16. A paper from Yugoslavia presented a new type of organic-mineral fertilizer based on lignite. This fertilizer (humofertil) produced positive effects on yields and contributed also to reduced leaching of nitrogen.

II. Integrated plant nutrition systems

17. Integrated production systems have been developed and implemented in Hungary, beginning with maize, wheat and related crops such as sunflowers or rice. These systems take an all-embracing approach, including soil conditions, chemical analysis of the soils and plant nutrients, prevailing production techniques, yields and other variety characteristics. Upper and lower target yield levels are formulated according to varieties and specific sites. The systems are continuously updated and adjusted. Favourable results have been achieved with deep placement of fertilizers, with the use of new fertilizers such as liquid and suspension fertilizers and with deep cultivation techniques in Hungary. Sometimes a simultaneous application of fertilizers and pesticides is practised during the vegetation period.

18. In Czechoslovakia, resources of P and K available to plants in soils increased significantly in the past, but an increasing part of the fertilizer nutrients is not used by the plants and therefore a further increase in P and K fertilizer consumption does not seem to be profitable. The heaviest task is the improvement of N efficiency and the prevention of soil N losses. A good deal of these problems may be solved with the aid of humus substances and the report makes relevant suggestions for a sound basis of plant nutrition.

19. A report by FAO outlined the increasing attention in the work of this organization on the integrated system approach in plant nutrition through the judicious and efficient use of mineral fertilizers, organic manures and biologically fixed nitrogen, as well as ways in which such systems are being promoted and implemented, as for instance in the context of the FAO Fertilizer Programme.

III. Plant breeding for a more efficient use of plant nutrients

20. A report from Denmark showed that the efficiency of nutrient uptake by plants from the soil is determined by the root length, and by the plant parameters controlling net inflow of nutrients per unit length of root. A drastic decrease in N, P and K uptake during flowering and heading of cereals was observed, a phenomenon which seems to require further study. It was suggested that plant breeding could improve e.g. the efficiency of phosphorus uptake of barley and maize, thus finding plants adaptable to lower soil P levels.

21. A paper from Switzerland reported on research on varieties with a reduced energy input. So far this research concentrated on the N intake of wheat and on N metabolism in different cultivars. Wide varietal variations were encountered for N absorption and translocation. The results of the research indicate room for a future selection of wheat varieties with a reduced energy input. It was noted that the translocation of N has risen parallel to the increase in yields.

2. A report from the Netherlands presented research work on varietal differences for reaction to high soil acidity and to trace elements. It was found that the ability to grow on a soil of pH (KCL) of four and below increases from barley to durum wheat, bread wheat, rye and finally oats. The research also dealt with the inheritance of the acidity tolerance in barley and bread wheat. Diseases caused by deficiency or excess of trace elements were discussed as well. Here again, clear varietal differences in susceptibility could be noted, but in practice such deficiency problems have hitherto been solved by adding micronutrients to the fertilizers rather than by breeding programmes in the Netherlands. Plant breeding offers an opportunity to overcome problems caused by an excess of trace elements.

IV. Approaches and methods for evaluating and increasing the crop production potential of soils

23. The report submitted by France discusses the three principal methods of optimizing the use of fertilizers: analysis of pairs of situations (in the same field), crop surveys, and experimentation. Although the soil production potential is influenced by the available techniques, it should as far as possible be evaluated independently of these. A climatic potentiality index (TURC) provides a general indication. More accurate indications should take account of the physical conditions of the soil. Some may be connected with texture (furnished by analysis or by soil maps). Observations of crop profiles, especially root distribution, can be highly significant in explaining the results achieved by the farmer. As regards fertilizing, the P and K doses are based on the two-fold consideration of maintenance fertilizing (in accordance with the balance) and of correction based on the soil analysis. These recommendations may be prepared by a computer. For nitrogen fertilizer, a model taking account of the yield objective, the crop situation, the N_{min} and the nature of the soil is

applied. Further information could be obtained through some additional work on yield prediction methods and on rooting.

24. In the Byelorussian SSR, the predominance of relative poor sod-podzolic and swampy soils makes soil fertility the most important limiting factor in crop production. Quantitative parameters for the evaluation of soil fertility are elaborated in relation to the basic properties correlated with the yields of cereals and potatoes on ploughed land and of grasses on pastures and meadows. Chronologically stable soil properties, determined by genetic type, mechanical composition, type and structure of the soil-forming rocks and by the degree of humidity and the climatic zone, are evaluated by reference to a closed 100-point scale which assumes that the agrochemical properties of soils and their suitability for industrial crop production are optimal. The real condition of the agrochemical and technological properties of soils as they evolve in time is reflected by correction factors whereby corrections are periodically made to the basic evaluation figure. Thus for each field there are two evaluation figures - a long-term figure, which reflects the potential fertility of the soil when all improvable properties have been optimized, and a real figure, evaluating the level of soil fertility actually achieved, taking into account all the unfavourable properties observed during the period of evaluation. This systematic evaluation as well as the periodic adjustment form an important basis for the planning of investments, yield levels and for an evaluation of the efficiency of fertilizers.

25. As indicated by a report from the United Kingdom many arable soils in England and Wales seem to have reached the stage at which their production potential cannot any more be increased by the use of fertilizers. This is somewhat different with regard to grassland, however. Major increases in the crop production potential of soils depend therefore upon further improvements in the management of the soil physical environment. The optimum N input is difficult to determine, soil analytical methods have often failed. Optimum nitrogen appears to be related to soil texture as well as to residual soil nitrogen and seasonal factors. Models are being developed for optimum nitrogen management under standardized soil type and crop conditions.

26. A report from Denmark discussed the value of soil tests and concludes that:

- the extracted amount of nutrient must be considered against the number of years for which the results of a soil test will be used;
- some analytical methods will only be suited for some soil types;
- uncomplicated and inexpensive soil tests will be preferred;
- a division of plant nutrients in fractions according to solubility and availability for plants may be important in experiments with good control of plant growth. This can be valuable for the interpretation of the results from crop experiments.

27. Another report from Yugoslavia discussed the effect of zinc on maize yields in connection with zinc deficiency on cherozem soils in this country.

V. General Conclusions

28. The papers presented and the discussions at the Symposium showed a general agreement on the following points:

(i) In the industrial countries, high actual levels of fertilizer application in an intensive agriculture, rising energy costs and changes in the price ratios of agricultural inputs to output to the detriment of inputs (notably of industrial origin) force agriculture to maximize the efficiency of fertilizers. In the developing countries there is the same need, but further considerable increases in crop yields are of vital importance in the years ahead and such increases will to a large extent depend on the rising use of fertilizers. Scarce economic resources in these countries equally demand the most efficient use of the fertilizer nutrients along with the development of renewable sources of plant nutrients.

(ii) Soils of some European countries seem to have reached well built-up P and K levels. Therefore the use of balance (maintenance) accounts is rather widespread and seems to provide good results in these countries.

(iii) Owing to the fact that the optimum range for nitrogen available to plants in soils is narrower than for P and K, N fertilizers play a vital role for yields of crops and their quality, and also for possible pollution effects. Furthermore, most soil N exits in organic form and requires mineralization before it becomes available to the plants. The mineralization is the result of microbe activities which can be influenced considerably by weather, soil status, crop rotation, type of organic manures, etc. This creates the problem of determining the optimum number of soil samples and their speedy utilization. In many countries, standardized models and production functions are being used for such purposes in order to rationalize the formulation of fertilizer recommendations. Such models have to take into account the entire production complex, i.e. from the soil to the plant, including production and management techniques, crop rotation, climatic developments and also price changes. Hence the development of so called "integrated production systems". The use of electronic data processing can be of considerable assistance in the handling and manipulation of the enormous amount of data involved in such a process. In this context, further research on simple and efficient testing methods will be required, especially for quick decisions to be taken at later stages of the vegetation period (e.g. for cereals). All advances in analytical methods and data processing do still require the skillful implementation at the farm level, however, and this is a rather important aspect of the entire fertilizer economy.

(iv) Main emphasis of research has been put on balancing nutritional deficiencies of soils more or less entirely through fertilizers, including more recently also certain trace elements. More recent research suggests, however, that plant breeding may offer good possibilities for producing commercial varieties of higher efficiency in the utilization of soil nutrients and adapted to high soil acidity and deficiencies or excesses, such as low P content of soils or lack of certain trace elements. Such an approach could be of particular importance for developing countries.

(v) The discussion brought out a concern of several delegates to provide an optimum solution for the economic interest of the agricultural producers and the protection of the environment.

29. The complexity of research and the many practical adaptations as well as the speed of technological progress make international co-operation and scientific exchange ever more important for all countries. This is why participants found the present Symposium very useful and recommended a wider distribution of the reports presented, preferably in form of a publication of the proceedings.

30. Participants were informed by the secretariat that the ECE Committee on Agricultural Problems, in accordance with a list of possible subjects for future symposia suggested by the previous FAO/ECE fertilizer symposium in 1979 and following a vote of member countries, decided to hold a symposium on the "Utilization of micronutrients and trace elements in agriculture" in 1987. The Symposium suggested that the 1987 symposium should not include the effects of toxic heavy metals, but only trace elements of importance in plant nutrition. Several delegations suggested that the effects of toxic heavy metals should form the subject of a special international symposium in the near future.

31. The Symposium adopted the present report.

RAPPORT DU COLLOQUE

Introduction

1. Le Colloque, qui s'est tenu au Palais des Nations, à Genève, du 17 au 21 janvier 1983, a réuni une quarantaine d'experts représentant des gouvernements, des instituts et des entreprises industrielles des pays suivants : Allemagne, République fédérale d'; Danemark; Espagne; Finlande; France; Hongrie; Italie; Pays-Bas; Portugal; Royaume-Uni; Suisse; Tchécoslovaquie; Union des Républiques socialistes soviétiques et Yougoslavie.

2. A participé au Colloque, un représentant de l'Institution spécialisée ci-après : Organisation météorologique mondiale (OMM). Les organisations non gouvernementales suivantes étaient représentées : Centre d'étude de l'azote, Centre international des engrais chimiques (CIEC) et Institut international de la potasse.

3. Le Directeur adjoint de la Division FAO/CEE de l'agriculture et du bois a souhaité la bienvenue aux participants et ouvert la réunion.

Adoption de l'ordre du jour (point 1 de l'ordre du jour)

4. L'ordre du jour provisoire (AGRI/SEM.18/Add.1) a été adopté.

Election du Bureau (point 2 de l'ordre du jour)

5. MM. B. Novak (Tchécoslovaquie) et N.E. Nielsen (Danemark) ont été élus Président et Vice-Président du Colloque.

Programme

6. Le programme du Colloque a été établi comme suit :

   1. Utilisation optimale des engrais mineraux (compte tenu des facteurs économiques) (Rapporteurs : le professeur V.C. Mineev, Directeur de l'Institut de recherche sur les engrais et la science du sol, Moscou, URSS; le professeur D. Sauerbeck, Directeur, et M.F. Timmermann de l'Institut de phytonutrition et de pédologie, Centre fédéral de recherche agricole, Braunschweig-Völkenrode, et le professeur A. Amberger, Directeur de l'Institut de pédologie, phytonutrition et phytopathologie de

l'Université de Munich, République fédérale d' Allemagne; M. K. Skriver, Centre consultatif national des organisations agricoles danoises, Viby, Danemark;
M. J.P. Ryser, Station de recherche agricole de Changins, Nyon, Suisse; et MM. H. Braun et R.N. Roy, Services des engrais et de la nutrition des plantes, FAO).

II. Systèmes intégrés de nutrition des plantes (Rapporteurs: Mme I. Latkovics, conseillère scientifique, Institut de recherche en pédologie et agrochimie, Budapest (Hongrie); le professeur B. Novak, Institut de recherche sur la production végétale, Prague (Tchécoslovaquie) et MM. R.N. Roy et H. Braun, Service des engrais et de la nutrition des plantes, FAO).

III. Sélection des plantes en vue d'une meilleure utilisation des nutriments (Rapporteurs : M. N.E. Nielsen, Département de la nutrition des plantes, Université royale des sciences vétérinaire et agricole, Copenhague (Danemark);
MM. F.X. Paccaud et A. Fossati, Station de recherche agricole de Changins, Nyon (Suisse) et M. J. Mesdag et Mme A.G. Balkema-Boomstra, Fondation pour la phytogénétique, Wageningen (Pays-Bas)).

IV. Approches et méthodes utilisées pour évaluer et accroître le potentiel de production des sols (Rapporteurs: M. J. Hébert, Directeur de la station de recherche agricole de l'Aisne, Laon (France); M. M. Bogdevich, Directeur de l'Institut biélorussien de recherche pédologique et agrochimique, Minsk (RSS de Biélorussie); M. R.W. Swain, expert régional des sols, Derby (Royaume-Uni); M. J. Dissing Nielsen, Laboratoire national pour la recherche sur les sols et les cultures, Lyngby (Danemark)).

7. En outre, les documents suivants ont été soumis et présentés :

i) La sécurité alimentaire et l'écologie sont-elles incompatibles? (professeur J. von Ah, Département fédérale de l'agriculture, Berne (Suisse)).

ii) Informations sur la coopération entre pays membres du CAEM en vue de l'utilisation rationelle et plus efficace des engrais (Secrétariat du Conseil d'assistance économique mutuelle, Moscou (URSS));

iii) L'utilisation d'engrais azotés et sa rentabilité compte tenu de l'évolution de la situation des prix et des coûts en République fédérale d'Allemagne (M. H. Nieder, Fachverband Stickstoffindustrie e.V., Düsseldorf (République fédérale d' Allemagne));

iv) Effets de l'engrais organominéral Humofertil concernant le maintien et l'accroissement de la fertilité du sol et la prévention de la pollution du sous-sol et de l'eau (M. F. Pajemk et professeur D.B. Jelenić, Université de Belgrade (Yougoslavie));

v) Possibilité d'accroissement de la production de céréales dans la zone de tchernoziom de Yougoslavie (Vojvodina) par l'application de zinc (professeur St. Manojlović, Faculté d'agriculture de Novi Sad (Jougoslavie));

vi) Enrichissement des sols à l'aide de certains oligo-éléments par l'application de fongicides (professeur D. Kerin, Collège d'agriculture de l'Université de Novi Sad (Yougoslavie)).

I. Utilisation optimale des engrais minéraux (compte tenu des facteurs économiques)

8. Un document introductif montre que la Suisse, étant donné ses caractéristiques particulières, accorde beaucoup d' importance à la sécurité alimentaire, laquelle implique qu' une production agricole avec fortes consommations intermédiaires peut dans certains cas l'emporter sur les considérations écologiques. Il a été prouvé que l'utilisation de consommations intermédiaires comme l'engrais, n'avait pas encore atteint la limite supportable et que dans les notions d'écologie il fallait adopter à l'avenir une approche plus spécifiquement liée à la localisation.

9. Pour assurer le niveau de l'application d'engrais, pour les divers types de sol de l'URSS qui est souhaitable du point de vue agronomique et économique, on a déterminé la production agricole supplémentaire résultant de l'emploi d' engrais et la part des rendements revenant aux engrais, les les rendements des cultures agricoles de base dans les systèmes de rotation et la qualité de la production et aussi le bilan des nutriments. Sur les sols herbeux podzoliques on a constaté que le rendement était de 5,0 à 6,5 kg de céréales sur les sols forestiers gris et d'environ 4 kg dans les régions de tchernoziom. Sur la base des résultata obtenus, on a pu formuler les recommandations ci-après pour un rendement escompté de 45 à 50 quintaux de céréales par hectare :

> Sur les sols herbeux podzoliques : 90 à 120 kg/ha par an de N, de P et de K (après une première application de 9 à 10 tonnes/ha de fumier);
> sur les sols forestiers gris : 50 à60 kg/ha par an de N, de P et de K (après une première application de 9 à 11 tonnes/ha de fumier)
> et
> dans les régions de tchernoziom : 40 à 50 kg/ha par an de N, de P et de K (après une première application de 5 à 6 tonnes/ha de fumier). On peut attribuer 55 % du rendement aux engrais sur les sols herbeux podzoliques, jusqu'à 28 % sur les sols forestiers gris et jusqu'à 20 % dans les regions de tchernoziom.

10. Un rapport de la République fédérale d'Allemagne souligne la nécessité d'utiliser les engrais de façon très économique. A cet égard, le nutriment capital est l'azote. Une méthode avec le facteur N_{min} a été mise au point dans ce pays pour la détermination des besoins initiaux en N pour les céréales, méthode complétée par un essai relativement simple de nitrate pour les plantes en croissance au début du printemps aux fins de la détermination d'une seconde application de N plus tard au cours de la période de végétation. Une autre méthode pratique d'évaluation de N repose sur la densité de la population céréalière par unité de surface. Il est possible de donner, dans le cas des betteraves à sucre, une détermination de N dans le sol à une stade postérieur à celui des semailles, puisque la situation de N dans le sol peut changer jusqu'à ce que les plantes de betterave se soient nettement développées plus tard au cours de la période de végétation. Il est aussi fait référence à la fertilisation de P et K sur

la base d'essais de sols. Au sujet de la nécessité d'apporter régulièrement certains oligo-éléments, il subsiste certains doutes et les applications de ces oligo-éléments devraient se fonder sur des résultats tangibles dans chaque cas.

11. Un autre rapport du même pays traite des moyens de vérifier la disponibilité, l'apport et les pertes du nutriment N inorganique dans les sols. Après avoir mentionné les diverses formes de pertes d'azote dans le sol, il examine les divers moyens agrotechniques et chimiques permettant d'éviter ou de réduire ces pertes. Ce sont :

- limitation des apports et dates d'apport (échelonnement) des engrais minéraux selon les besoins spéciaux des cultures,

- cultures intercalaires et paillis,

- modes d'application appropriés,

- nouvelle technologie concernant les engrais (formulations, couverture, engrais à action lente et pulvérisation foliaire),

- inhibiteur de nitrification, notamment d'uréase.

Grâce à l'inhibition de la nitrification dans le sol, la charge de nitrate des eaux souterraines peut aussi être abaissée.

12. Un rapport du Danemark décrit l'utilisation du traitement électronique de l'information (TEI) dans l'exploitation et l'utilisation des données sur les exploitations et les champs, pour l'élaboration de plans de fertilisation. Le TEI facilite cette têche complexe puisqu'il perment de traiter efficacement l'énorme quantité des données pertinentes, y compris les indicateurs spécifiques de chaque culture, les interactions de la rotation des cultures, les analyses du sol, les prix des engrais et le coût des applications.

13. Un rapport de la Suisse a trait à la maximisation de l'efficacité des engrais potassiques. Une méthode affinée de mesure repose sur la capacité d'échange des cations selon les différents types de sols. D'importantes variations de la capacité d'absorption des plantes en ce qui concerne le potassium ont été observées : une forte capacité du ray-grass, du

blé et de l'orge, une faible capacité du maïs, du trèfle et de la tomate. La conclusion est que les sols lourds (argileux) conviennent mieux pour les prairies ou les cultures de blé ou d'orge que pour celles de maïs, de trèfle et les autres cultures ayant une faible capacité d'absorption.

14. Un rapport de la FAO montre que pour répondre aux besoins alimentaires en 2000 de la population des pays en développement, environ 28 % de l'accroissement nécessaire de la production pourrait être obtenu grâce à une nouvelle extension des terres cultivées, mais environ 72 % doivent venir de l'amélioration des rendements. Jusqu'ici, les engrais interviennent pour environ 50 % dans l'augmentation obtenue des rendements des cultures. Le rapport souligne que pour atteindre l'objectif de production en 2000, la cobsommation d'engrais doit être triplée ou quadruplée. En raison de la crise actuelle de l'énergie et du prix élevé des engrais qui en sont la conséquence, il faut rationaliser la nutrition des plantes et, pour cela, une plus grande efficacité des engrais est d'une importance capitale. Le rapport expose différentes causes des pertes de nutriments et les possibilités de récupérer les nutriments. Il expose aussi le traitement approprié de divers facteurs (génétiques, édaphiques, nutritifs et autres facteurs liés à la production) qui accroissent l'efficacité de l'application des engrais et leur possibilitépratique d'application - compte tenu des considérations économiques. De telles techniques qui ont fait leurs preuves sont "transférées" au profit d'un grand nombre d'agriculteurs dans plus de 50 pays par l'intermédiaire du programme de la FAO relatif aux engrais.

15. Un autre rapport de la République fédérale d'Allemagne étudie la rentabilité de la fertilisation par l'azote. Il y est souligné que les agriculteurs cherchent à s'approcher le plus près possible du niveau optimal de fertilisation pour exploiter pleinement le potentiel des variétés modernes à haut rendement. L'application d'azote, en tant qu'objet de décision, demande beaucoup de connaissances théoriques et pratiques. L'emploi très efficace des engrais azotés est non seulement une nécessité économique, mais aussi un moyen de résoudre les problèmes écologiques éventuels.

16. Un rapport de la Yougoslavie présente un nouveau type d'engrais organico-minéral à base de lignite. Cet engrais (humofertil) a des effets positifs sur les rendements et contribue en outre à réduire la lixiviation de l'azote.

II. Systèmes intégrés de nutrition des plantes

17. Des systèmes intégrés de production des plantes ont été mis au point et appliqués en Hongrie, d'abord pour le maïs, le blé et les cultures apparentées telles que le tournesol et le riz. L'approche de ces systèmes est globale : elle porte sur les conditions du sol, l'analyse chimique des sols et les nutriments des plantes, les techniques courantes de production, les rendements et les autres caractéristiques des variétés. Des niveaux supérieurs et inférieurs des objectifs de rendement sont établis selon les variétés et les emplacements spécifiques. Les systèmes sont constamment mis à jour et adaptés. De bons résultats ont été obtenus en Hongrie avec l'application des engrais en profondeur, l'utilisation de nouveaux engrais tels que les engrais liquides et en suspension, et de techniques de culture en profondeur. Parfois l'application simultanée d'engrais et de pesticides se fait pendant la période de croissance.

18. En Tchécoslovaquie, les ressources du sol en P et K accessibles aux plantes ont sensiblement augmenté dans le passé, mais une partie croissante des éléments nutritifs des engrais n'est pas utilisée par les plantes et, de ce fait, une nouvelle augmentation de la consommation d'engrais P et K ne paraît pas avantageuse. La tâche la plus difficile consiste à améliorer l'efficacité de N et à empêcher les pertes du sol en N. Les problèmes peuvent être résolus en grande partie à l'aide de substances organiques. Le rapport contient des suggestions relatives à la constitution d'une base solide pour la nutrition des plantes.

19. Un rapport de la FAO souligne l'attention de plus en plus grande donnée dans les travaux de la FAO à un système intégré de nutrition des plantes, grâce à l'emploi judicieux et efficace d'engrais minéraux, de fumures organiques et d'azote biologique fixé, ainsi qu'aux moyens de promouvoir et d'appliquer ces systèmes, par exemple dans le contexte du programme de la FAO relatif aux engrais.

III. Sélection des plantes en vue d'une meilleure utilisation des nutriments

20. Un rapport du Danemark montre que l'efficacité de l'absorption des nutriments par les plantes à partir du sol est fonction de la longueur des racines et des paramètres de la plante qui déterminent par unité l'apport net des nutriments. Une forte diminution de l'absorption de N, de P et de K pendant la floraison et l'épiaison des céréales a été constatée. C'est là un phénomène qui semble mériter une étude plus approfondie. L'avis a été émis que la sélection des plantes pourrait améliorer, par exemple l'efficacité de l'absorption de phosphore de l'orge et du maïs, ce qui donnerait des plantes pouvant s'adapter à des sols contenant moins de P.

21. Un rapport de la Suisse a trait à la recherche de variétés demandant moins d'énergie. Jusqu'ici, la recherche a été axée sur l'absorption de N par le blé et sur le métabolisme N de différents cultivars. De grandes différences variétales ont été constatées dans l'absorption de N et dans la translocation de N. Les résultats de la recherche permettent d'espérer une sélection future de variétés de blé demandant moins d'énergie. On a noté que la translocation de N s'était élevée parallèlement à l'augmentation des rendements.

22. Un rapport des Pays-Bas expose des travaux de recherche sur les différences variétales en ce qui concerne la réaction à une forte acidité du sol et aux oligo-éléments. On a constaté que l'aptitude des plantes à croître sur un sol de pH (KCL) égal ou inférieur à quatre va croissant de l'orge au blé dur, au blé panifiable, au seigle et finalement à l'avoine. La recherche porte aussi sur l'hérédité de la tolérance à l'acidité de l'orge et du blé panifiable. Les maladies provoquées par l'insuffisance ou l'excès d'oligo-éléments sont aussi étudiées. Là encore de nettes différences variétales dans la susceptibilité peuvent être notées, mais dans la pratique ces problèmes de déficience ont jusqu'ici été résolus aux Pays-Bas par l'addition de micronutriments aux engrais et non par des programmes de sélection des plantes. La sélection des plantes offre une occasion de résoudre les problèmes causés par un excès d'oligo-éléments.

IV. Approches et méthodes utilisées pour évaluer et accroître le potentiel de production des sols

23. Le rapport présenté par la France examine les trois méthodes principales pour optimiser la fertilisation : analyse de couples de situations (dans un même champ), enquêtes culturales et expérimentation. Le potentiel de production d'un sol, bien qu'il soit influencé par les techniques disponibles, doit pouvoir être évalué le plus possible indépendamment de celles-ci. Un indice de potentialité climatique (TURC) fournit une indication générale. Des indications plus précises doivent prendre en compte les conditions physiques du sol. Certaines peuvent être reliées à la texture (fournie par l'analyse ou les cartes des sols). L'observation des profils culturaux, en particulier l'enracinement, donne une très bonne explication des résultats de l'agriculture. Pour la fumure minérale, les doses de P et K sont basées sur la double considération de la fumure d'entretien (d'après le bilan) et d'une correction basée sur l'analyse de la terre. Les recommandations peuvent être établies par ordinateur. Pour la fumure azotée, on applique un modèle tenant compte de l'objectif de rendement, de la situation de la culture, de Mnin, et de la nature du sol. Des précisions plus grandes pourraient être apportées avec davantage d'études sur les méthodes de prévision des rendements et de la dynamique de l'enracinement.

24. Dans la République soviétique de Biélorussie, la prédominance de sols pauvres (herbeux, podzoliques et marécageux) fait que la fertilité du sol est le principal facteur de limitation des cultures. Les paramètres quantitatifs de l'évaluation de la fertilité du sol sont déterminés en fonction des caractéristiques principales en corrélation avec les rendements des céréales et des pommes de terre sur des terres labourées et des herbages des pâturages et des prairies. Les caractéristiques permanentes des sols déterminées par le type génétique, la constitution mécanique, les caractéristiques et la structure des souterrains pédogénétiques, le degré d'humidité et le type de zone climatique sont évalués par référence à une échelle fermée de cent points, en observant un niveau optimal des propriétés agrochimiques des sols et de leurs caractéristiques techniques culturales. La situation effective des caractéristiques agrochimiques et technologiques des sols, qui varient dans le temps, est reflétée par des coefficients correcteurs modifiés périodiquement en fonction de corrections apportées à l'évaluation principale en points. Chaque parcelle fait donc l'objet de deux évaluations : il lui est affecté un chiffre prospectif reflétant la fertilité potentielle du sol, si l'on en optimise les caractéristiques susceptibles d'être améliorées, et un chiffre effectif reflétant le niveau réel de la fertilité du sol, compte tenu de toutes les caractéristiques défavorables observées au cours de la période d'évaluation. Cette évaluation systématique et les ajustements périodiques constituent une base importante pour la planification des investissements, des niveaux de rendement et aussi pour l'évaluation de l'efficacité des engrais.

25. Il est dit dans un rapport du Royaume-Uni que de nombreuses terres arables en Angleterre et au Pays de Galles semblent avoir atteint le stade auquel leur production potentielle ne peut plus être accrue par l'emploi d'engrais. Il en est un peu différemment des herbages. De fortes augmentations du potentiel des cultures dépendent donc d'autres améliorations dans la gestion de l'environnement physique du sol. L'apport optimal de N est difficile à déterminer et les méthodes analytiques ont souvent échoué. L'apport optimal d'azote semble être lié à la texture du sol et à l'azote résiduel du sol ainsi qu'à des facteurs saisonniers. Des modèles sont construits en vue de la gestion optimale dans des conditions normalisées de types de sol et de cultures.

26. Un rapport du Danemark examine la valeur des essais de sols et conclut que :

- la quantité extraite de nutriments doit être rapportée au nombre d'années pendant lesquelles les résultats de l'essai de sol serviront;

- certaines méthodes analytiques ne conviendront que pour quelques types de sol;

- des tests de sol peu compliqués et peu coûteux sont préférables;

- une subdivision des nutriments en fractions selon la solubilité et la disponibilité peut être importante dans les essais comportant un bon contrôle de la croissance des plantes et peut être intéressante pour l'interprétation des résultats des essais faits sur les cultures.

27. Un autre rapport de la Yougoslavie examine les effets du zinc sur le rendement du maïs dans les régions de tchernoziom du pays.

V. Conclusions générales

28. Les rapports présentés et les discussions au cours du Colloque ont fait apparaître un accord général sur les points suivants :

i) Dans les pays industrialisés, le niveau actuellement élevé de l'application d'engrais dans une agriculture intensive, le coût croissant de l'énergie et l'évolution défavorable du rapport des prix de la production agricole et des consommations intermédiaires de l'agriculture (notamment celles d'origine industrielle) obligent les agriculteurs à maximiser l'efficacité des engrais. Dans les pays en développement le besoin est le même mais il sera vital de continuer à accroître fortement le rendement des cultures au cours des années à venir, et l'accroissement dépendra en grande partie d'une utilisation croissante d'engrais. Les faibles ressources économiques de ces pays exigent aussi l'emploi le plus efficace des éléments fertilisants et la recherche de sources renouvelables de nutriments pour les végétaux.

ii) Il semble que dans quelques pays européens les sols aient atteint un niveau très satisfaisant de P et K. C'est pourquoi la méthode des bilans (entretien) est assez généralisée et semble donner de bons résultats dans ces pays.

iii) Du fait que la gamme des quantités d'azote assimilable par les plantes dans le sol est plus étroite que pour P et K, les engrais azotés jouent un rôle essentiel dans le rendement et la qualité des récoltes et peut-être aussi dans certains effets en matière de pollution. En outre, la majeure partie de l'azote dans le sol est sous forme organique et doit subir une minéralisation avant d'être assimilable par les plantes. La minéralisation résulte d'une activité microbienne qui peut être fortement influencée par les conditions météorologiques, l'état du sol, la rotation des cultures, le type de fumure organique, etc. Cela pose le problème difficile de la détermination du nombre optimal des échantillons de sol et de leur utilisation rapide. Dans de nombreux pays, on se sert à cet effet de modèles normalisés et de fonctions de production pour rationaliser la formulation de recommandations concernant les engrais. Ces modèles doivent prendre en compte toute la chaîne de production, depuis le sol jusqu'à la plante, et comprenant les méthodes de production et de gestion, la rotation des cultures, les variations climatiques ainsi que l'évolution des prix. Il s'agit donc de mettre au point ce que l'on appelle des "systèmes de production intégrés". L'emploi de l'informatique peut faciliter considérablement le traitement et la manipulation du volume énorme d'informations qu'implique un tel processus. Dans ce contexte, il faudra poursuivre la recherche concernant des méthodes d'essai simples et efficaces, en particulier pour permettre une prise de décision rapide aux derniers stades de la période de végétation (par exemple, pour les céréales). Toutefois, tous les progrès réalisés dans les méthodes d'analyse et de traitement de l'information doivent aussi être appliqués de manière compétente au niveau de l'exploitation agricole. C'est là un aspect assez important de toute l'économie des engrais;

iv) La recherche a visé surtout à compenser les déficiences nutritionnelles des sols en recourant presque entièrement aux engrais, y compris dernièrement à certains oligo-éléments. Selon des recherches plus récentes, toutefois, il semble que la sélection végétale puisse offrir de bonnes perspectives d'obtention de variétés commerciales adaptées à des sols à acidité élevée ou présentant des excédents ou des déficiences, telles qu'une faible teneur en phosphore ou l'absence de certains oligo-éléments. Une telle approche pourrait être d'une importance particulière pour les pays en développement.

v) Les débats ont fait voir le souci qu'avait divers délégués de trouver un compromis entre l'intérêt économique de l'agriculteur et la protection de l'environnement.

29. Du fait de la complexité de la recherche et des nombreuses adaptations pratiques ainsi que de la rapidité du progrès technique, la coopération internationale et l'échange d'informations scientifiques ont une importance croissante pour tous les pays. C'est pourquoi les participants ont donc trouvé le Colloque très utile et recommandé que les rapports présentés reçoivent une distribution plus large, de préférence sous la forme d'une publication des actes du Colloque.

30. Le secrétariat a informé les participants que le Comité des problèmes agricoles de la CEE, sur la base d'une liste de sujets possibles pour de futurs colloques proposée par le précédent colloque FAO/CEE sur les engrais, tenu en 1979, et à la suite d'un vote des pays membres, a décidé de tenir en 1987 un colloque sur l'"Utilisation des éléments nutritifs secondaires et des oligo-éléments dans l'agriculture". Les participants ont exprimé l'avis que le colloque de 1987 devait laisser de côté les effets des métaux lourds toxiques, pour porter seulement sur les oligo-éléments nécessaires à la nutrition des plantes. Plusieurs délégations ont estimé que les effets des métaux lourds toxiques devaient constituer le thème d'un colloque international spécial dans le proche avenir.

31. Le Colloque a adopté le présent rapport.

MAXIMIZING THE EFFICIENCY OF MINERAL FERTILIZERS

Prof. V.G. Mineev, All-Union Research Institute
of Fertilizers and Soil Science, Moscow,
Union of Soviet Socialist Republics

SUMMARY

The results of studies carried out within the framework of long-term tests in various soil and climatic zones of the USSR are used to indicate the yield of crop land without the use of fertilizer. Yield ranges from that of sod-podzolic soils up to that of chernozemic soils in accordance with the soils' natural fertility.

In order to ascertain the agronomically and economically desirable degree of fertilizer application, the return on fertilizer in terms of additional agricultural output and the share of yield attributable to fertilizers were determined for various types of soil. In sod-podzolic soils, the return was found to be 5.0-6.5 kg of grain per kg of fertilizer nutrient. In grey forest soil, the return varied from 4 to 6 kg of grain and in chernozem soil it stood at about 4 kg. Averaging out the results of all the tests, it was found that, to ensure a yield of 45-50 centner/ha, sod-podzolic soils required 90-120 kg/ha of nitrogen, P_2O_5 and K_2O a year after preliminary application of 9-10 t/ha of manure, grey forest soil required 50-60 kg/ha of each nutrient after preliminary application of 9-11 t/ha of manure and chernozem soil required 40-50 kg/ha after preliminary application of 5-6 t/ha of manure.

The share of yield attributable to fertilizers equalled up to 55 per cent on sod-podzolic soil, up to 28 per cent on grey forest soil and up to 20 per cent on chernozem soil.

During tests, actual yields and nutrients absorbed by plants were used to calculate the balance of nutrients for various degrees of application of mineral and organic fertilizers.

UTILISATION OPTIMALE DES ENGRAIS MINERAUX

V.G. Mineev
Institut fédéral de recherche sur les engrais
et la science du sol (Institut D.N. Pryanichnikov)
Moscou, URSS

Les résultats des recherches effectuées au cours d'une période prolongée dans différentes zones climatiques et pédologiques de l'URSS montrant que la productivité de la surface assolée sans application d'engrais suit une courbe anscendante lorsqu'on va des régions herbeuses podzoliques au tchernoziom en raison de la fertilité naturelle de ces sols.

Pour évaluer le taux d'application d'engrais le plus approprié, du point de vue agronomique et économique, dans les régions d'assolement, sur différents types de sols, on a déterminé le rendement des engrais en se fondant sur l'augmentation de la production agricole, ainsi que sur le pourcentage des récoltes imputables à l'emploi d'engrais. Sur le podzol, ce coefficient est de 5 à 6, 5 kg d'unités céréalières par kg d'é-éments nutritifs. Sur les sols forestiers gris, il oscillait entre 4 et 6 kg d'unités céréalières; pour le tchernoziom, il était de l'ordre de 4 kg. L'ensemble des expériences réalisées montre qu'en moyenne, pour obtenir un rendement de 45 à 50 quintaux à 50 quintaux à l'hectare dans l régions herbeuses podzoliques, il faut appliquer 90 à 12 kg d'azote/ P_2O_5/K_2O par an et par hectare sur un fond de 9 à 10 tonnes de fumier par hectare. Sur les sols forestiers gris, ce niveau est atteint si l'on applique chaque élément nutritif à raison de 50 à 60 kilos par hectare sur un fond de 9 à 11 tonnes de fumier par hectare; dans les régions de tchernoziom, il faut 40 à 50 kilos par hectare sur un fond de 5 à 6 tones de fumier par hectare.

L'accroissement de la récolte obtenu grâce aux engrais pouvait atteindre 55 % dans les régions de podzol, 28 % sur les sols forestiers gris et 20 % dans les régions de tchernoziom.

Sur la base des récoltes effectives et de l'assimilation des éléments nutritifs par les cultures expérimentales, on a calculé un bilan des éléments nutritifs pour les différents taux d'application d'engrais minéraux et organiques.

OPTIMIZATION OF FERTILIZER RECOMMENDATIONS VIA ELECTRONIC DATA PROCESSING (EDP) IN THE DANISH AGRICULTURAL ADVISORY SERVICE

Mr. K. Skriver, Senior Adviser, National Advisory Centre of the Danish Agricultural Organizations, Viby, Denmark.

Danish Agriculture - Conditions and Structure

It is typical for Danish agriculture that the farms cover a very wide range of soil types and ways of management. This applies to the various provinces as well as to smaller districts and even to single farms.

The total area of arable land in Denmark is 2.9 million hectares. The soils are predominantly light sandy soils (Fig. 1). The average annual precipitation is 600 mm of which about half falls during the growing season. Facilities for irrigation are available on 13 per cent of total arable lands. On the most sandy soil it is possible to irrigate 75 per cent of the area.

There are 115,000 farms with more than 0.5 ha. The average size is 25 ha. 33 percent of the farms raise cattle and pigs, 18 per cent only cattle and 24 only pigs. 24 per cent have no livestock at all.

The very wide variation of soil types, methods of farming, cropping, use of crops, and available amount of farm yard manure (FYM) results in a very variable requirement for plant nutrients in form of commercial fertilizers.

Advisory Service in Danish Agriculture

The advisory service is organized and directed by the agricultural organizations, i.e. the farmers' unions and the smallholders' unions. Both organizations consist of a network of local units combined in a national federation.

The advisors work on two scales - a local and a national one.

The national advisers are employed by the Danish Agricultural Advisory Centre, which is run by the two organizations. The national advisory service is organized in departments corresponding to the specialization of the local advisers, i.e. crop, cattle, pigs, farm buildings and machinery, farm accounts, etc. Within each department the advisers are further specialized. The primary objects of the national advisers are to guide, to support and to serve the local advisers and unions.

The local advisory service is organized and planned by the local unions, which are responsible for the specialized activities of the location. This structure secures a close co-operation between the advisers and the farmers.

The staff of the advisory service totals approximately 1,700 persons of whom about 900 are advisers (graduates from the Royal Veterinary and Agricultural University), about 300 are agricultural technicians and 500 are assistants. Twenty of the 60 advisers employed at the Danish Agricultural Advisory Centre are crop husbandry advisers.

Crop production

On the local scale approximately 200 crop production advisers are employed, as well as a similar number of assistants.

One of their tasks is to advise on plant nutrition and the use of fertilizers. Even though most farmers make more or less detailed fertilizer programmes themselves, the farmers often want to discuss the decisions with their crop production adviser. Furthermore, the advisers help to draw up more than 20,000 detailed fertilizer programmes per year. Normally this is done in connection with a visit to the farm where the entire farming plan is also gone over.

A well-prepared fertilizer programme must take into account a wide range of conditions of biological, economic and ecological nature. All these are factors which, under Danish conditions, may vary largely from farm to farm.

Therefore, good programming of a fertilizer policy is very time consuming, and more and more farmers want assistance when drawing up the annual detailed fertilizer programme for their farm. Consequently, there is a need for a rationalization not only of the manual writing and calculation phase but also for the utilization of the mass of important basic information.

In a situation like that, it is logical to make use of the EDP technique. The National Department of Crop Production has therefore, in co-operation with the Danish Agricultural EDP Centre (LEC) (see Fig. 2), developed a system for the programming of a fertilizer policy. The system was put to use in autumn 1982.

DATA OPTIMIZED FERTILIZER PROGRAMMES

The purpose of including EDP in fertilizer programming is:

- to use the obvious opportunities of the EDP technology for carrying out a data optimized fertilizing recommendation. In this way it is made possible to include far more conditions and factors such as soil quality, state of fertility, previous crop, climate, type of crop, etc. than would be possible in manual programming.

- to automatize the manual calculations and thus save adviser time which means more time for the drawing up of far more fertilizer programmes without reducing the time available for other and just as important advisory jobs.

The system can be used by advisers for farmers making their fertilizer programmes in co-operation with the advisory office.

The system can be used by means of EDP terminals installed in the local advisory centres (see Fig. 3) as well as by mailing material to the Danish Agricultural EDP Centre (LEC) when the farmer and the adviser have considered the current field programme and information on the coming year of cropping.

THE EDP SYSTEM

The system is mainly based on standard files of norms containing data on types and utilization of crops together with norms of a number of cultivation factors influencing plant nutrition and yield. The files comprise items such as:

1. Crops - a total of about 150 cultures or ways of utilizing these cultures with standards for yield, nutrient requirement and nutrient removal according to utilization, and nutritional value of the previous crop (nitrogen).

2. Soil classification - texture analyses (Fig. 1).

3. Fertility classification - according to chemical soil analyses for P and K (Mg and Cu).

4. Farm yard manure (FYM) - standard amounts and content of N, P and K according to kind of livestock and type of manure, i.e. solid or slurry. Analyses of FYM are used, if they are available.

5. Fertilizers - types, price and content of plant nutrients.

6. Climatic areas - there are 13 in all, comprising normal winter precipitation and actual prognoses of nitrogen requirement.

7. Yield-dependent nitrogen requirement - crop-dependent factor x yield.

- moreover, factor tables or mathematical equations of e.g. water holding capacity (WHC) of soils, N mineralization, K and P balance and P and K's availability in different soils. Also, maximum and minimum limits to realistic fertilizer application in relation to amounts per ha, price of fertilizer and application costs.

All relevant data on the field, farm and geographical area are included in the basis for the calculation of the final fertilizer programme.

Figure 1.

SOIL CLASSIFICATION OF DENMARK.

DEFINITION OF SOIL TYPES.

Ministry of Agriculture
Bureau of Land Data, Denmark.

%	Map Colour Code	SOIL TYPE	JB-nr.	Percentage by weight				
				Clay < 2 μm	Silt 2-20 μm	Fine Sand 20-200 μm	Total Sand 20-2000 μm	Humus 58,7 % C
26	1	Coarse Sand	1	0-5	0-20	0-50	75-100	$\leq$ 10
4	2	Fine Sand	2			50-100		
28	3	Clayey Sand	3	5-10	0-25	0-40	65-95	
			4			40-95		
28	4	Sandy Clay	5	10-15	0-30	0-40	55-90	
			6			40-90		
7	5	Clay	7	15-25	0-35		40-85	
1	6	Heavy Clay or Silt	8	25-45	0-45		10-75	
			9	45-100	0-50		0-55	
			10	0-50	20-100		0-80	
6	7	Organic Soils	11					> 10
o,2	8	Atypic Soils	12					

% = per cent of arable land.

Note:

The Map Colour Code is a reference to the different colours representing the dominant soil types in the map series: SOIL CLASSIFICATION OF DENMARK.

The JB-nr. is a subspecification of the soil type, related to the datafiles of texture analyses.

The field data comprise besides crop and previous crop also soil classification, e.g. texture analyses, including available water in the actual root zone of the individual culture. Chemical soil analyses and the continuous calculations of surplus and deficit of phosphorus and potassium are also included.

The farm data involve the possibilities of irrigation and the number and kind of livestock in order to calculate the amount of FYM.

The regional data include the normal precipitation deficit and prognoses of nitrogen requirement.

Input

When entering a farm into the EDP system a number of fixed data are reported. In addition to postal address, telephone number and name of the owner, the data comprise information on livestock and purchase and sale of animal manure. Texture analyses are reported per farm or per field as required. Chemical analyses for each field and area per field are also reported. Furthermore, the crops and the fertilizer consumption of the previous year are reported and so are the requests of the farmer as regards fertilizer programme and print-outs of the field and farm files which the system continuously update and store.

When the farm has been entered into the EDP system the adviser receives a pre-printed form of the crops to be used in next year's field and fertilizer programme. The yield obtained in the previous year is added to it and, in case of deviations from the expected yield, which formed the basis of the fertilizer programme, the system will automatically make new balances. Changes in the number of livestock and results of new soil analyses are also recorded on the farm.

The new field and cropping plan is worked out by the adviser and the farmer. FYM is distributed by relative figures for the amount per field and efficiency of nitrogen under field conditions, and possible requirements for limitations of the fertilizer type, for split fertilizer applications and for magnesium and copper are noted.

This information is transmitted by tele-processing (TP) or it is sent by mail to the Danish Agricultural EDP Centre (LEC), where the fertilizer programme is drawn up and printed out together with other outputs (see below in section on "Output").

By use of TP the calculation and print-out take about three minutes. By use of postal service the calculation and print-out are returned twice a week.

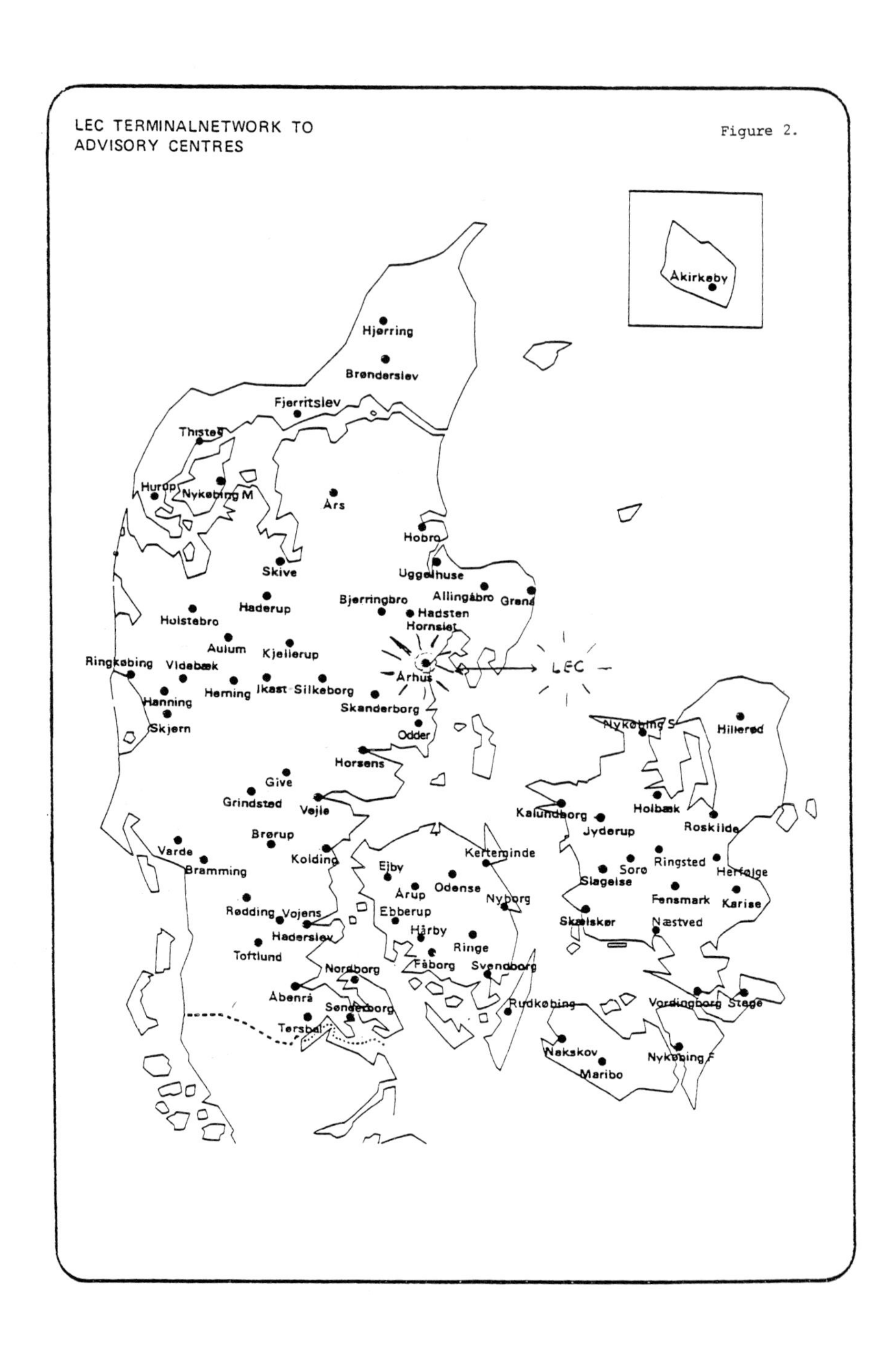
LEC TERMINALNETWORK TO
ADVISORY CENTRES
Figure 2.
Åkirkeby
Hjørring
Brønderslev
Fjerritslev
Thisted
Hurup
Nykøbing M
Års
Hobro
Skive
Uggelhuse
Haderup
Bjerringbro
Allingåbro
Gren
Hadsten
Hornslet
Holstebro
Aulum
Kjellerup
Ringkøbing
Videbæk
Århus
LEC
Herning
Ikast
Silkeborg
Skanderborg
Hanning
Skjern
Odder
Horsens
Give
Grindsted
Vejle
Brørup
Varde
Bramming
Kolding
Rødding
Vojens
Haderslev
Toftlund
Nordborg
Åbenrå
Sønderborg
Tersbøl
Ejby
Årup
Odense
Kerteminde
Nyborg
Ebberup
Hårby
Ringe
Fåborg
Svendborg
Rudkøbing
Nykøbing S
Hillerød
Kalundborg
Jyderup
Holbæk
Roskilde
Sorø
Ringsted
Herfølge
Slagelse
Fensmark
Karise
Skælskør
Næstved
Vordingborg
Stege
Nakskov
Maribo
Nykøbing F

Calculation procedure

The starting point of fertilizer requirement and allocation is the size of yield per crop and field.

The yield may either

I. be reported on the basis of experience/assessment by farmer and adviser or/and

II. the yield potential may be calculated on the basis of soil texture analyses, which also form the basis for the calculation of root zone depth (root depth and available water in the root zone depth) at optimum water supply.

In both cases the yield is adjusted according to the irrigation potential and to the previous crop.

The predicted yield then forms the basis for the EDP calculation procedure, described in Figure 4.

The following supplementary information is provided to give a further explanation of Figure 4:

A. Calculation of desired plant nutrients application

a. Taken from norm table 1.

b. N is adjusted according to norm table 7 (yield-dependent supply).

P and K are adjusted according to expected yield/yield norm.

c.1. The residual N effect of the current and following year is entered in norm table 1. However, this effect is only included if the current crop is different from the previous crops.

Furthermore, the residual N effect of FYM applied to the previous crop and the crop before is entered.

c.2 + c.3. The WHC in the field is found by means of the texture analysis or the JB (soil) number. Then the N application is adjusted according to WHC and average winter precipitation (see norm tables 2 and 3).

c.4. N application is adjusted for N mineralization according to texture analyses (2). If the humus percentage exceeds 10 the C/N ratio is used.

Figure 3.

BRUGERHANDBOG	PLANTEPRODUKTION				5010
LANDBRUGETS EDB-CENTER	Erstatter	Afsnit:	Side:	Afsnit: 7	Side: 2
	af den			Dato: 3/5 1982	SEH/JKJ

Overview of calculation procedures.

A. CALCULATION OF PLANT NUTRIENTS APPLICATION

a) Crop standard of requirement for N, P and K is made.

b) Standards of N, P and K are levelled in relation to expected yield.

c) N requirement is adjusted for:
   1) Residual N-effect from previous crop, FYM, etc.
   2) Climatic area.
   3) Soil type.
   4) Mineralization.
   5) N factor.
   6) N prognosis.

d) P and K requirement is adjusted for:
   1) P and K balance.
   2) FT, KT (calculated values of soil analysis).

The result is "intentional application".

B. FYM APPLICATION

a) Amount and content of N, P and K in solid manure, slurry, and liquid manure are calculated.

b) N, P and K contents are adjusted according to utilization.

c) Further requirement for N, P and K in excess of FYM is set up.

C. FERTILIZER APPLICATION

The most inexpensive fertilizer or fertilizer combination meeting every requirement is found and the supplied amount is calculated on the basis of further requirement for N, P and K.

Figure 4.

(CROPPING SCHEME)

PLANTEPRODUKTION	1983	AFGRØDESKEMA
	EJENDOM:	SIDE(EJD. 1) 1 DATO: 24.03.82
		KONSULENT

FORFRUGT: (Previous crop) V5010207

MARK NR.	AREA HA	N-FKT	ANALYSETAL FT	KT	ÅR	BALANCE KG/HA N	P	K	FORFRUGT	TEO UDB (Yield predicted)	OPNÅ UDB. (Actual yield)	VAND MM (Water-irrigation)	AFG RST (Residue)
1	6,0	100	10,6	16,4	79	10	11+	18+	BYG	44			
2	6,0	100	5,0	10,3	79	0	4+	1+	HVEDE	60			
3	6,0	100	4,6	4,3	79	36	15+	47-	BEDEROER FODER	100			
4	6,0	100	7,6	6,3	79	25	3+	10+	BYG M/GRÆSUDL.	46			
4	E	100							KLGRÆS25% SLÆT	10			
5	6,0	100	7,3	9,3	79	30	4-	83-	KLGRÆS25% SLÆT	100			
6	3,5	100	9,2	14,1	79	60	2-	34-	VEDV.GRÆS AFGR	60			
7	2,2	100	5,6	8,6	79	10	8+	4-	BYG	36			
8	2,5	100	5,4	7,8	79	0	4+	15+	RUG	40			
9	2,5	100	5,3	8,1	79	30	8+	3-	KARTOFL.INDUST	350			
10	6,0	100	4,3	6,4	79	13	8+	2-	BYG	42			
11	6,0	100	4,6	6,8	79	20	1-	18+	VÅRRAPS	25			
12	3,3	100	4,9	14,5	79	60	19+	33+	VEDV.GRÆS AFGR	40			

AFGRØDE: (Crop) (FYM) V5010205

MARK NR	AREA HA	AFGRØDE: KODE	E	BETEGNELSE	FORV UDB.	HUSDYRGØDNING T/HA STG (Solid manure)	N% (N-effect in field)	AJL (Liquid manure)	N%	GYL (Slurry)	N%	N-TYP (Solid or liquid (NH_3))	N-FAKT	H-GØDN (Fertilizer type)
1	6,0													
2	6,0													
3	6,0													
4	6,0													
5	6,0													
6	3,5													
7	2,2													
8	2,5													
9	2,5													
10	6,0													
11	6,0													
12	3,3													

HUSDYRGØDNING: (FYM) STALDGØDNING (Sol.) 262 T
AJLE........ (Liq.) 252 T
GYLLE..... (Slurry) 357 T

INDHOLD AB MØDDING: N: 4732 KG
P: 1044 KG
K: 3140 KG

LEC K1172

c.5. N application is adjusted according to the N factor, which may have been entered from the "cropping scheme" if there are special conditions involved.

c.6. Finally, the N application is adjusted according to the N prognosis of the climatic area.

The N prognosis shows the annual variation in average mineralization and leaching in relation to the average year of the particular climatic zone.

d.1. Yearly P and K balances are calculated as total (FYM + fertilizer) application minus removal. The basis of adjustment for P and K application is a summation of the annual balances back to last year of soil sampling when the efficiency is assumed to decrease by 50 per cent each/year.

d.2. Estimated figures of soil P and K values are calculated on the basis of the sum of the individual year's P and K balances since the year of the latest figures of analysis in relation to soil type.

Adjustment of P and K application is then made from norm table 3 using the estimated soil P and K values as initial input.

B. FYM application

a. Amount and content of N, P and K according to type of FYM are taken from norm table 4.

Then the amount per field is calculated according to the amounts entered in the cropping scheme. These amounts are only used as relative numbers indicating the distribution between the different fields.

b. N content is adjusted according to reported efficiency in the field, and P and K content is adjusted according to fixed efficiencies (70 and 80 per cent, respectively).

c. The additional requirement of N, P and K after FYM application is calculated by deducting the effective amounts of N, P and K from "predicted requirement".

C. Fertilizer allocation per crop and field

Special requests, if any, for the choice of fertilizer types, split fertilizer supply and other factors may be entered into the cropping scheme.

The procedure of fertilizer allocation is divided in two stages as follows:

Stage 1: Includes one fertilizer type if it is in an NPK-fertilizer or an NP-fertilizer, and two fertilizers if it is an N-fertilizer.

The fertilizer is chosen among all fertilizer types in the system (norm table 5) or among the limited, reported fertilizers.

The choice is made according to the price of the fertilizer in relation to the content of the nutrients N, P and K. If the requirement for accuracy is not met by stage 1 the procedure goes on to stage 2.

Stage 2: As stage 1 but including one additional fertilizer.

The results of the procedure will be the cheapest and best suited fertilizer combination according to all the demands that were made.

Output

Those print-outs which automatically are transmitted to the adviser/the farmer comprise:

1. Cropping scheme (Figure 5) containing pre-printed appropriate information used for the reporting of the fertilizer programme of the year in question.

2. Fertilizer programme (Figure 6) used by the farmer in connection with fertilizer application to the individual fields. The fertilizer programme comprises the following information per field: Crop; Expected yield; Norm for supply of N, P and K; Applied FYM; Recommended application of fertilizer.

3. Overview of calculation (Figure 7) contains the following:

   a. Amounts to be purchased of each fertilizer type, including price and date of purchase.

   b. Difference between desired and actual application of P and K in order to make a quick check of how accurate the actual fertilizer programme is in relation to an ideal one.

      If the discrepancy is large a new fertilizer programme should be made with altered requirements for limitation of the choice of fertilizers. The discrepancy will, at any rate, be entered with weighted values into next year's fertilizer requirement.

Figure 5.

(Fertilizer Programme)

P L A N T E P R O D U K T I O N	1 9 8 3	G Ø D N I N G S P L A N
	EJENDOM:	SIDE(EJD. 1) 1 DATO: 10.09.82

		(Crop)			(FYM)	(Fertilizer Application)		
MARK NR.	AREA HA	AFGRØDE	FV. UDB A.E	NORM. KG/HA	HUSDYR GØDN. T/HA	TILFØRSEL AF HANDELSGØDNING TYPE	KG/HA	KGMARK
1	6,0	HVEDE	65	N:179 P: 0 K: 9		1.KALKAMMONSALPETER	688	4150
2	6,0	BEDEROER FODER	100	N:212 P: 46 K:141	ST. 47 AJ. 45	1.FLYDENDE AMMONIAK	77	460
3	6,0	BYG M/GRÆSUDL.	46	N: 97 P: 29 K:170		1.FLYDENDE AMMONIAK 1.PK 0-4-21	118 793	710 4750
3	E	KLGRÆS25% SLÆT	10	N: 49 P: 0 K: 4		4.KALKAMMONSALPETER	188	1150
4	6,0	KLGRÆS25% SLÆT	90	N:369 P: 25 K:269	GY. 31	1.KALIGØDNING 2.KALKAMMONSALPETER 3.KALKAMMONSALPETER	412 567 567	2450 3400 3400
5	6,0	BYG	44	N: 95 P: 22 K:155		1.FLYDENDE AMMONIAK 1.PK 0-4-21	116 686	700 4100
6	3,5	VEDV.GRÆS AFGR	60	N:266 P: 5 K: 51		1.KALKAMMONSALPETER 1.KALIGØDNING 2.KALKAMMONSALPETER	512 104 512	1800 350 1800
7	2,2	RUG	40	N:145 P: 13 K: 56		1.KALKAMMONSALPETER 1.PK 0-9-25	558 192	1250 400
8	2,5	KARTOFL.INDUST	350	N:185 P: 41 K:151	GY. 42	1.KALKAMMONSALPETER 1.KALIGØDNING	273 122	700 300
9	2,5	BYG	38	N:112 P: 14 K: 67	GY. 26	1.NPK 23-3-7 MG-CU	261	650
10	6,0	VÅRRAPS	25	N:168 P: 32 K:132		1.KALKAMMONSALPETER 1.PK 0-4-21	646 693	3900 4150
11	6,0	BYG	42	N:114 P: 28 K: 52		1.NPK 18-5-12 MG CU	633	3800
12	3,3	VEDV.GRÆS AFGR	40	N:248 P: 1 K: 13		1.KALKAMMONSALPETER 2.KALKAMMONSALPETER	477 477	1550 1550

L E C K 1 1 7 5

Figure 6.

(OVERVIEW OF CALCULATION)

PLANTEPRODUKTION	1983	BEREGNINGSOVERSIGT
[illegible]	EJENDOM: [illegible]	SIDE(EJD. 1) 1 DATO: 10.09.82
[illegible]		[illegible]

(PURCHASE OF FERTILIZER)

INDKØB AF HANDELSGØDNING:

TERMIN	VARENR.	TYPE	MÆNGDE KG	STANDARDPRISER KR PR. 100 KG	I ALT
1.GANG	051	FLYDENDE AMMONIAK	1.870	340,00	6.358
	120	KALKAMMONSALPETER	13.350	163,00	21.760
	301	KALIGØDNING	3.100	131,00	4.061
	436	PK 0-9-25	400	195,50	782
	440	PK 0-4-21	13.000	121,00	15.730
	514	NPK 18-5-12 MG CU	3.800	217,50	8.265
	540	NPK 23-3-7 MG-CU	650	195,50	1.270
2.GANG	120	KALKAMMONSALPETER	6.750	163,00	11.002
3.GANG	120	KALKAMMONSALPETER	3.400	163,00	5.542
4.GANG	120	KALKAMMONSALPETER	1.150	163,00	1.874
				TOTAL GØDNINGSUDGIFT:	76.644

(DEVIATION FROM NORM)

AFVIGELSE FRA NORM: (KG/HA)

MARKNR.	FOSFOR			KALIUM			BEMÆRKNINGER	
	NORM	TILFØRT	AFVIG.	NORM	TILFØRT	AFVIG.		
1	0	0	0	9	0	9-		K
2	46	59	13+	141	311	170+	P+++	K++++++
3	29	32	3+	170	163	7-	P+	K
3 E	0	0	0	4	0	4-		K
4	25	35	10+	269	269	0	P++	
5	22	27	5+	155	141	14-	P+	K-
6	5	0	5-	51	51	0	P-	
7	13	17	4+	56	47	9-	P+	K
8	41	47	6+	151	151	0	P+	
9	14	37	23+	67	73	6+	P+++++	K
10	32	28	4-	132	143	11+	P-	K+
11	28	31	3+	52	74	22+	P+	K+
12	1	0	1-	13	0	13-	P	K-

(EXPECTED YIELD)

FORVENTET UDBYTTE: (hkg fresh weight)

AFGRØDEART		AREAL HA	BRUTTO UDBYTTE		
BYG	HKG	20,5	887		
HVEDE	HKG	6,0	390		
RUG	HKG	2,2	88		
RAPS	HKG	6,0	150		
BEDEROER	AE	6,0	600		
KARTOFLER	HKG	2,5	875		
GRÆS SLÆT	AE	12,0	600		
GRÆS AFGR.	AE	6,8	342		

LEC K1177

c. Expected yield of each crop for the purpose of making a fodder budget.

Moreover, the adviser always receives a "basis of calculation" including the file inputs on which the fertilizer programme of the current year is based. The contents concern limited fertilizers, allocation of FYM and other governing factors.

If desired, the farmer can also order a print-out of the "reduced field file" and a print-out of the "total field file" involving any updated information about used type and amounts of fertilizer, crops, yields, development of nutrient supply from the soil, etc. The information is given per field and per year.

Outlook

The EDP fertilizer system has been developed in order to solve problems within a specific and limited area of advisory work in crop production. The structure of the system allows a future development to an actual and total field cultivation programme. The input needed for a fertilizer programme and an extended field cultivation control can also be utilized and obtained by a co-ordination with other programming and control systems of the farming - systems that are also developed by the Danish advisory service and the Danish Agricultural EDP Centre.

OPTIMISATION DES PLANS DE FERTILISATION GRACE AU TRAITEMENT ELECTRONIQUE DE L'INFORMATION (TEI) DU SERVICE CONSULTATIF DANOIS DE L'AGRICULTURE

K. Skriver
Conseiller, Centre consultatif national
des organismes agricoles danois
Viby, Danemark

RESUME

L'agriculture danoise se caractérise par des différences considérables dans les types de sol et les types de cultures, le choix des cultures et les quantités de fumier de ferme disponibles, autant de facteurs qui rendent indispensables des apports de nutriments extrêmement variés sous la forme d'engrais.

Le Service consultatif est la première source dont dispose l'agriculteur désireux de recevoir des conseils en matière de fertilisation. Au Danemark, ce service est organisé et dirigé par les organismes agricoles et sa coopération s'exerce au niveau régional et au niveau national.

Dans le secteur de la culture des plantes, le Département de l'agronomie a élaboré, en collaboration avec le Centre agricole danois de TEI, un système informatique de planification de la fertilisation auquel les conseillers locaux peuvent s'adresser pour aider les agriculteurs.

Ce système a pour objectif :

1. de rationaliser l'aide que les conseillers apportent à chaque exploitant dans ce domaine, afin de leur permettre de toucher un aussi grand nombre d'agriculteurs que possible sans prendre sur le temps qu'ils consacrent à d'autres tâches consultatives.

2. de tirer parti des possibilités évidentes offertes par l'informatique pour établir, dans chaque cas particulier, un plan de fertilisation optimisé fondé sur des données réelles faisant état d'un bien plus grand nombre de paramètres sur la qualité du sol, la fertilisation, la valeur des cultures, de couverture, de climat, etc., que ne le permettrait un plan établi par des méthodes manuelles.

Le système informatique est constitué notamment par des indices types fondés sur des données numériques complètes pour de nombreux facteurs culturaux intéressant la nutrition des plantes, le développement des cultures et l'économie. Il est fait état de toutes les données particulières au champ, à l'exploitation et à la région géographique dans le calcul du plan définitif de fertilisation. En plus des cultures et des cultures de couverture, les données portent sur l'analyse des nutriments inorganiques qui déterminent la composition du sol,notamment sur le bilan P et K, car le système tient normalement compte de l'excès ou de la carence de ces éléments eu égard aux types de cultures, de sol, etc. A l'échelle de l'exploitation, on tient compte de la capacité d'irrigation et notamment du nombre et du type des animaux d'élevage pour le calcul des quantités de fumier de ferme; au niveau de la région, on tient compte de l'insuffisance des précipitations et des prévisions concernant l'azote.

Le plan de fertilisation appliqué par l'exploitant en complément de l'épandage du fumier dans les champs contient les informations suivantes sur chaque champ : culture, rendement prévu, normes de disponibilité de N, P et K, quantités de fumier de ferme disponibles et apports recommandés d'engrais.

De surcroît, le plan de fertilisation est toujours suivi d'une indication de la quantité et du prix de l'engrais que l'exploitant doit acheter et aussi, pour une évaluation rapide de son bien-fondé, d'une brève indication des écarts entre l'apport de P et de K recommandé par le plan et l'apport réel. Ces écarts, s'il y en a, tiendront surtout à une limitation du choix des engrais recommandés à l'agriculteur par le conseiller. S'ils sont trop grands, on établit un plan de remplacement sur la base d'un type d'engrais différent.

Si l'exploitant le désire, il peut faire établir, par champ, un indice faisant état de données mises à jour sur les types d'engrais utilisés, le rendement, etc., par champ et par an.

VARIETAL DIFFERENCES FOR REACTION TO HIGH SOIL ACIDITY AND TO TRACE ELEMENTS, A SURVEY OF RESEARCH IN THE NETHERLANDS

Mr. J. Mesdag and Dr. A.G. Balkema-Boomstra,
Foundation for AGricultural Plant Breeding,
Wageningen, the Netherlands.

Part I. Varietal differences for reaction to high soil acidity

Introduction

Considerable differences exist between species of cereals in their potential to grow on a soil of a pH-KCl of about four (and lower). This potential increases in the order of barley, wheat, rye and oats. So in general, barley is neither adapted to acid podsolic soils, nor to the reclaimed peatsoils in the Netherlands. This was common knowledge to Dutch farmers and therefore rye and oats were grown on these types of soil.

The first effects of high soil acidity may be visible on the wheat and barley seedling, where yellowing of the leaves starts at the top of the leaf and includes gradually the whole leaf. Plant growth will be retarded and especially the tillering is decreased. Drought will increase these symptoms, and the growing of barley or wheat will be uneconomical or it will be a failure.

Loman (1974) calculated the optimal pH-KCl for barley from yield data and pH values from a great number of yield trials on sandy soils and reclaimed peatsoils in the Netherlands. He found that a pH-KCl of 5.5 of the furrow is the optimum. From the same source of data Loman calculated a yield decrease of respectively 9 and 25 per cent for barley grown on sandy soils or reclaimed peatsoils with pH-KCl of 4.5 and 4, compared to the yield at the optimum pH of 5.5. From data for barley presented by Sluijsmans et al (1961) a yield decrease of 25 per cent can be calculated when the yield at pH-KCl of 4.3 is compared with that at the optimal pH of 5.4. Here the plant growth on furrow plus deeper layer (15-35 cm) of improved pH has been compared with that on furrow plus deeper layer of low pH. One may assume that this is the reason why the same percentage of yield decrease (25 per cent) has been found over a smaller pH-range (5.4   4.3 compared with 5.5   4.0).

However, differences between varieties of barley and wheat in their adaptation to acid soil are known.

Varietal differences for barley

Van Dobben (1955 and 1958) mentioned experiences in Dutch farm practice with growing of a mixture of oats and barley. In those years the growth of such a mixture as a source of fodder grain was not uncommon. On soils with low pH (e.g. pH-KCl 4) the oat plants crowded out the barley plants, whereas on soils with a higher pH (pH 5 or higher) the reverse happened. Van Dobben tested this phenomenon in pot trials and he concluded that it was due to competition among the underground plant parts, which was expressed through decreased tillering of the barley plants and through a decreased number of kernels per plant. Also the length of the leaves proved to be a sharp measure for the crowding out-effect on the barley plants. Van Dobben (1958) repeated these trials with different barley varieties in a mixture with oats. The plants of the Finnish barley variety Halliko were not damaged in the mixture at a level of soil pH in the plots whereas Dutch current varieties were crowded out heavily. On account of his results van Dobben gave the following ranking of barley varieties with a decreasing ability to compete with oats at a lower pH-level:

Vega-Stella-Halliko-Saxonia-Wisa-Herta-Minerva-Union-Piroline-Heine 4808.

Van Dobben (1957) pointed to an important characteristic of the plants of susceptible varieties under mentioned stress conditions, namely that the seedlings of these varieties have short soleoptiles, with a decreased number of roots in comparison to normal seedlings. The author suggested that these characteristics could be the basis for a selection method for ten days old seedlings.

Screening method for use in the glasshouse

Based on the suggestions of van Dobben (1957) a method for testing seedlings of barley in the glasshouse has been developed (van Essen and Dantuma, 1962). The same method with slight adaptations was used for testing wheat seedlings (Mesdag and Slootmaker, 1969). The test medium consists of a mixture of naturally acid soil (pH-KCl of about 3.6) and peat dust. A certain amount of sulphuric acid is added to this mixture in order to obtain a differentiating medium. The amount of sulphuric acid which has to be added for this purpose is found emperically by testing a preliminary series of standard varieties with a range of additions of the acid. A preliminary test series consists of very sensitive (9) and very tolerant (1) standard varieties. For barley these standard varieties are Alfor and Bavaria respectively, and for wheat Thatcher and Colonias. The root development of barley seedlings is evaluated about ten days after sowing and that of wheat seedlings about 15 days after sowing. The level of acid addition which shows the clearest difference in development of the root system of the standard varieties is chosen as the medium for the final test. One level differentiates barley varieties, while another level, with about twice as much H_2SO_4, differentiates bread wheat varieties. The optimal quantity of sulphuric acid to be added is greatly dependent on temperature, water supply, and soil structure. So these conditions should be kept very uniform in place and time.

After thorough mixing, the soil medium is put into a glasshouse tablet. Eight to ten kernels per variety to be tested are sown in rows of 15 cm, at 2 cm depth and with a row distance of 5 cm. For the screening of varieties three replicates are used.

The temperature in the glasshouse is about 15°C and should be kept equable over the tablet. The soil is kept slightly wet. It is necessary to include the standard varieties rather frequently, in order to have a control of site effects: therefore the best and the worst standard are sown in every ten rows.

After digging up, the root development within the row as a whole is evaluated. The response of the standard varieties is used as a measure. The criteria applied are length, thickness and brown discolouration of the roots. The more sensitive a variety is, the shorter and thicker its roots appear to be. This is mostly accompanied by brown discolouration. A scale for evaluation is used, ranging from 1 to 9, of which only the odd figures are used; 1 = very tolerant and 9 = very sensitive.

For the selection of (young) lines, the method may be used as it is described for varieties. For screening of younger breeding material, when a restricted amount of kernels is available, the number of kernels per row and the number of replications may be adapted. For selection within a population single seeds are tested and a classification into the three groups tolerant, intermediate and sensitive will be made. The plants of the tolerant group may be replanted for further growing and for seed multiplication.

Results of the glasshouse test with a collection of spring barley varieties

A collection of 671 spring barley varieties, originating from different countries in the world, was screened in the greenhouse test for their tolerance to high soil acidity (van Essen and Dantuma, 1962). The number of varieties showing good or very good tolerance was 61, that is about 9 per cent of the number of entries investigated. In Table 1 the total number of varieties from a specific country or from a group of countries is presented, as well as the number of tolerant or very tolerant varieties. The latter is also presented as a percentage of the total number of varieties from a country.

From Table 1 the relatively high percentages of tolerant varieties from e.g. Scandinavia, Fed. Rep. of Germany, North America and from the group of countries Japan, China and Korea, are apparent. In contrast, the small percentage of tolerant varieties from the United Kingdom, France and from the group of countries in the Middle East and East Africa is striking.

A number of varieties mentioned in literature as being tolerant to acid soils, has also shown tolerance in this test: e.g. Halliko and Stella from Scandinavia, Hado Streng, Breuns and Bavaria from Germany, and Valentine, Smooth Awn 88, Charlottetown from North America.

Results of glasshouse tests with collections of wheats

Spring and winter wheat varieties were classified for tolerance to high soil acidity in the glasshouse test by Mesdag and Slootmaker (1969) on the basis of results of two test series.

Table 1

Tolerance to High Soil Acidity of Spring Barley Varieties Grouped According to the Country or the Group of Countries of Origin and the Number of Varieties Tested from Each Origin (after van Essen and Dantuma, 1962)

Country or countries of origin	Number of varieties tested	Tolerant or very tolerant varieties	
		Number	% of number tested
Netherlands and Belgium	20	2	10
Scandinavia	51	8	16
Germany, Fed.Rep.of	103	11	11
United Kingdom	23	1	4
France	33	0	0
Austria and Switzerland	14	1	7
Italy	3	0	0
Middle and Eastern Europe	30	3	10
Middle Eastern and East African countries	152	7	5
South Africa	2	0	0
South Asia	12	0	0
North America	153	18	12
South America	10	0	0
Australia	1	0	0
Japan, China and Korea	64	10	16
Total	671	61	9

The 28 varieties in the first test series originated from Brazil, Argentina, and Mexico (Table 2). Although the variation in tolerance to low pH of the Mexican and Argentinian varieties is rather broad, still the difference with the six varieties from Brazil is striking, as these six are classified in the categories very tolerant and tolerant only.

Table 2

Tolerance of 28 Wheat Varieties to High Soil Acidity;
Results of a Test in 1967
(Mesdag and Slootmaker, 1969)

Country of origin	Category of tolerance				
	1	3	5	7	9
Brazil	Carasinho Colonias Preludio Trintani	Frondosa Frontana			
Argentina		Pergamino Gaboto	Bahiense F.C.S. Buenos Aires 110 Olaeta Artillero	H400-531334 H401-175432 Klein Condor	Buck Bolivar Buck Maipu El Gaucho F.A. Sureño M.A. T.Pinto 572830 Vilela Mar
Mexico		Mayo 64 Mexico 41 Sonora 64 Sonora 64A	Mexico 31 Mexico 57	Mexico 85	Mexico 63 Sonora 63

The second test series included 316 wheat varieties which originated from a number of European countries and from North America (Table 3). From this table it is clear that a broad variation between varieties was found, although within this collection no entries in the category "very tolerant" were found. Nevertheless, the varieties in the categories "tolerant" and "intermediate" are of interest for use in breeding.

Differences between the groups of varieties of different origin are clearly demonstrated by the percentages of varieties grouped into a certain category of tolerance. So the variation in tolerance is broader within the German and French varieties than for the varieties from the other European countries. Besides the Scandinavian varieties are different from e.g. the Dutch, because there is a higher percentage of Scandinavian varieties classified as intermediate. The variation among the varieties from the United States of America and Canada is large, as 14 per cent of those are classified as tolerant, but on the other side high percentages are classified as very susceptible (57 and 63 per cent respectively).

Examples of wheat varieties in the tolerant class are Derenburger Silber, Werla, Harrachweizen, Elite Lepeuple and Providence from Europe, and Atlas 66, Purkof and Red Fife from North America.

Table 3

Tolerance to High Soil Acidity of Wheat Varieties Grouped According to the Country of Origin; Results of a Test in 1968
(Mesdag and Slootmaker, 1969)

Country of origin	Number of varieties tested	% of the varieties in the categories of tolerance				
		1	3	5	7	9
Netherlands	28			11	57	32
Belgium	17			24	59	17
Scandinavia	42			38	31	31
Germany, Fed.Rep.of	68		7	41	37	15
France	75		5	40	38	17
Italy	41			24	44	32
Canada	24		4	8	25	63
USA	21		10	19	14	57
n_{tot}	316	-	12	97	119	88
in %		-	4	31	37	28

A collection of 60 wheat varieties from China, which was recently introduced, was tested with the glasshouse test (W. Sukkel, 1979). The results are presented in Table 4.

Table 4

Tolerance to High Soil Acidity of 60 Recently Introduced Wheat Varieties from China
(W. Sukkel, 1979)

Item	Number of varieties tested	% of the varieties in the categories of tolerance				
		1	3	5	7	9
Winter wheat	40	-	-	8	32	60
Spring wheat	20	-	10	20	35	35
Total	60	-	3	12	33	52

There is a clear difference between the groups of winter and spring wheat: 60 per cent of the winter wheats are very sensitive, compared to 35 per cent of the spring wheats; 8 per cent of the winter wheats are in the intermediate class, compared to 20 per cent of the spring wheat varieties, while, in addition, the latter include 10 per cent in the tolerant class.

The two tolerant spring wheat varieties (Chin Lung nr 1 and Chin Lung nr 2) are in this test series in the same class of tolerance as the variety Atlas 66 from the United States of America.

Slootmaker (1974) tested a number of species which are related to bread wheat in the glasshouse test. Some of the most characteristic results will be summarized here. The material was tested in replications, but only the mean, which is representative for the results, will be presented here. The classes are 1, 3, 5, 7, 9 and 9*; the last class is for those entries which react more severely than the standards for susceptible at the wheat or barley differentiating level respectively. Every genotype was tested at the "wheat differentiating level" of soil acidity as well as at the "barley differentiating level".

In Table 5 the species tested and the genome constitution of these species are listed, as well as the number of representatives of every species tested. From the table it is apparent that within the entries of T. monococcum or T. durum no tolerance was found at the "wheat differentiating level". But the same genotypes tested at the "barley differentiating level" differentiated clearly: 9 out of 15 genotypes of T. monococcum and 12 out of 40 of T. durum are grouped into the categories very tolerant and tolerant. For comparison, it may be restated that bread wheat varieties would differentiate at the "wheat differentiating level" (as reported before) and that at the "barley differentiating level", they would be classified as very tolerant. The genotypes of Triticum spelta, which have the same genome structure as the bread wheats, differentiate at the "wheat differentiating level" of soil acidity: 16 out of 19 genotypes are in the intermediate category. At the "barley differentiating level" 18 out of 19 are grouped into the two best categories of tolerance.

As an example, two varieties of rye were tested and, as could be expected, both were classified as very tolerant at the wheat differentiating level, as well as at the barley differentiating level.

From hexaploid triticales with genome structure AABBRR seven varieties were tested and they were very tolerant at the "wheat differentiating level". A number of 29 varieties of octoploid triticale (genome structure AABBDDRR) is tested. All varieties were very tolerant at the "barley differentiating level", where 28 of them were very tolerant or tolerant on the "wheat differentiating level"; one variety behaved exceptionally and showed a tolerance 9* at the last level.

Summarizing his results Slootmaker (1974) stated that "a rather obvious tendency shows up when the different reaction patterns as a whole are related to the genome constitution. In the "barley differentiating medium" particularly differences in degree of tolerance between the species become more shaded. Evidently the A-genome carries

Table 5

Wheat Related Species Tested for Tolerance to High Soil Acidity at Two Levels of Soil Acidity (after Slootmaker, 1974)

Species	Genome	Number of varieties tested	Medium 1/	Category of tolerance					
				1	3	5	7	9	9*
T.monococcum	AA	15	W						15
		15	B	2	7	3	2	1	
T.durum	AABB	39	W				2	3	34
		40	B		12	9	14	5	
T.spelta	AABBDD	19	W		2	16	1		
		19	B	8	10	1			
S.secale	RR	2	W	2					
		2	B	2					
Triticale	AABBRR	7	W	7					
(hexaploid)		7	B	7					
Triticale	AABBDDRR	29	W	19	9				1
(octoploid)		29	B	29					

1/ W resp. B = wheat and barley differentiating level of soil acidity respectively.

tolerance, the average degree of which is comparable to that of barley". And: "it seems justified to conclude that also the D-genome carries one or more genes which contribute to tolerance to high soil acidity in hexaploid wheats".

Genetics of tolerance to high soil acidity

1. Barley

The genetical differences between four barley varieties were studied by Mastebroek (1978). In this study he included the barley varieties Alfor, Saxonia and Bavaria, which are used as standards in the glasshouse test for susceptible, intermediate and tolerant respectively, and a fourth variety named Hönen, which was found to have a tolerance which is still better than that of Bavaria.

This exceptional behaviour of the variety Hönen was also found in the variety Akashinriki. Both varieties originate from Japan (Slootmaker and Mastebroek, 1971). The tolerance of Hönen and

Akashinriki is better than that of the standard variety for tolerant, Bavaria, but tested on the "wheat differentiating level" the tolerance is worse than that of the wheat standard for sensitivity (Thatcher).

The conclusions of Mastebroek are as follows (Table 6): the varieties Hönen and Bavaria differ in one recessive gene for tolerance to high soil acidity; Hönen and Saxonia differ in two genes (one recessive and one dominant); Hönen and Alfor differ in three genes (one recessive and two dominant).

Table 6

Survey of the Genetics of Tolerance to High Soil Acidity of Four Barley Varieties (after Mastebroek, 1978)

Class for tolerance to high soil acidity	Barley varieties tested	Genetical relation for tolerance to high soil acidity between varieties		
1*	Hönen	one gene: recessive (Hönen–Bavaria)	two genes: one dominant one recessive (Hönen–Saxonia)	three genes: two dominant one recessive (Hönen–Alfor)
1	Bavaria			
5	Saxonia			
9	Alfor			

Slootmaker (1972) concluded from crosses and backcrosses of the varieties Bavaria, Alfor, Saxonia, Volla and of two lines (with intermediate reaction) from the cross (Volla x L92) that there are three loci with independent inheritance and further that tolerance is dominant. This conclusion is not contrary to that of Mastebroek, but obviously Slootmaker included in his studies a third dominant gene, which originates from the varieties Volla or L92.

2. Wheat

The genetical differences between the wheat varieties Atlas 66 and Rex, respectively between Atlas 66 and Atys were studied by Mastebroek (1982). The variety Atlas 66 is tolerant to high soil acidity and both Rex and Atys are susceptible. The conclusion is that the varieties Atlas 66 and Rex differ in two dominant genes for tolerance to high soil acidity and that these genes are additive in their effects.

The varieties Atlas 66 and Atys also differ in two genes, from which one is dominant and the other is recessive; these genes are not additive in their effects.

Selection of population material in the field

Slootmaker and Arzadun (1969) reported about the selection of population material on a field of a light sandy soil with high acidity (pH-KCl = 3.4). The purpose of this trial was to test the usefulness of this selection method for segregating populations. The experiment was made with four barley populations from crosses between varieties with different tolerance to high soil acidity. The populations were in the F_5 generation. They used a normal sowing rate for the population seed. When the plants had reached the 3-4 leaf stage, some plants in each population were marked: 25 plants showing an over-all vigorous growth and 25 plants from the poorer looking phenotypes. In order to minimize disturbing effects of possible soil heterogeneousness a choice was made from vigorous and poor plants growing close to each other. At maturity the whole plants were harvested by hand, forming a bad and a good group per population.

The number of ear bearing tillers per plant, the culm length of each tiller, the number of kernels per ear and the thousand grain weight were evaluated for each plant of both groups. The mean values for the four characteristics as they are determined for the population (Bavaria x Emir) are presented in Table 7. The results for the four populations are summarized in mean percentages at the bottom line of this Table.

Table 7

Means of Some Agronomic Characteristics of Barley Plants Indicated as Good or Bad in the Seedling Stage within the Segragating Population (Bavaria x Emir) (after Slootmaker and Arzadun, 1969)

	Number of plants	tillers/plant nr.	diff.	culm length cm	diff.	kernels/spike nr.	diff.	1 000 grain weigh g.	diff
6 330 good	28	3.8		52.4		15.9		45.8	
6 330 bad	15	1.5		42.7		12.1		41.6	
			2.3^{+++}		9.7^{+++}		3.8^{+++}		4.2
mean for 4 popul.			60%		25%		35%		12%

The difference between the mean figures of the group of good plants a that of bad plants for the characters number of tillers, culm length and number of kernels per spike are highly significant ($P<0.001$). These figures clearly illustrate the effect of selection in the seedlings stage on the agronomic characteristics.

The effect of this selection of seedlings in the field on their progeny was investigated by testing the seeds of every spike in the glasshouse test for the level of tolerance to high soil acidity.

As for the groups of good plants from the four populations, more than 95 per cent proved to belong to the tolerant or intermediate types.

Tolerance to high soil acidity and/or tolerance to high concentration of aluminium

One may ask whether the so called "tolerance to high soil acidity" as it is present in a number of varieties of barley and wheat, is in fact tolerance to high soil acidity in itself or that it is tolerance to a secondary factor which is induced by that high soil acidity. Looking at the international literature one could think of the high concentration of aluminium as a secondary factor.

Slootmaker and Reid (1971) tested all of the 1,795 winter and facultative winter barleys in the USDA World Collection for response to acid soil at Wageningen, and for response to Al in nutrient solution at Beltsville (United States of America)(Reid et al., 1980). In the test in nutrient solution with Al (at Beltsville) the material was evaluated into three classes: 130 entries were in the tolerant class. According to the glasshouse test at Wageningen a number of 110 from those 130 varieties (= 85 per cent) was tolerant, whereas two varieties were not tested, and 18 varieties were not in the tolerant classes at Wageningen (Slootmaker, 1982). From these figures the high correlation between the results of both tests is evident. This high correlation suggests that an increased concentration of aluminium ions in the acid sandy soil is an important stress factor for many varieties of (at least) barley.

Tolerance to high aluminium concentration in soya beans

To complete the survey of this type of work done in the Netherlands, investigations on varietal differences of soya beans in reaction to high aluminium concentration in nutrient solution have to be reported (de Beus and Keltjens, 1981).

The differences between varieties of soya beans in reaction to the addition of 12 ppm aluminium in the nutrient solution are demonstrated in Table 8. The dry weight of roots of the 34 days old plants of the varieties 1, 3 and 6 has decreased, and that of the varieties 2 and 7 has increased. The varietal differences in weight of upper plant parts too are clear: the relative figures for the varieties 1, 3 and 5 are lower than for 2 and 7.

Table 8

Dry Weight of Roots and of Upper Plant Parts of 34 Days Old Plants for Seven Soya Bean Varieties in Nutrient Solution at pH 4.0 with 12 Compared to 0 ppm Aluminium
(in relative figures: 0 Al = 100)
(after de Beus and Keltjens, 1981)

Varieties	Dry weight of roots (rel.)	Dry weight of upper plant parts (rel.)
1 Mingo	88	77
2 Tokio	110	89
3 Manaus	85	70
4 Laris	96	81
5 Vada	96	77
6 Jupiter	87	80
7 SJ 2	112	92

So, in both characteristics, root weight and weight of upper plant parts, the varieties 2 and 7 (Tokio and SJ 2) are more tolerant to 12 ppm Al than the varieties 1 and 3 (Mingo and Manaus).

These results are part of more extensive investigations on the influence of pH and/or Al-concentration and/or Ca-concentration on the growth of soya beans. The figures are presented here as an indication of the type of investigations done at the Agricultural University at Wageningen on varietal differences in growth of soya beans on problem soils and on causal effects for these differences. These investigations on soya beans support a field research programme on the permanent cultivation of rainfed annual crops on acid sandy soils in Suriname.

Part II. Trace elements

Introduction

A group of three nutritional crop disorders has been important in the past on reclaimed peat moor soil in the Netherlands.

First descriptions of diseased crops date to the beginning of this century. Since oats were commonly grown on these soils, the diseases were first described for this crop.

Between 1923 and 1925, it was established that there were three distinct diseases of oats on alkaline or acid-reclaimed or poor soils, namely the 'Veenkoloniale' disease (grey speck), later found to be controllable by manganese, the 'Hooghalen' disease (named after the site where it first was described) now known to be associated with magnesium deficiency and the 'ontginnings' disease (reclamation disease) later proven to be caused by copper deficiency.

Later, other crops were also found to be sensitive to mineral deficiencies and some were studied extensively. (Mn-peas, Mg-potatoes, B-beets, swedes, peas). Mn excess was studied in bean and lettuce. Most of the deficiency diseases were attributed to the replacement of organic manure by artificial fertilizer. After the deficiencies were recognized as being the cause of diseases, the addition of micro-nutrients to the current fertilizers could prevent to a great extent further occurrence of these disorders.

Most of the researchers who investigated the above-mentioned nutritional disorders used several crop species and in some instances also different varieties of one species. In most of these cases, clear differences in sensitivity to the deficiencies were noticed among the varieties, but this has never led to specific breeding programmes since the problems were easy to overcome by the use of more complete fertilizers. In lettuce, a breeding programme to introduce insensitivity to a surplus of exchangeable manganese, present in steam-sterilized glasshouse soils, into new varieties has been undertaken.

Only those investigations in which different varieties have been used are being described on the following pages.

Manganese

Manganese deficiency as well as excess has occurred in the Netherlands. Manganese deficiency is generally expressed by leaf chlorosis. The plants have a light green colour, the typical leaf symptoms vary. Damage caused by Mn deficiency is known in cereals, peas, sugar beets and potatoes. The leaf symptoms in cereals appear in the early spring on the primary leaves. The basal points are somewhat yellow and greyish brown necrotic spots or bands appear on the leaves. These spots gradually spread. Typical for oats is sagging of the leaf, forming a sharp kink and the top remaining green longest (Henkens, 1958).

Mn-deficiency in oats causes the so-called 'grey-speck disease'. It has been known in the Netherlands since 1906. It has been extensively investigated by F.C. Gerretsen. He tested about 200 oat varieties on a low-Mn-soil and found striking differences in plant development (Gerretsen, 1956). Resistant varieties frequently came from Scotland (e.g. 'Ayrline', 'Onward' and 'Fyris'). Susceptible varieties were among others 'Star', 'Roxton' and 'Trio'. Resistant varieties had a well-developed root system and the plants contained four to five times as much Mn as susceptible ones. The grey specks on the leaves proved to be a secondary symptom due to alkaline cell sap which was caused by saprofytic bacteria colonizing the roots of susceptible varieties (Gerretsen, 1956).

In peas, manganese deficiency causes marsh spot. The external appearance of the pea is usually normal. When the pea is split in two, a brown spot can be observed on the flat inner surface of one or generally both cotyledons. The size of the spot varies from hardly visible to about half of the entire surface (Henkens, 1958). Diseased peas contain less Mn than healthy peas (resp. 0.0075 per cent vs 0.0125 per cent Mn). (Löhnis, 1936). The plants do not show deficiency symptoms. Varietal differences in sensitivity were noticed by Ovinge (1935).

From an enquiry among growers in the south-western part of the Netherlands (clay soil) he learned that 'Zelka' was the least affected, followed by 'Mansholt's'. 'Glory' was the most sensitive variety (Table 9). At that time, the cause of this disease was not known.

Table 9

Percentage of Peas with Marsh Spot in Samples from Growers in the South-Western Netherlands (Ovinge, 1935)

Variety	Number of samples	Percentage affected peas
Zelka	103	7.1
Mansholt's	70	12.6
Glory	40	21.6

Manganese toxicity has been studied by M.P. Löhnis in several crops. Only with Phaseolus beans, more than one variety (two) was used. The disease was first described in 1946. Young bean leaves are yellow, mostly between the veins and along the leaf margins, the development of the plant is retarded. Older leaves exhibit a characteristic spotted pattern, viz. yellow or colourless areas with necrotic patches and a lumpy leaf surface. In severely affected plants brownish-purple spots appeared on the leaf stalks of the first leaves formed and the veins on the back of the leaf were purplish-brown, sometimes continuously and sometimes speckled. The most severely affected plants produce only an occasional flower and no seed. Beans (Phaseolus) were more sensitive than peas, common vetch, alfalfa and red clover when grown in a high Mn field plot. Potatoes ('Eigenheimer') and oats were not damaged at equal levels of manganese.

Diseased plants accumulated more Mn than healthy plants, the resistant bean variety 'Bruine boon' could endure a higher Mn content than the susceptible variety (Table 10) (Löhnis, 1950).

Table 10

Lowest Content of Mn in Young Diseased Plants and Highest Content in Young Healthy Plants (Löhnis, 1950)

Variety/species	ppm Mn in dry matter			
	1947		1949	
	diseased	healthy	diseased	healthy
Phaseolus beans:				
'Prinsesse boon'	1 211	642	1 104	904
'Bruine boon'	1 589	1 142	922	855
Common vetch	-	-	1 117	975
alfalfa	-	-	1 083	648
red clover	-	-	1 300	910

On many Dutch nurseries, steam sterilization of the glasshouse soil is undertaken as an annual measure to control pathogenic soil organisms. On many soil types so much manganese is released by this procedure that toxicity symptoms may occur in crops planted out shortly after steaming. The occurrence of manganese toxicity does not only depend on the amount of available Mn in the soil and the quantity taken up by the crop, but also on the sensitivity of the crop. Lettuce and beans (Phaseolus) may show toxicity symptoms at 200-400 ppm Mn/dm, cucumber at 600-800 ppm and tomatoes only when levels exceed 1,500 to 1,200 ppm (Sonneveld and Voogt, 1975).

Rodenburg (1973) tested 311 lettuce varieties for sensitivity to a surplus of exchangeable manganese of which 81 proved to be insensitive. Sensitive varieties show wilting of the first leaves, followed by a pale discolouration, brown spots along leaf margins, dying-off of leaf margins, yellow brown discolouration of leaf veins and mesophyll of other leaves, and sometimes collapse of the whole plant as a result of extreme sensitivity.

Sonneveld and Voogt (1957) analysed heads of six lettuce varieties grown on steam-sterilized soil for manganese content (Table 11).

The sensitivity of a variety proved not to be related to the Mn content, therefore, varietal differences in sensitivity would be due to different levels of resistance to manganese in the plant.

Table 11

Sensitivity to Excess Manganese and Manganese Content of Six Varieties of Lettuce
(Sonneveld and Voogt, 1975)

Variety	Sensitivity degree */	ppm Mn in heads
Blackpool	9.0	781
Rapide	8.0	774
Noran	7.2	672
Deciso	6.0	659
Deci-Minor	4.0	727
Plenos	0.2	799

*/ 1-3 light, 4-6 moderate, 7-10 severe symptoms.

Eenink and Garretsen (1977) studied the mode of inheritance of tolerance to a surplus of exchangeable manganese in the soil. It appeared that in the various insensitive varieties different numbers of genes for insensitivity were present. The number of genes varied from one gene in 'Plenos' and 'Troppo' to possibly four genes in 'Celtuce', but due to large environmental effects these results must be regarded with some reserve.

Magnesium

Magnesium deficiency in oats is known in the Netherlands since 1913 as the 'Hooghalense' disease after the site where it was first described. The symptoms of the 'Hooghalense' disease in its most typical form on cereal are characteristic. The foliage is of a distinctive yellowish-green colour, with longitudinal pale green to white mottling of the leaves between the veins, the resulting striations resembling the stripes on the skin of a tiger. The disease was most evident on light acid soils. The yield depression caused by Mg-deficiency can be large (Figure 1).

Unfortunately, no reports on varietal differences in sensitivity have been found.

Deficiency of magnesium is also well known in potatoes and was first detected in the variety 'Noordeling' after which it was subsequently called. (Description in ± 1940). It is know to occur on light calcareous sandy soils where frequently magnesium is present but not available to the plant. Symptoms of magnesium deficiency are more pronounced at high levels of potassium and low levels of nitrogen of the soil. Varietal differences in sensitivity to magnesium deficiency have been reported (Table 12) (Anon. 1952).

Table 12

Sensitivity of Potato Varieties to Magnesium Deficiency

Susceptible	Intermediate	Resistant
Profijt	Noordeling	Bintje
Matador	Eigenheimer	
IJsselster		

Borst et al. (1970) also reported 'Bintje' to be resistant, while 'Eigenheimer' was intermediate and 'Meerlander' very susceptible (Table 13).

Table 13

Degree of Leaf Symptoms, */ Typical for Magnesium Deficiency in Different Potato Varieties (Borst et al., 1970)

Fertilization	Leaf symptoms		
	Meerlander	Eigenheimer	Bintje
0MgO-60N	5	6	9.7
150MgO-60N	6.9	9	10
0MgO-120N	7.4	8.3	9.8
150MgO-120N	9.4	10	10

*/ 1 = very susceptible
10 = no visible symptoms

Yield depression caused by magnesium deficiency can be considerable in potatoes, as was demonstrated by Sluijsmans (1955) with the variety Voran (Figure 2).

Copper

In 1910, a disease of oats grown on soils which were recently brought into cultivation, was described which became later known as 'reclamation disease'. In 1923, it appeared that copper-containing fertilizers could suppress the symptoms and prevent yield depression. Later, also other crops appeared to be sensitive to copper deficiency.

In cereals, the main symptom is a whitish or yellow discolouration of the tips of the leaves. In oats the tips and edges of the leaf tend to be whitish and papery, and affected fields show a pale shimmer. No symptoms may be visible before 4-6 weeks, although the early leaves may show a greyish-white to reddish-brown colour and dry up prematurely. In barley the discolouration of the leaf tips is more yellow. Wheat and rye resemble oats, the leaves of wheat showing pronounced elongated white strips. In all the cereals turgor is reduced and there is an increase in the straw to grain ratio, caused by loose panicles/ears and profuse tillering (Butler and Jones, 1948).

Mulder (1938) investigated extensively the relation between 'reclamation disease' and Cu-deficiency and proved them to be synonymous. He found that oats suffer the most in kernel yield but symptoms on the vegetative plant parts are more pronounced on wheat.

Varietal differences in sensitivity in wheat were known to exist from field trials with $CuSO_4$ applications, but data from these trials are not available. Pot trials with Cu-deficient soil, with and without the addition of 100 mg $CuSO_4$/pot did show some differences between the varieties. If harvest index is used as a measure of sensitivity, 'Juliana', 'Carstens V', and 'Trifolium' appear to be the most sensitive varieties (Table 14). The Dutch list of recommended varieties of 1938 also mentions that 'Juliana' when grown on reclaimed soil, sometimes shows dead leaf tips, which could, to my opinion, be very well due to copper deficiency. Mulder (1938) also states that copper deficiency increases sensitivity to Septoria nodorum infection.

Smilde and Henkens (1967) tested a range of oat, barley and wheat varieties for sensitivity to copper deficiency. Apparently, the copper availability of the soil they used was lower than that of the soil used by Mulder since differences in harvest index between the two treatments were more pronounced. Varietal differences were clearly present (Table 15). The oat landrace 'Zwart President' (syn. Mesdag oat) which was known to be tolerant to the reclamation disease. (First Dutch recommended list of varieties, 1924) proved to be tolerant to copper deficiency. However, the newer variety 'Marne' could endure low copper content of the soil but yielded much better when additional copper was supplied.

Table 14

Effect of $CuSO_4$ Fertilization on the Yield of Eight Wheat Varieties Grown in Soil from Basselternijeveen
(data from E.G. Mulder, 1938)

Variety	Grain yield (g/pot)		Harvest index	
	Without Cu	With 100 mg $CuSO_4$/pot	Without Cu	With 100 mg $CuSO_4$/pot
Imperiaal IIa	12.68	16.20	.36	.34
Siegerländer	12.59	15.40	.36	.35
Providence	8.50	11.10	.32	.33
Invicta */	11.98	14.76	.36	.35
Prins Hendrik	11.72	17.56	.32	.36
Carstens V	9.88	15.79	.33	.38
Trifolium */	10.58	16.50	.33	.38
Juliana	10.23	16.58	.33	.39

*/ Weak symptoms of copper deficiency present.

Sensitivity to copper deficiency and copper content of foliage were not found to be directly related.

Boron

In the past boron deficiency frequently occurred in sugar beets. Symptoms were first described in 1928 and although after the discovery of boron being the cause of this disease many investigations about boron fertilization followed, no reports about varietal differences in sensitivity have been found. Since cereals do not need much boron, boron deficiency symptoms of cereals have never been found in practice.

Sugar beets and swedes show dying off of the growing point (heart rot). The drought sensitivity increases when plants suffer from boron deficiency.

Löhnis (1936) tested several crop species for sensitivity to boron deficiency. Beans (*Phaseolus vulgaris*) proved to be very sensitive. Although peas were not very sensitive, for this crop the boron content of different varieties was determined and clear differences were found (Table 16). However, yield determinations were not made.

Table 15

Response of Oat (1958 experiment), Wheat, Barley and Rye (1959 experiments) Varieties to Copper. Each Figure Represents the Mean of Three Pots
(data from Smilde and Henkens, 1967)

Variety	Grain yield per pot (g)		Harvest index		Cu content of foliage[3] (ppm)	
	- Cu[1]	+ Cu[2]	- Cu	+ Cu	- Cu	+ Cu
Oat:						
Zwarte President[ab]	24.9	25.9	.48	.48	4.8	10.6
Civena[ab]	23.2	27.2	.47	.50	7.7	8.3
Nestor[b]	24.9	31.8	.48	.53	5.6	8.3
Marne[b]	21.4	29.2	.42	.51	10.2	9.1
Adelaar[bc]	18.4	27.4	.29	.49	4.5	7.0
Zandster[bc]	23.0	33.6	.41	.53	4.5	6.6
Abed Minor[cd]	13.4	28.7	.30	.53	4.8	6.9
Gouden Regen[d]	10.4	27.2	.18	.47	4.3	6.7
Zege[d]	9.1	29.1	.14	.48	4.8	7.0
Spring wheat:						
Koga II	22.9	31.1	.29	.36	10.1	9.0
Peko	8.8	28.9	.08	.28	-	8.9
Winter barley:						
Urania	28.7	31.7	.44	.43	5.3	10.7
Vinesco	19.8	23.0	.25	.27	5.0	8.4
Dea	7.2	33.1	.09	.44	5.0	8.9
Spring barley:						
Piroline[a]	28.0	34.3	.35	.40	4.0	7.1
Union[a]	27.7	34.5	.38	.41	5.1	8.3
Practon[a]	23.0	30.8	.32	.36	4.5	8.9
Minerva[ab]	20.4	29.5	.30	.36	5.8	9.7
Balder[bc]	17.5	29.8	.25	.39	4.5	7.4
Herta[bc]	15.4	28.1	.20	.33	4.6	9.2
Agio[c]	11.6	26.5	.16	.41	5.1	8.3
Winter rye:						
Petkuser	35.1	34.9	.33	.33	-	-
Dominant	32.9	37.9	.32	.37	-	-

1 = 1.5 ppm Cu, soil from Valthe; 2 = soil from Valthe + 157 mg $CuSO_4$/pot (= 50 kg/ha); 3 = at 20 cm height stage.

a, b, c, d; classification according to Smilde and Henkens.

Table 16

Boron Content of Pea Seeds
(mg/3g dry matter)

Variety	Sample from different fields for each variety	Sample from one trial field with all the varieties
Mansholt Plukerwt	0.07	0.058
Schokker	0.07	0.058
Gele langstro	0.03	0.03
Blauwpeul	0.01	0.01

References

Anonymous, 1924. Eerste beschrijvende rassenlijst.

Anonymous, 1938. Veertiende beschrijvende rassenlijst.

Anonymous, 1952. Kalium- en magnesium voeding van aardappelen. Kali 2: 18-23.

Beus, J. de and W.G. Keltjens, 1981. Personal communication.

Borst, N.P., C. Mulder, H. Loman and C.M.J. Sluijsmans, 1970. Magnesium-bemesting of -bespuiting bij akkerbouw gewassen op klei-, zavel- en zeezand gronden. Bedrijfsontwikkeling 1: 47-52.

Butler, E.J. and S.G. Jones, 1949. Plant Pathology. London, MacMillan, 1949, pp. 979.

Dobben, W.H. van, 1955. De invloed van de zuurgraad op de ontwikkeling van granen. Verslag over 1955, Tienjarenplan voor Graanonderzoek van het Nederlands Graan-Centrum: 72-73.

Dobben, W.H. van, 1957. De invloed van de zuurgraad op de ontwikkeling van granen. Verslag over 1957, idem.: 89-91.

Dobben, W.H. van, 1958. Het toetsen van zomergerstrassen op gevoeligheid voor lage pH-waarden in een potproef. Jaarboek Instituut voor Biologisch en Scheikundig Onderzoek van Landbouwgewassen: 29-34.

Eenink, A.H. and F. Garretsen, 1977. Inheritance of insensitivity of lettuce to a surplus of exchangeable manganese in steam-sterilized soils. Euphytica 26: 47-53.

Essen, A. van and Dantuma, G., 1962. Tolerance to acid soil conditions in barley. Euphytica 11: 282-286.

Gerretsen, F.C., 1956. Mangaan gebrek bij haver in verband met de photosynthese. Landbouwkundig Tijdschrift 68: 756-767.

Henkens, Ch.H., 1958. The trace element boron; the state of research in the Netherlands. Neth. J. Agric. Sci. 6: 183-190.

Henkens, Ch.H., 1958. The trace element manganese; the state of research in the Netherlands. Neth. J. Agric. Sci. 6: 191-203.

Löhnis, M.P., 1936. Borium behoefte en borium gehalte van cultuurplanten Chem. Weekblad 33: 59-61.

Löhnis, M.P., 1936. Wat veroorzaak kwade harten in erwten? Tijdschrift over plantenziekten 42: 157-167.

Löhnis, M.P., 1950. Verschijnselen van mangaan vergiftiging bij cultuurgewassen. TNO-nieuws 5: 150-155.

Loman, H., 1974. De invloed van bodemfactoren op de meest gewenste pH-KCl voor gewassen op zand- en dalgronden. Rapport 6-74 Instituut voor Bodemvruchtbaarheid, 30 pp.

Mastebroek, H.D., 1978. Personal communication.

Mastebroek, H.D., 1982. Personal communication.

Mesdag, J. and L.A.J. Slootmaker, 1969. Classifying wheat varieties for tolerance to high soil acidity. Euphytica 18: 36-42.

Ovinge, A., 1935. Het optreden van kwade harten in schokkers in Zeeland in 1934. Landbouwkundig Tijdschrift 47: 375-383.

Reid, D.A., L.A.J. Slootmaker, O. Stølen and J.C. Craddock, 1980. Registration of Barlev Composite Cross XXXIV. Crop Science 20: 416-417.

Roodenburg, C.M., 1973. Verschillen tussen slarassen in gevoeligheid voor gevolgen van stomen. Zaadbelangen 27: 258-259.

Slootmaker, L.A.J., 1972. Toleranz in Getreidearten für einen niedrigen pH-Wert des Bodens. Bericht Arbeitstagung 1972 Ver. Osterr. Pfl.Züchter: 198-209.

Slootmaker, L.A.J., 1974. Tolerance to high soil acidity in wheat related species, rye and triticale. Euphytica 23: 505-513.

Slootmaker, L.A.J., 1982. Personal communication.

Slootmaker, L.A.J., and J.F. Arzadun, 1969. Selection of young barley plants for tolerance to high soil acidity in relation with some agronomic characteristics of mature plants. Euphytica 18: 157-162.

Slootmaker, L.A.J. and H.D. Masterbroek, 1971. Unpublished data.

Slootmaker, L.A.J. and D.A. Reid, 1971. Unpublished data.

Sluijsmans, C.M.J., 1955. Enkele voordelen van visuele waarnemingen in het bijzonder bij het magnesium onderzoek en de magnesium adviesgeving. Landbouw voorlichting 12: 16-21.

Sluijsmans, C.M.J., G.P. Wind and L.C. Struijs, 1961. Bekalking van de ondergrond. Landbouw voorlichting 18: 624-631.

Smilde, K.W. and Ch.H. Henkens, 1967. Sensitivity to copper deficiency of different cereals and strains of cereals. Neth. J. Agric. Sci. 15: 249-258.

Sonneveld, C. and S.J. Voogt, 1975. Studies on the manganese uptake of lettuce on steam-sterilized glasshouse soils. Pl.Soil 42: 49-64.

Sukkel, W., 1979. Personal communication.

Fig. 1 Effect of magnesium deficiency on kernel yield of oats (Sluijsmans, 1955)

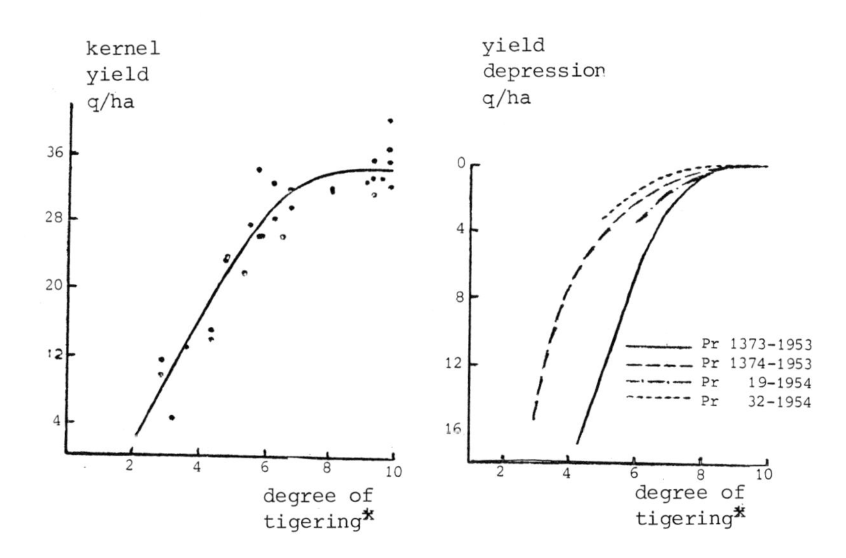

* 1 = severe tigering
10 = no symptoms

Fig. 2 Effect of magnesium deficiency on tuber yield of potatoes ('Voran) (Sluijsmans, 1955)

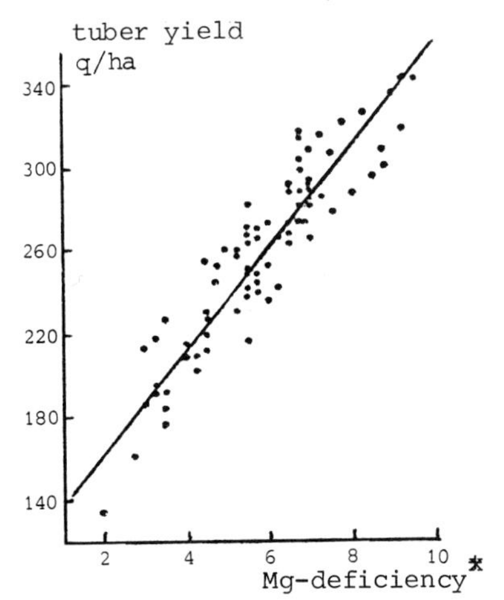

* 3 = necrosis on entire plant
10 = no symptoms

RECHERCHE SUR DES REACTIONS DES DIFFERENTES VARIETES A LA FORTE ACIDITE DU SOL ET AUX OLIGO-ELEMENTS

J. Mesdag et Mme A.G. Balkema-Boomstra
Fondation pour la cytogénétique agricole
Wageningen, Pays-Bas

RESUME

L'aptitude des petites céréales à croître sur un sol de pH égal ou inférieur à 4 diffère de beaucoup selon les espèces. Cette aptitude va croissant de l'orge (Horedeum vulgare) au blé durum (Triticum durum), au blé panifiable (T. aestivum) au seigle (Secale cereale) et à l'avoine (Avena sativa). Du point de vue de leur adaptation à un sol acide, les variétés d'orge et de blé présentent des différences bien connues et dont on tire parti en génétique.

On peut constater les premiers effets d'une forte acidité sur les jeunes plants d'orge et de blé. Le rapport expose les symptômes apparus sur les jeunes plants et des plants adultes.

Des conditions difficiles, dont la sécheresse et la concurrence d'une autre espèce, l'avoine par exemple, peuvent renforcer les effets d'un sol acide. Le principe de la concurrence est utilisé dans une méthode d'essai qui consiste à cultiver ensemble de l'orge et de l'avoine : plus la variété d'orge s'adapte à l'acidité du sol, plus elle résiste à la concurrence de l'avoine.

Un certain nombre de méthodes de sélection se fondent sur les différences de croissance des jeunes plants sur des sols acides.

Le rapport cite un exemple de sélection de cultures fondée sur ce principe. Une méthode rapide de sélection utilisée en serre se fonde sur le même principe : le support utilisé pour ce test est un mélange de terre naturellement acide et de poussière de tourbe, auquel on ajoute de l'acide sulfurique en quantités plus ou moins grandes pour différencier les supports. Pour le test de l'orge et du blé dur, on ajoute au support une certaine quantité sulfurique; pour celui des blés panifiables, une quantité double. Les critères applicables sont la longueur, l'épaisseur et la décoloration brune des racines des jeunes plants. Les variétés sont classées en cinq catégories. Cette méthode est utilisée pour la sélection de variétés ou de lignées génétiques et le choix de populations d'orge et de blé. L'essai en serre a permis de tester une série de 670 variétés d'orge de printemps, dont 61 ont été classées dans les catégories ayant une bonne à très bonne tolérance. On a de même procédé à des tests sur une série de 1795 variétés d'orge d'hiver, et de variétés alternatives d'orge, dont 10 % ont été jugées tolérantes. Le test portant sur une série de 316 variétés de blé panifiable a permis de classer 12 variétés (soit 4 %) dans les deux meilleures catégories. Une série de 47 variétés de blé dur a été testée (sur le support utilisé pour l'orge) et sept variétés ont été classées dans les deux meilleures catégories.

On a constaté que, pour ces séries, le pourcentage de variétés tolérantes variait selon le pays d'origine.

Une partie des variétés testées pour la tolérance à l'acidité du sol (test en serre) l'ont été aussi ailleurs pour la tolérance à une forte concentration d'aluminium dans le sol ou en solution nutritive. Les deux méthodes se recoupent bien pour la plupart des variétés testées.

On a procédé à certaines recherches sur l'hérédité de la tolérance de l'orge et du blé panifiable.

Des recherches sont en cours sur les réactions des différentes variétés de soja à de fortes concentrations d'alumimiun en solution nutritive. Elles s'étendent aux mécanismes de tolérance des variétés à l'essai.

Plusieurs troubles nutritionnels - dus à une carence ou à un excès d'un oligo-élément - ont été observés dans le passé aux Pays-Bas. Les premières descriptions de ce type de maladie remontent au début du siècle. Il s'est révélé par la suite que les maladies en question provenaient d'une carence de magnésium (avoine, pommes de terre), d'une carence ou d'un excès de manganèse (avoine, pois, haricots), d'une carence de cuivre (céréales) et d'une carence de bore (betteraves, rutabagas, pois).

La plupart des chercheurs qui ont étudié les troubles nutritionnels précités ont travaillé sur plusieurs espèces et aussi, dans quelques cas seulement, sur différentes variétés d'une même espèce. Dans la plupart de ces cas, on a observé de nettes différences variétales de sensibilité, mais cela n'a jamais conduit à mettre en route des programmes particuliers de sélection aux Pays-Bas, car on a pu remédier plus tard à la plupart des carences par l'addition d'oligo-éléments aux engrais. Toutefois, avant l'ère de la sélection végétale moderne et de la connaissance des micro-nutriments, les agriculteurs d'une région des Pays-Bas où il y avait carence de cuivre cultivaient déjà une variété locale d'avoine adaptée à leur sol et qui s'est révélée plus tard résistante à la carence de cuivre.

Les différences variétales sont indiquées comme suit :

- carence de magnésium - pommes de terre
- carence de manganèse - avoine, pois
- excès de manganèse - haricots (Phaseoulus)
- carence de cuivre - céréales
- carence de bore - pois.

INTEGRATED PLANT NUTRITION SYSTEMS

Professor Dr. B. Novak,
Research Institute of Crop Production, Prague, Czechoslovakia

The last FAO/ECE Symposium on Plant Nutrition held in Geneva (1979) concluded that the intensity of application of inorganic fertilizers had achieved its approximate optimum within the European countries.

Since that time the amount of yearly applied fertilizers slightly increased but the trend was not identical in all the countries. There are several countries where a decrease in inorganic fertilizer application has been recorded (FAO - Fertilizer Yearbook, 1980).

There are many good reasons for limiting the fertilizer inputs:

- the yields of crops increase less than the use of fertilizers
- the purchasing and transport expenses of fertilizers rise steadily
- the demand for foodstuffs in developed countries increases more slowly than production
- many effects on environment due to high doses of fertilizers were observed

But there is a lot of emotion considering the effect of inorganic fertilizers. A number of presumptions have never been confirmed.

In the past, inorganic fertilizers significantly increased the available plant nutrient resources in soil, with the exception of nitrogen. In the soils covered by a network of experimental stations in Czechoslovakia, the increase in available P and K corresponded to the inputs of these nutrients in inorganic fertilizers (Figure 1). The effect of organic fertilizers was obstracted.

There are some differences in the behaviour of phosphorus and potassium relating to the increase in their fertilizer doses.

The soil converts a part of applied soluble phosphates into hardly available forms. From the lowest dosis of P fertilizers (20 kg P per ha) only one third was taken up by crops, the rest was either lost (by erosion - 1 kg) or accumulated in the soil (12 kg). From the accumulated P only a quarter continued to remain available to plants.

A doubling of the P dosis increased the P-uptake more than 2.5 times and the crops utilized thus 45 per cent of the phosphorus applied. Half of the fertilizer - P was accumulated in the soil, its distribution between available and non-available forms was established at 1 : 1.

A further increased P dosis (60 kg P per ha) increased the P uptake only by 16 per cent. The P accumulation increased to the degree of 60 per cent from the P input. The percentage of the available forms reached 64 per cent of the soil-accumulated phosphorus.

Considering the relative values (the respective P input = 100) the phosphorus soil deposits in non-available forms decreased with increasing P inputs. On the other hand, the amount of available P increased. The erosion losses were kept at the same level (Figure 2).

Potassium uptake by crops increased with increasing K fertilizer inputs, but the percentage of this uptake significantly decreased (Figures 1 and 3). The remainder of the fertilizer K was found in the soil, particularly in plant-available forms. The losses slightly increased with increased K-inputs if measured in absolute terms, but they decreased computed as a percentage of the potassium amount added.

The P and K balance is, hence, fairly good if we consider the entire amounts of these nutrients. There might be seen (Figures 1, 2, 3) that the crops cannot take up the entire amount of either phosphorus or potassium. They cannot take up even the total amounts of their available portions. With increasing fertilizer application the uptake of both available phosphorus and potassium decreases.

We have found that the mechanism of mineral nutrient uptake is significantly influenced by the following effects:

- concentration of plant-available nutrients in the soil (N_s)
- activity coefficient of the respective ion in solution (c)
- concentration of the nutrient in plant resorption tissues (N_p)
- transport rate of the nutrient from resorption tissue to metabolic tissues (T_r)
- nutrient metabolic rate (M_r)

The following equations have been suggested:

$$\Delta U = A \cdot E \left(\frac{a.N_s.c}{bN_p} \cdot T_r\right) \qquad (1)$$

where: ΔU = rate of plant nutrient uptake

A = effect of specific nutritional factors

E = effect of ecological factors

a,b = constants

Fig. 1: P and K balance in arable soils as influenced by fertilizer inputs. The balance was computed substracting the control plot values. Average of 17 field trials throughout the country. Crop rotation experiments lasting between 7 to 24 years. (1) nutrient uptake by crops; (2) leaching + erosion = losses; (3) soil nutrient increase: (a) available forms, (b) non available forms.

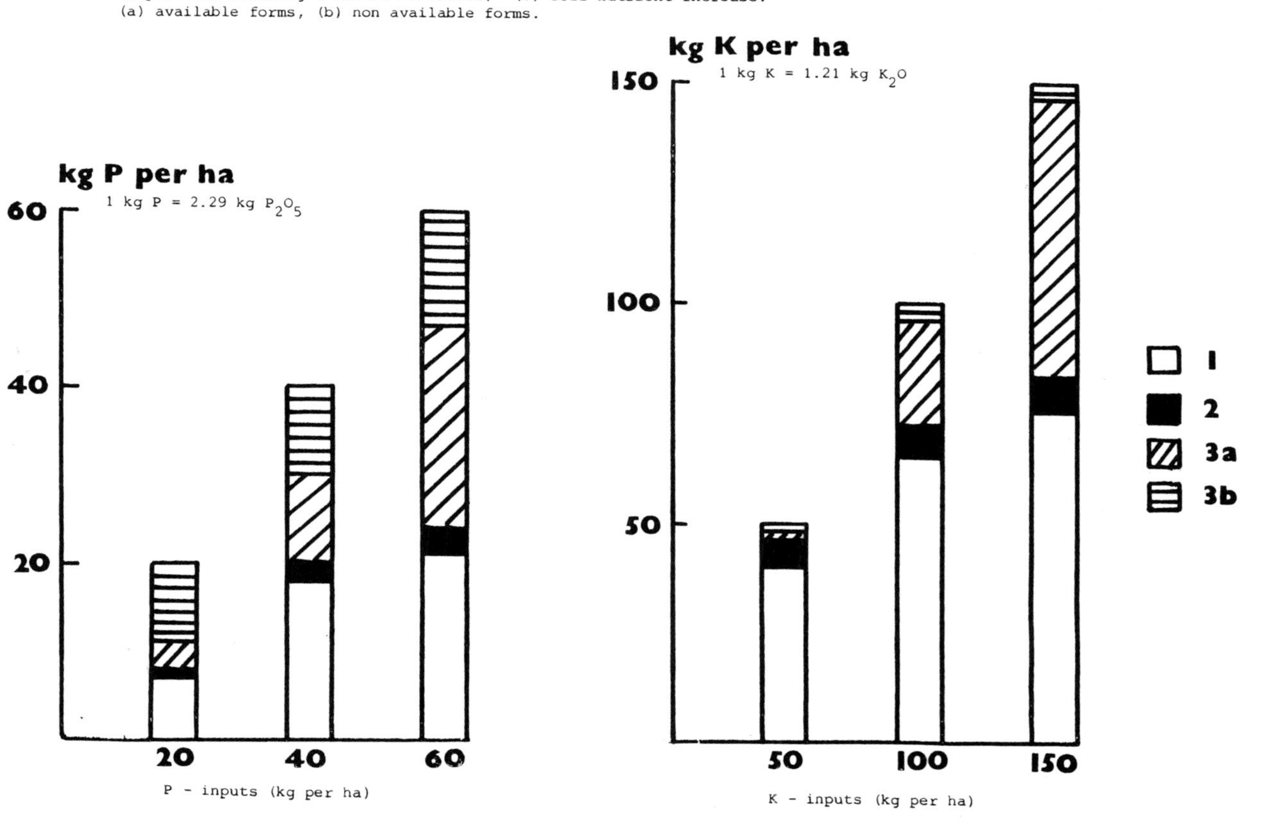

Fig. 2: Fertilizer P-balance at different rates of P-input.
Relative values; entire P-input = 100

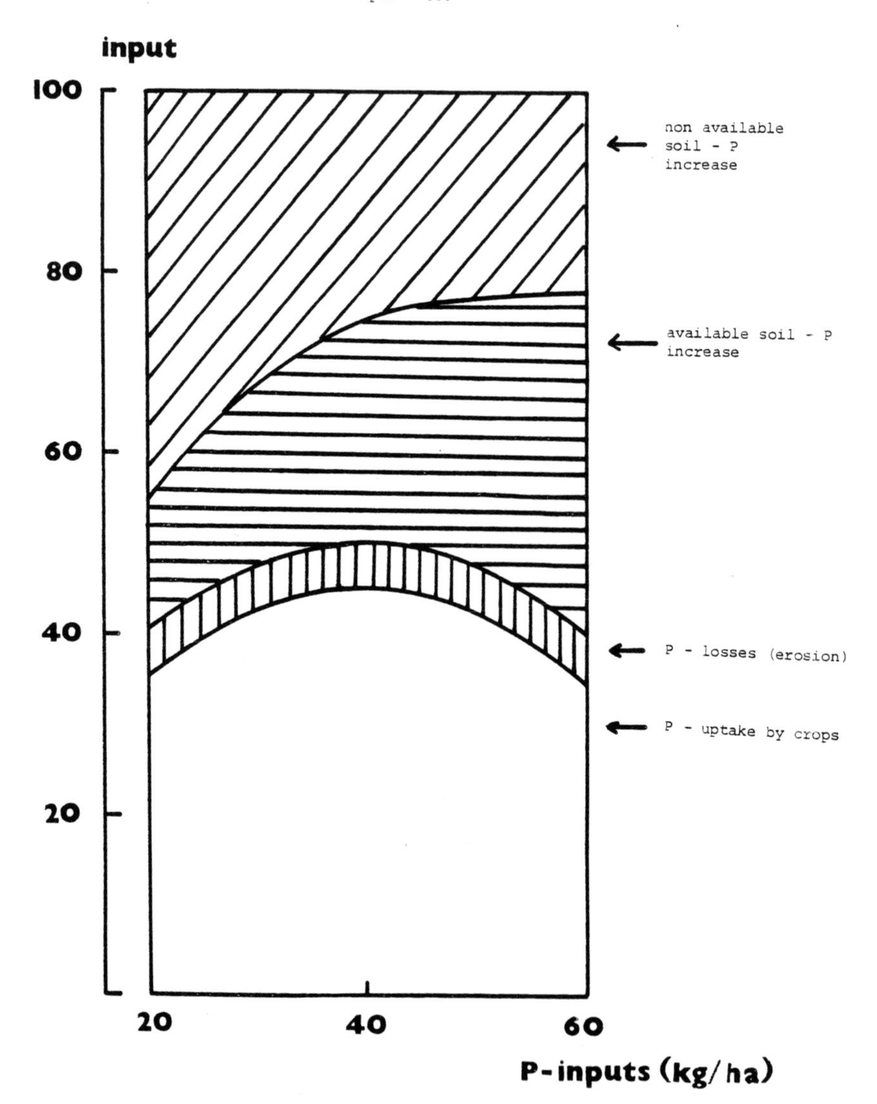

$$M_r = k \cdot T_r \cdot -\Delta F \qquad (2)$$

where: $-\Delta F$ = change (= decrease) in free energy content (chemical energy)

K = constant

Combining equation (1) and (2):

$$\Delta U = A \cdot E \left(\frac{a.N_s.c}{k.N_p} \cdot \frac{M_r}{k \cdot -\Delta F}\right) \qquad (3)$$

Hence under comparable conditions (nutritional and ecological) it can be understood that an increase in plant nutrient uptake demands an increase in nutrient concentration in the soil and/or an increase in this nutrient activity, as well as an increase in the nutrient metabolic rate at the expense of minimum free energy.

The preceeding equations reveal (preferably) potassium and phosphorus uptake reactions.

The nitrogen balance in the intensively fertilized and cropped soils is rather bad. Even high inputs of nitrogen mostly fail to increase the nitrogen content in the soil. That might be explained by the rapid, complicated, and energy dependent nitrogen transformation processes in soil.

Nitrogen undergoes quite different mechanisms of soil transformation and plant uptake. That is why it must be considered separately.

The scheme of the over-all soil N transformation was described many times by a number of authors. The pathways of these transformations were also successfully investigated in detail. Theoretically, there is not much to add to this knowledge.

Oxidation and reduction reactions are involved in most of the nitrogen transformations. Consequently, free energy changes connected with nitrogen transformation must be considered. There is not enough evidence of the energy utilization pattern from the energy yielding (i.e. oxidative) reactions. But it has been proved that the energy demanding (i.e. reductive) reactions must be fed with free energy derived from a breaking down of organic matter.

The over-all reactions are as follows:

$$R \cdot CO \cdot COOH + NH_3 = NADPH_2 + ATP \longrightarrow$$

(α-oxo-acid) (nicotineamide-adeninedinucle-otidephosphate--red. = Coπ-red.) (adenosinetri-phosphate)

Fig. 3: Fertilizer K-balance at different rate of K - input.
Relative values; K - input = 100.

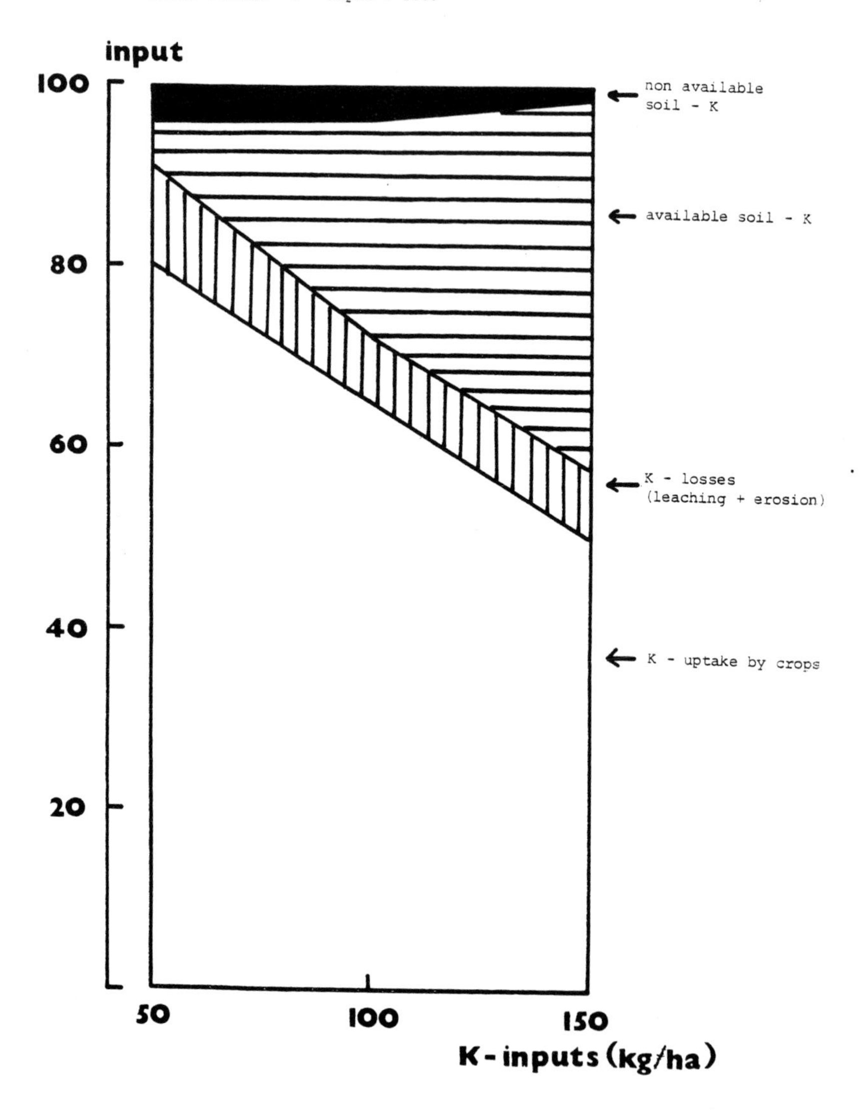

$$\longrightarrow \; R \,.\, \underset{\displaystyle NH_2}{\overset{|}{CH}} \,.\, COOH + NADP \quad + ADP \quad + P_i$$

(α-amino-acid) (CoII-ox.) (adenosine-diphosphate) (inorganic phosphate)

The energetical aspects of this leading reaction can be expressed as follows:

$$NADPH_2 + 1/2\ O_2 \longrightarrow NADP + H_2O + 220\ kJ$$

$$ATP + H_2O \longrightarrow ADP + P_i + 40\ kJ$$

In sum, 260 kJ are demanded to trap one gramme-atom ammonia N and to convert it to organic N. Since most biological processes in soil depend on the energy yielding - demanding reactions, the biochemical N immobilization reclaims only a part of the entire free energy evolved from decomposition of the organic soil substances. In experiments the percentage of free energy utilization for biochemical NH_4^+-N immobilization varied between zero and 7.5 per cent. In the field, 1 per cent must be considered as a good energy utilization.

For example, if we consider a gross yield of crops on average of 60 grain units per ha (i.e. an equivalent of 6 metric tons of grain) the organic matter contribution to soil has been estimated (per ha):

- root exudates	2 400 kg
- roots decayed during the vegetation season	1 360 kg
- crop harvesting residues	3 600 kg
- farmyard manures	1 800 kg
- commercial organic fertilizers	70 kg
- other (organics in precipations etc.)	4 kg
	9 234 kg

Calculating that 1 per cent of the free energy of substrate decomposition is being utilized for N immobilization, almost 100 kg N (96.4) may be immobilized on one hectare of arable soil annually. Considering that much higher energy utilization was achieved in model experiments under favourable conditions, the theoretical amount of immobilized N might be at least seven times as high - i.e. around 700 kg N/ha/year.

But there is a lot of limitations. The main controlling factor is the $C_{organic}$: $N_{organic}$ ratio. This ratio in soil is about 10 or more (the later case is very rare in productive soils) but seldom less. Since an increase in the N content of soil humus over the C : N ratio = 10 was achieved in only a few cases, and for limited periods of time, this ratio must be considered as a barrier to biochemical N immobilization. Furthermore, we are, as a rule, not interested in a complete break-down of the new organic substances in the soil within one year. We must also calculate with some soil humus decomposition which should be replaced with new humic substances. The organic substances introduced into soil contain different, but in all cases significant, amounts of nitrogen. This N occupies a good deal of the positions which would be eventually utilizable for ammonia N immobilization. That is why it would be unrealistic to calculate with the maximum efficiency of N immobilization.

Biochemical immobilization of nitrate N has been proved possible under proper conditions but its probability to reduce NO_3 to $-NH_2$ is very low due to the high energy demand under field conditions.

That is why the ammonia N immobilization-remineralization control is much easier than the control of nitrate N immobilization. Practically the nitrates which have not been taken by plants are getting lost (within a few days in humid conditions and within several weeks under arid conditions), either by leaching or denitrification. The accumulation of excess nitrates in plant leaves, occurring frequently if the plants are exposed to high concentrations of nitrates in soil, is also undesired or even hazardous. Consequently, to prevent an excess of nitrates in soil the most reliable way is to control the ammonia N immobilization.

Wrong treatment of nitrogen fertilizers, in the past, gave origin to bad rumours of the nitrogen effect. In the course of recent years the suspicion on the decreased effect of fertilizers, particularly of N fertilizers, has been spread into the public. The evaluations are mostly simplified. Realistic considerations should be based upon soil N content as well as on N fertilizer inputs.

There are several soil fertilizing experiments in Czechoslovakia in different soil-ecological zones, lasting more than 25 years. Five of them are running on heavy (clay-loam, loam-clay, loam) soils. These were computed together to obtain a general figure of the N nutritional effect of N in soil.

It was found evidence that the yields of crop in non-fertilized plots (for 25 years) increased on average by 0.7 per cent annually. This is the effect of good soil management and of new cultivars. It is also the effect of good nutrient resources in the soil; in sandy soils the yields of crops started to decrease after three years after the discontinuation of fertilization.

The N effect was determined by using different N + P + K - fertilizer application rates. Involving the above-mentioned five heavy soils, the following figure was obtained (kgs per hectare):

	Arable layer	Subsoil	Total
Entire N	4 300	3 600	7 800
NH_4^+-N	360	320	680
NO_3^--N	31	52	83

In the soils under consideration the entire amount of NO_3^- N and roughly 10 per cent of NH_4^+-N might be considered available. Hence, 151 kg soil N might be used for crop production. On this basis, a yield of 36 grain units (= equivalent to 3.6 metric tons of grain) was achieved on the average of the last five years (the mean of the five localities).

Applying 120 kg fertilizer N the yield increased to 68 grain units per ha.

The production effect of the probably available soil nitrogen was 0.24 grain units per 1 kg N. The production effect of fertilizer N was even higher: 0.27 grain units per 1 kg N. This apparent higher production effect (by 12 per cent) of fertilizer N could be explained by the rate of increase in organic matter breakdown and, hence, by the increased remineralization of soil organic N. The laboratory results with soil respiration and N mineralization tests proved that:

	Mean biochemical activities of soils (per 100 g soil sample)	
	Respiration (mg CO_2-C per hour)	N-mineralization (mg NH_4^+-N per week)
non-fertilized	0.134	0.12
fertilized	0.191	0.21

The respiration was 30 per cent higher in fertilized than in non-fertilized soils. The N mineralization increase was even higher - 57 per cent. Since the data cover 45 weeks annually only (the soil was frozen for 7 weeks in a year on average) the N mineralization in control plots amount to 162 kgs and in fertilized plots to 284 kgs annually. If we consider that about half of this amount might be plant-available (but that is more an estimation than evidence) the following amounts of plant-available N occurred in soil:

non-fertilized .... 232 kg per ha

fertilized .... 413 kg per ha

The production effect of available N was:

non-fertilized soil .... 0.15 grain units per 1 kg N

fertilized soil .... 0.12 grain units per 1 kg N

The summarized production effect of fertilizer N is, hence, the same as the production effect of soil N. The minute differences in production effectiveness are not derived from the origin of N but are apparently based on the concentration figures. That corresponds to the equations (1, 2 and 3) presented above.

Soil acidity has been a steady problem in many agricultural areas. In Czechoslovakia, about half of the agricultural land suffers from unfavourable soil reaction, a major part is acid (alkaline soils cover minute areas in Czechoslovakia).

In spite of the increasing amounts of lime and lime-containing materials put into the soil, the over-all status of soil reaction did not change for years. The computed effect of "physiologically acid" fertilizers and "acid rains" is significantly smaller than the total soil acidification respecting the lime inputs. The intensive leaching favoured with insufficient soil adsorption capacity must be, therefore, held for the most significant cause of the insufficient results of intensified lime application to soils.

Magnesium and trace elements became more important factors of plant nutrition than earlier. But their application to soil has been profitable only in the case of a determined lack of these elements in soil. The systematic application of trace elements might even be hazardous due to the small difference between optimum and toxic concentrations.

Organic manures recently became an important intensification factor again. Their significance in nutrient recycling, as trace element resource and in controlling biotransformations of biogenous and xenobiotic substances in soil was repeatedly described. Also their effect on soil properties was recognized in detail.

Their effect on plant nutrition is shown in Figure 4. The data were obtained from a number of field trials in Czechoslovakia. For that reason the general shape of yield curves instead of individual results is given here.

Crops with their root exudates, dead roots and harvesting residues contribute considerably to the balance of soil organic matter. Since different crops exert different effects on soil and plant nutrient utilization, the proper crop rotation is of top significance for plant nutrition system. In a long-term field experiment (over 15 years), two crop rotations were compared on heavy soil in sugar beet production: (1) nine-field rotation: 22 per cent lucerne, 22 per cent sugar beet, 11 per cent technical crops, 45 per cent cereals; (2) two-field rotation: 50 per cent sugar beet, 50 per cent spring wheat. To obtain the same yield of sugar beet and wheat (under the same soil and climatic conditions, with the same mean doses of organic manures and the same care of soil fertility) as much as 130 to 140 per cent of inorganic NPK fertilizer were needed in a two-field crop rotation, compared to 100 per cent in a nine-field crop rotation. It was proved that lucerne played a particular role in improving the inorganic fertilizer effect.

As the mechanical pressure impact on the soil surface rapidly increased in recent years, proper tillage became more important than ever before. But tillage is effective only in a soil regularly supplemented with organic substances. In a bare fallow trial (after 24 years of systematic manure and fertilizer application) the changes in the volume weight of the arable layer were as follows:

Fertilizing	Specific volume weight of soil after tillage (days after tillage)				
	0	10	30	90	180
None	0.98	1.03	1.11	1.14	1.20
Organic	0.76	0.82	0.89	0.90	0.91
Inorganic	0.99	1.09	1.23	1.41	1.53

In cropped soil the changes are not as rapid and not as high due to the contribution of crops to soil organic matter resources.

The lack of space and time in the presentation does not allow to deliver further data. But it may be believed that the facts demonstrated above on some relationships in plant nutrition support the idea that the perspective plant nutrition system has to reflect the complex nature of soil-ecology-technology plant nutrients relationships. To achieve

Fig. 4: Shape of yield curves as influenced by increasing amounts of inorganic NPK-fertilizers and different kinds of organic manures:
O - without manure; M - farmyard manure; C - compost;
S - straw + N-inorganic; SSP - straw + beef cattle slurry.

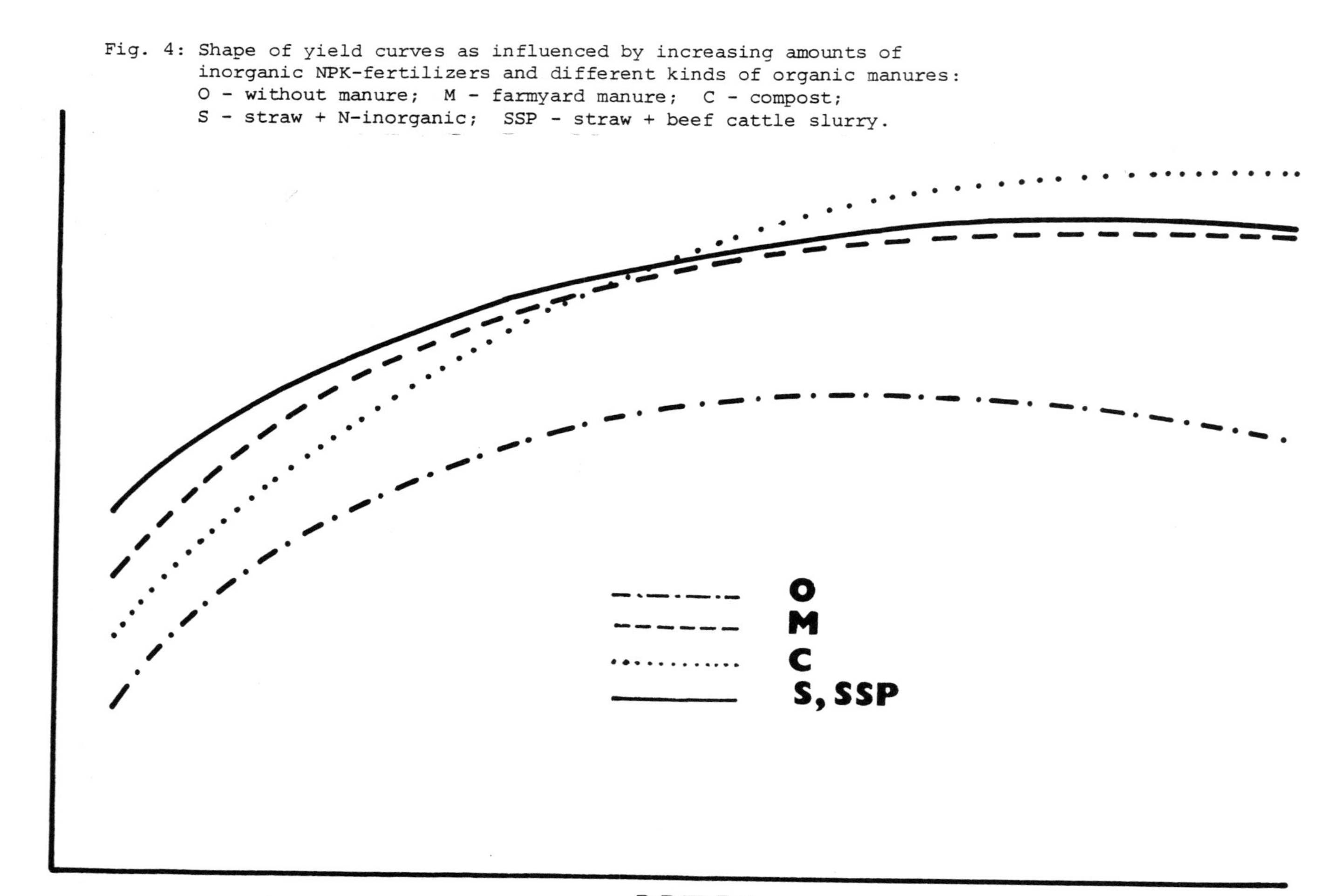

satisfactory results: production, farmers' income, gross national product, soil fertility reproduction and increase, and environment protection, the following aspects of plant nutrition system have to be stressed:

- recycling of plant nutrients and organic substances

- controlling biological transformations of organic substances and plant nutrients in soil

- supplementing the lacking inorganic nutrients with inorganic fertilizers

- decrease the nutrient - particularly nitrogen-losses from soil

- soil tillage improve the physical properties of soil in case it has been supplemented with proper amounts of organic substances.

Consequently, crop rotation and an organic manure system have to form the beam of the system. Since the recycling has never been complete, the application of inorganic fertilizers will obviously be necessary.

We must also respect new cultivars, mostly more productive for their genetic basis. But, there is not known if they, or which of them, demand an increased amount of available nutrients in soil.

Hence, we more seek than actually accomplish the integrated plant nutrient systems.

SYSTEMES INTEGRES DE NUTRITION DES PLANTES

B. Novak
Institut de recherche sur la production végétale
Prague, Tchécoslovaquie

RESUME

Il y a tout lieu de croire à un accroissement du rendement des récoltes à l'avenir. Parmi les facteurs qui rendront cet accroissement possible, l'amélioration de la nutrition des plantes est tout à fait évidente. La Tchécoslovaquie, comme la plupart des pays européens, utilise de grandes quantités d'engrais chimiques.

Les ressources du sol en P et K, accessibles aux plantes ont sensiblement augmenté. Sous l'effet de l'apport croissant d'engrais, les cultures absorbent de plus en plus de nutriments et leur rendement s'améliore. Mais la proportion des nutriments restée dans le sol a, elle aussi, augmenté. Il ne faut donc pas attendre de résultats positifs d'un nouvel accroissement de l'emploi des engrais.

La tâche la plus difficile consiste à mieux tirer parti de l'azote et d'éviter les pertes de l'azote du sol qui n'a pas été absorbé par les cultures. Il semble que le moyen le plus efficace soit la fixation biochimique de l'azote, qui dépend de deux manières des substances organiques contenues dans le sol :

1) la fixation de l'azote intervient jusqu'à ce que s'établisse un rapport $C_{org}/N_{org} = 10$;

2) la fixation de l'azote est un processus endoergique consommant environ 260 kJ par atome gramme de N, énergie qui ne peut être obtenue que par une décomposition de matières organiques.

Les problèmes liés à l'acidification du sol et à l'excès ou à la carence de micronutriments se sont récemment aggravés. L'intervention de substances contenues dans l'humus du sol peut contribuer à en résoudre un bon nombre.

Il faut donc à l'avenir fonder les systèmes de nutrition des plantes

- sur l'établissement d'un plan de recyclage maximal
- sur l'apport de substances organiques au sol (exsudations des racines, déchets de récolte, fumiers organiques)
- sur le contrôle des processus biologiques de transformation des matières organiques et des nutriments contenus dans le sol
- sur l'appoint du ou des nutriments manquants et/ou le remplacement des pertes de nutriments par des engrais chimiques.

Le travail du sol (par exemple le labourage), la rotation des cultures, l'irrigation et d'autres opérations d'intensification doivent être poursuivis.

INTEGRATED PLANT NUTRITION SYSTEMS IN HUNGARY

Dr. I. Latkovics (Mrs.), Scientific Adviser,
Research Institute of Soil Science and
Agrochemistry, Budapest, Hungary.

The production of agriculture and food industry plays a well known important role in the national economy of Hungary.

Figure 1 clearly demonstrates that the index of total agricultural production in Hungary has risen more than twofold as compared with 1950.

The changes in the harvest results, cropland and yield averages of wheat are presented in Figure 2. There, it is shown that the average yields of wheat have been permanently above 3.0 t/ha in the course of the past years. Similar dynamic yield increases are characteristic of maize, the forage crop grown on the largest areas in Hungary (Figure 3). There have been good harvest results in other branches of plant production, too.

As seen in the figures, the yield averages have continually increased, while the sowing area has remained practically the same. In the increase of total agricultural production the rise in average yields plays the main role. In Hungary, the possibilities of extending the sowing areas is limited, it could be done firt of all on the account of other crops, namely by decreasing their production.

For this reason we give utmost care to the conservation of the soil, to maintain and increase its fertility, and to rational land use. The soil is the primary natural resource in Hungary, its reasonable use is of fundamental importance.

With this in view a Map of Soil Factors Determining the Agro-Ecological Potential of Hungary was prepared by the Research Institute for Soil Science and Agricultural Chemistry of the Hungarian Academy of Sciences. Figure 1 clearly shows the rapid increase in costs of material character, surpassing even the dynamic rise in the index of total agricultural production. When studying the different types of costs, it becomes evident that first of all the expenses of industrial materials, and not those of agricultural origin, have increased considerably. This is understandable and after all a favourable phenomenon expressing essentially the technical revolution taking place in Hungarian agriculture mainly since 1960. Enormous amounts of materials of industrial origin, as well as fixed assets streamed into agriculture making possible the increase in the production.

At the same time it serves as a warning to the necessity of the most efficient use of materials: it is not indifferent what, how much and at what cost we produce nowadays. Besides the quantity indexex, those of quality and economic efficiency must be more and more considered.

In our time, the system of industrialized production is going to gain ground in the different branches of agriculture in our country. Most of its conditions have been ensured in the past years.

Figure 1.

Index numbers of total agricultural productions.

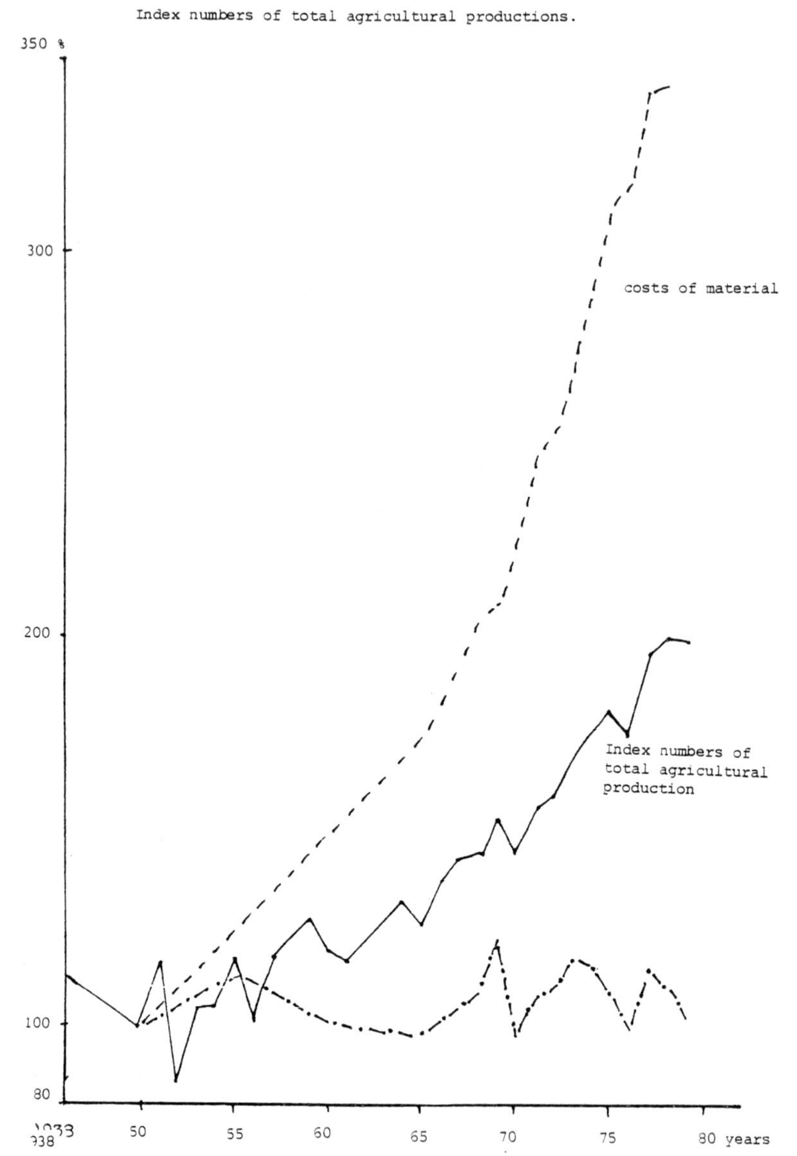

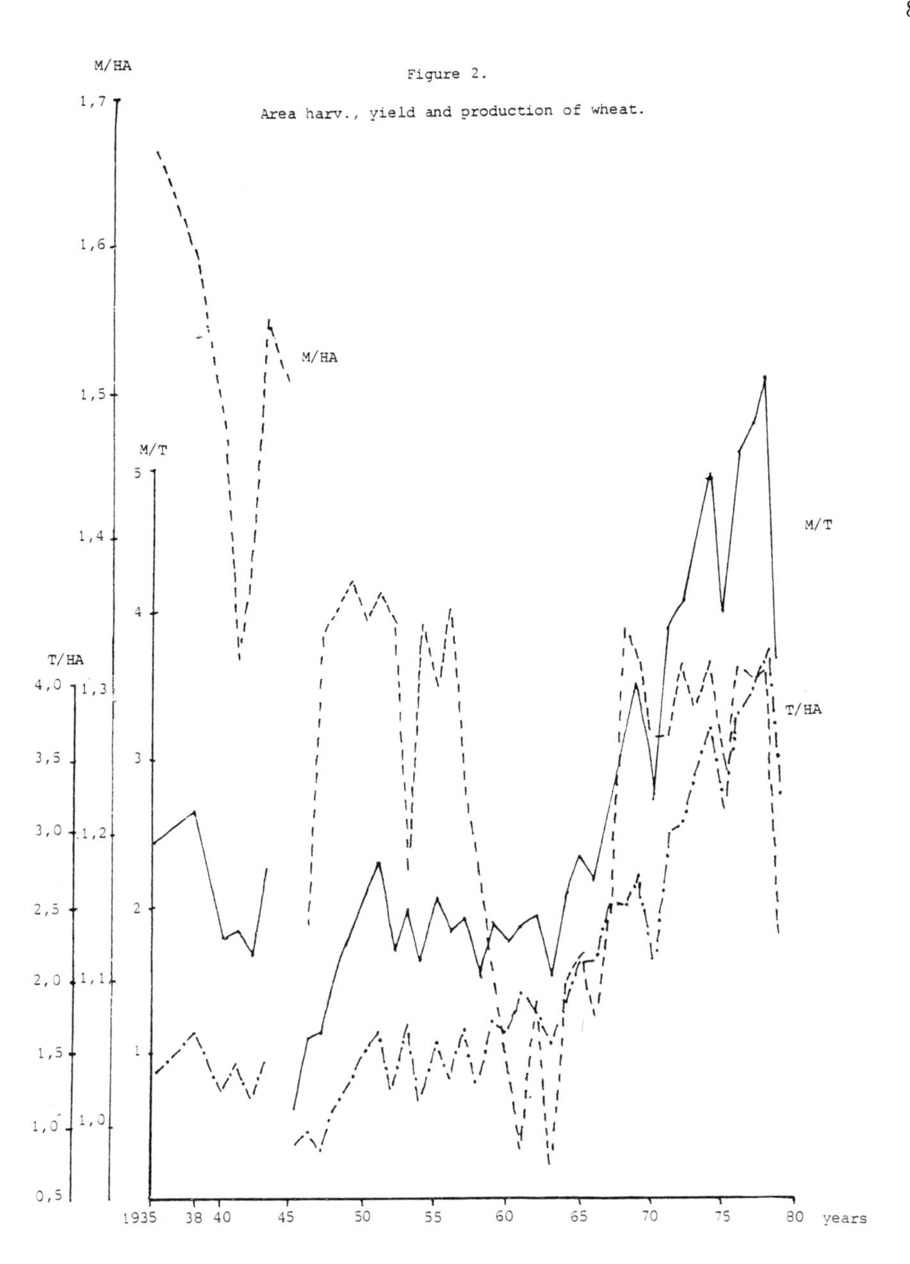
M/HA
Figure 2.
Area harv., yield and production of wheat.
1,7
1,6
1,5
1,4
1,3
1,2
1,1
1,0
M/HA
M/T
5
4
3
2
1
M/T
T/HA
4,0
3,5
3,0
2,5
2,0
1,5
1,0
0,5
T/HA
1935
38
40
45
50
55
60
65
70
75
80
years

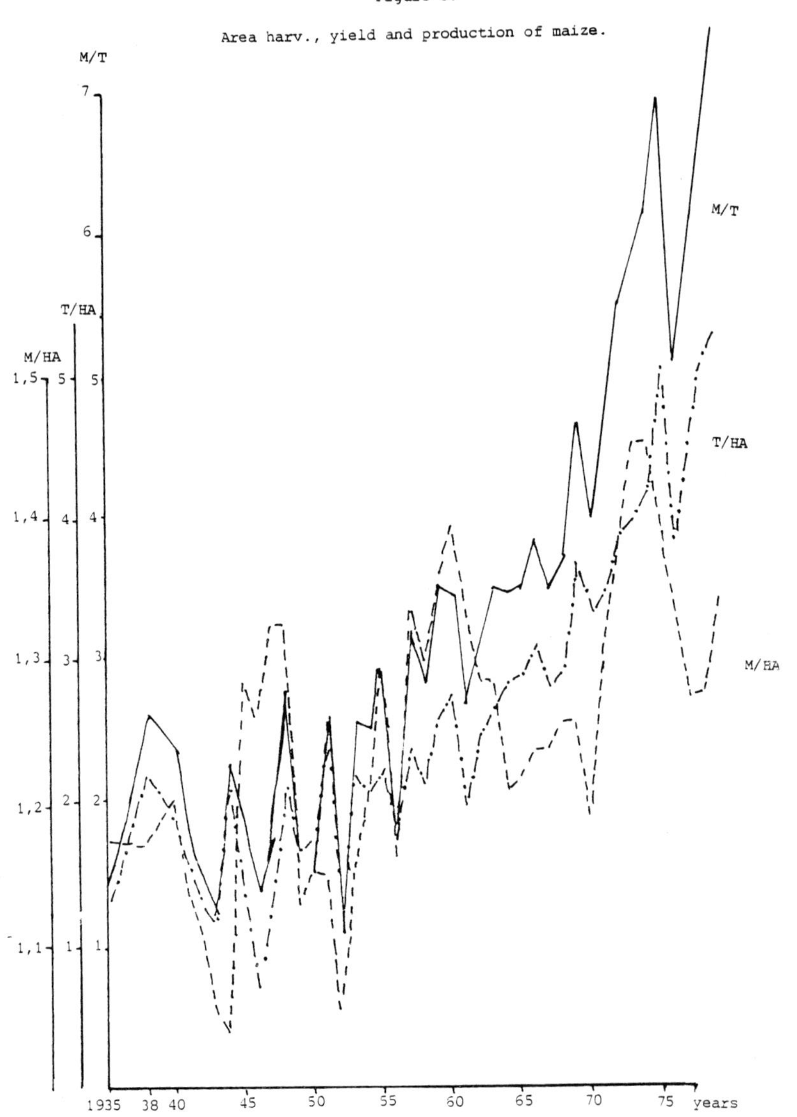
Figure 3.
Area harv., yield and production of maize.
M/T
7
6
T/HA
M/HA
1,5 5 5
1,4 4 4
1,3 3 3
1,2 2 2
1,1 1 1
M/T
T/HA
M/HA
1935 38 40 45 50 55 60 65 70 75 years

Industrial background: the development of Hungarian agriculture is in close connection with the progress of industries providing machines, chemicals and energy carriers for large-scale farming. Nowadays the output and profitability of production are determined by means of industrial origin - machines and materials - and their rational use.

Agriculture is in our time the "biggest" consumer of the chemical industry. In 1981, fertilizer consumption, expressed in nutrient content was 1,485,410 (1.4 million) tons, the fertilizer use per 1 ha agricultural area being 225 kg.

Besides fertilizers, the different plant protection chemicals are being consumed in enormous amounts. In 1979, the amounts of the latter reached 57.191 tons. Data refer to formulation weight.

Parallel with the spreading of industrialized production, the consumption in agriculture of energy of industrial origin has increased as well: now amounting to about 7 per cent of the total energy requirement of the national economy.

Biological background: simultaneously with the use of modern techniques a number of high yielding varieties (HYV) were introduced.

Personal conditions: the intensive training of specialists and the enormous mental capacities made possible the efficient use of modern industry and biological background. In the agriculture of our country the so-called production systems now play an important integrating role.

In accordance with the biological background, the use of developed technologies, modern machines and appropriate chemicals, as well as the efficient labour organization and the reasonable employment of qualified experts are the conditions of realizing the systems of industrialized production. Each phase of operation and the choice of necessary tools are co-ordinated by planned labour organization.

The crop production systems mean essentially a total horizontal integration. Recently efforts have been made to establish vertical relations, too. The agro-industrial associations are attempts at creating better forms of vertical co-operation. The better distribution of the tasks, the more efficient exploitation of the available resources, the promotion of closer relations between agriculture and processing have already led to promising results.

It is a basic requirement that the farm charged with the establishment and organization of the production system - responsible system manager - should create the optimum conditions of production in every branch of the given field by modern labour organization, strict discipline in the technology, adjusting machine series and technology, application of the latest achievements of science and techniques.

In our country it was the State Farm at Bábolna that first established the industrialized system of maize production, later similar systems were organized one after the other.

In the four main production systems: Corn Production System of Bábolna (IKR), Baja Maize Growing System (BKR), Nádudvar Corn Production System (KITE) and Szekszárd Maize Growing System (KSZE) the two major crops, wheat and maize, are grown; besides, they develop the extension of associated growing of plants (sunflower, rice, etc.).

In 1982, wheat is grown on about 820 thousand ha and maize on 706 thousand ha in the framework of the mentioned four production systems. The number of the partner farms amounts to 1,026, and the total integrated area is 2 million ha. The data of maize yield averages on the large-scale estates co-ordinated by the production systems are summarized in Tables 1 and 2.

The production systems contain their proper special production technologies and elaborate the necessary procedures in farming. In this connection the country is divided into districts and the conditions close to an optimum are established.

Among the links of the production technology the careful selection of the areas to be ranged into the system and the analysis of working factors play the most important role.

As to the varieties and seed grain, the main point of view is the use of hybrids of great biological value, potentially suitable for giving high yields, resistant to plant diseases, tolerating stock densification, and which, due to their rigidity, can be harvested mechanically.

An important factor in the system is the creation of appropriate technical conditions, the introduction and development of high-level technology.

On the basis of sample analyses - considering prediction and survey data - the technology of plant protection is elaborated and adapted on the given area to purchase the appropriate herbicides and insecticides.

In the production technology of these systems the nutrient economy is a matter of primary importance.

Following with utmost attention the nutrient balance, over-fertilization and deficient supply can be avoided. The data of this balance give information on the appropriateness of nutrient economy and present a basis for developing fertilization plans.

As is known, in 1976 a new organization for plant protection and agricultural chemistry was established in Hungary. Soil and plant samples are taken according to uniform techniques and the analytical methods are also standardized in 11 laboratories.

The basic concepts of nutrient economy are summarized in the guide-book "Fertilization Directives and Methods of its large-scale calculation" edited by the Plant Protection and Agrochemistry Centre, Ministry of Agriculture and Food. This booklet co-ordinates the theoretical knowledge with the experiences of nutrient economy in the practice of modern crop production. At the same time, the advisory works carried out successfully by the different Hungarian institutions since several years are summarized and further developed along uniform principles. The system is not closed, can be corrected from time to time, or modified and adapted to local conditions. For the elaboration of uniform principles for a system of fertilizing field crops, the soils have been grouped according to the sites. Taking into consideration the factors affecting soil fertility, crop production and nutrient efficiency, our croplands were ranged into six groups indicating the soil types and their short agronomic characteristics in order to help in the work of extension services.

Successful production of the different crops is, however, impossible on each site and the harvest results are different, too. For this reason the directives contain the lowest and the upper yield limits of 18 field crops grown on about 95 per cent of the arable land for each site and on the given soil type. The harvest results were uniformly ranged into eight groups. To establish the plannable yield level, the actual harvest results of the plot during the preceding five years are to be identified with the category in the table and the data of the two most favourable years serve as the basis for the calculations. The yields of the preceding years express the level of crop production, soil fertility and its cultivation status on the given plot.

An assessment of the optimum fertilizer rates to attain the planned crop yields on the different sites is impossible without the knowledge of soil analytical data and of the specific nutrient requirement of the crop in question. The analyses are generally carried out by the laboratories of the Plant Protection and Agrochemistry Centre of the Ministry of Agriculture and Food.

The obligatory analysis of the soils' nutrient content and other agrochemical characteristics every three years promotes the realization of a more reasonable and profitable nutrient economy. With the aid of these tests the changes in the soils' nutrient status, pH and other properties can be followed. To estimate the N, P and K status of the soils, the guide-book indicates six categories for the limit values of humus, AL-soluble P and K contents in the soils, ranging from very weak to oversupply.

The humus and soluble K contents may also depend on mechanical composition, of the soil, while the soluble P contents are influenced by the $CaCO_3$ status of the top layer, as well.

The nutrient requirement of the plants is determined by the nutrient content of the main and the relating by-product: this can be expressed by the amount of nutrients falling on unit mass and area, respectively. The nutrient requirements of the crops are indicated by the analytical data of the grown varieties.

We obtain the nutrient requirement for the planned yield by multiplying the specific requirement with the planned yield.

The conversion of the specific nutrient requirement of the different crops into specific fertilizer requirements is done for each crop and site, and within these in the function of the limit values indicating the nutrient status of the soils.

The fertilizer doses needed for reaching the planned harvest results of the plant to be grown on the given plot can also be modified by the effect of the preceding crop. This effect presents itself in various ways as e.g:

in the decrease of the N-requirement due to leguminous plant: its measure may depend on different factors (site conditions, one-season or perennial papilionaceae, etc.);

decrease in the K requirement as influenced by the K content of the greater mass of organic matter;

or N surplus needed for the mineralization of this greater organic matter mass;

the positive NPK balance of the preceding crop, if its harvest results are inferior to the planned ones and if this was caused by elementary damage.

The modifying effect of farmyard manure has to be considered, too.

The calculated fertilizer requirements on soils of good nutrient status and water management may be reduced by irrigation as well.

Some disadvantageous soil chemical properties may also affect the doses of P fertilizers: e.g. if the soils' $CaCO_3$ content is above 20 per cent and pH is below 5, respectively, the P doses are to be increased by 15 to 20 per cent at any P status of the soils.

The fertilizer systems include the selection of optimum method, application procedure and time of fertilizing in order to increase its efficiency.

P and K added in addition to the so-called starter fertilizers are generally incorporated by deep-ploughing in autumn.

Some physical properties of the soils also influence the time of N fertilizing: in more heavy soils 60 per cent of N fertilizers is added in autumn and 40 per cent in spring; in the case of light soils it is done inverselv.

In the nutrition of small grain, the young plants of two-line hybrids need much care: first of all starter fertilizers are applied.

To ensure the nutrient supply during the vegetation period, complementary fertilizers are incorporated by inter-raw cultural operations; irrigation, surface and sprinkling fertilization serve the same purpose.

Through foliar or sprinkling fertilization carried out simultaneously with chemical pest control, the nutrients added in low concentrations exert their favourable effect during the critical phases of nutrient demand of the vegetation period.

In the member farms working according to the systems, far-reaching investigations are conducted to increase the effectiveness of their nutrient economy and a number of remarkable fertilization methods and procedures have been elaborated and adapted.

As suggested by the Plant protection and Agrochemistry Centre the modifying effect of the NO_3N content in the 0-60 cm layer is to be considered for estimating the N requirements of the different crops as well apart from the soil's PK status.

In addition to plant analyses reflecting the specific nutrient content of the different crop varieties, the study of the nutrient status of the plant by chemical methods during the vegetation period becomes more and more general. Foliar analyses as well as whole crop analyses are used to supplement soil analysis as a basis for adjusting nutrient supply. By these data the nutrient status of the plots can be well characterized.

In the member farms of Bábolna Corn Production Systems clay mineral analyses have long been conducted to get a more accurate picture of the conditions of P and K utilization by maize on the different soil types.

The study of the soil profiles drew attention to the fact that there is generally a considerable decrease in the soil's P and K contents under the cultivated layer. At the same time it has been manifested that the plants are capable of taking up nutrients from below the cultivated layer, whereas nutrients are supplied in the top layer. Relative nutrient deficiencies present themselves first of all in droughty years, when the top layer becomes dry. Deep placement of fertilizers combined with deep cultivation has brought very favourable results.

The use of liquid and suspension fertilizers, in which the nutrient ratios could be flexibly modified according to the demand of the soil and crop, have been met with success.

The supply of nutrients though agrotechnically closely connected with soil cultivation and plant protection operations, may be considered in the production systems as an <u>independent element</u> of high priority regarding the efficiency of farming. They have achieved the present results and have attained the objectives only by having found the most effective measures for synchronizing the biological, chemical and technological elements. The technology of chemical plant protections and fertilization was adjusted to the high yielding genetic material.

The work in the production systems is almost impossible without the permanent, rapid development covering all factors.

With this objective in view, information systems have been extended, Hungarian and international special knowledge explored and adapted: experiences accumulated during the everyday production have been processed, synthesized and correlated with scientific references.

In this respect the wide-ranging co-operation with different organizations, research institutes, universities, etc. is an essential condition.

References

1. Bodnár Emil: 1982. Miért sikerült a rekordtermés? Magyar Mezőgazdaság, 37. évf. 16. 7.

2. Debreczeni Béla: 1979. Kis agrokémiai utmutató. Függelék: Mütrágyázási irányelvek és a mütrágyázás üzemi számitási módszere. Mezőgazdasági Kiadó, Budapest, 241-358.

3. FAO Production Yearbook 1979. 1980. FAO Rome. Vol. 33. 278-289.

4. Gergely Sándor: 1979. Folyékony mütrágyázás üzemi tapasztalatai az IKR-ben. A Mezőgazdaság Kemizálása. Ankét. Keszthely 1979. I. kötet 41-46.

5. IKR, KITE,BKR és KSzE adatai.: 1982. Magyar Mezőgazdaság. 37. évf. 1.

6. Kiss István: 1978. A kutatási eredmények termelőerővé válśának kérdései a mezőgazdaságban. Gazdálkodás, XII. évf. 12. 35-44.

7. Latkovics György: 1980. A mezőgazdaság feladatai, sajátosságai és helyzete a népgazdaságon belul. 1980. Budapest (kézirat), 1-90 pp.

8. Lakovics Irene: 1982. A nitrogén átalakulása és mozgása a talajban. Disszertáció. Budapest, 1-352 pp.

9. Mészáros Miklós-Lenti Sándor: 1982. Mélymütrágyázás, szakszerü növénytáplálás. Magyar Mezőgazdaság, 37. évf. 17. 9.

10. Nagy Bálint: 1977. A tápanyaggazdálkodás egységes rendszere (Folyékony mütrágyák beillesztése az agrokémiai társulások rendszerébe. Budapest, 1-30 pp.

11. Statisztikai évkönyv, 1981: 1982. Budapest. KSH.

12. Stefanovits Pál: 1982. A trágyázási szaktanácsadás továbbfejlesztése a talaj agyagásványainak ismerete alapján. Magyar Mezőgazdaság, 37. évf. 38. 6-7.

13. Stefanovits Pál, Varju Mihály és Bodor Pálné: 1981. Az agyagásvány-vizsgálatok gazdagitják technologiánkat. Kukorica-Iparszerüen. aug.-szept. 6.

14. Stefanovits Pál, Varju Mihály és Bodor Pálné: 1981. Komplex talajvizsgálatok hasznositása a kukorica káliummütrágyázásában. IKR-MTAKKKI. Bábolna-Budapest, 1-19 pp.

15. Tapasztalatok, feladatok a növénytermesztésben. 1982. (Melléklet) Magyar Mezőgazdaság. 37. évf. 21.

16. Termelési rendszerek a szántóföldi növénytermesztésben. 1975. (Sárkány Pál) Mezőgazdasági Kiadó Budapest, 1-365 pp.

17. Tóth János: 1981. Az IKR tápanyagvisszapótlási rendszere. A Mezőgazdaság Kemizálása. Ankét. Keszthely, 1981. I. kötet. 19-27.

18. Tóth János és Bálint Sándors: 1979. Kukorica és buza lombtrágyázás eredményei az IKR taggazdaságaiban. A Mezőgazdaság Kemizálása. Ankét. Keszthely, 1979. I kötet. 68-74.

19. Tóth László: 1982. A kukoricatermelés tapasztalatai 1981-ben. Magyar Mezőgazdaság, 37. évf. 16. 6.

20. Várallyay György, Szücs László, Murányi Attila, Rajkai Kálmán és Zilahy Péter: 1980: Map of Soil Factors Determining the Agroecological Potential of Hungary (1:100.000) II. Magyarország termőhelyi adottságait meghatározó talajtani tényezők.1; 100000 méretarányu térképe. Agrokémia és Talajtan. 29. 1-2. 35-36.

Table 1

Cultivation Areas and Yield Averages of Maize Hybrids in 1979-1981

(Data of large estates co-ordinated by the production system)

Variety	1979		1980		1981	
	ha	t/ha	ha	t/ha	ha	t/ha
FAO 200-299	96 943	5.12	93 736	5.49	173 873	5.79
FAO 300-399	218 767	5.91	253 970	5.81	219 400	6.31
FAO 400-499	164 400	6.42	169 528	6.47	170 679	7.16
FAO 500-599	210 604	6.88	173 923	6.81	139 083	7.48
Total	690 714		692 157		703 035	
Average		6.22		6.17		6.62

Table 2

Fertilization and Maize Yields in the Member Farms of the Bábolna Corn Production's System

Years	ha	Fertilization kg/ha N	P_2O_5	K_2O	total	Yield tons/ha	Specific concent kg N,P,K	nutrient
1971	36 143	177	123	195	495	4.87	10.2	
1972	64 552	187	130	208	525	5.15	10.2	
1973	126 068	182	141	202	525	5.35	9.8	
1974	216 628	162	140	183	485	5.41	8.9	
1975	229 679	174	126	197	497	6.24	8.1	
1976	204 369	167	125	190	482	4.79	10.0	
1977	239 706	178	116	172	466	5.52	8.4	
1978	223 943	183	117	167	467	6.02	7.7	
1979	218 693	177	120	154	451	6.31	7.1	
1980	220 949	169	126	154	449	6.29	7.1	

SYSTEMES INTEGRES DE NUTRITION DES PLANTES EN HONGRIE

I. Latkovics
Conseillère scientifique
Institut de recherche en pédologie et agrochimie
Budapest, Hongrie

RESUME

Les "systèmes de production" jouent un rôle important dans l'intégration de l'agriculture hongroise. Les facteurs biologiques, l'application de techniques perfectionées, le matériel moderne et l'emploi de produits chimiques appropriés, ainsi qu'une organisation bien réfléchie du travail et un recours rationnel aux services d'experts qualifiés créent les conditions qui permettent d'appliquer un système de production industrialisée. L'économie des nutriments est l'un des éléments essentiels de la technologie de production de ces systèmes. On trouvera dans le manuel contenant des directives sur la fertilisation et les méthodes de calcul à grande échelle, édité par le Centre phytosanitaire et agrochimique du Ministère de l'agriculture et de l'alimentation, à Budapest, un exposé succinct du concept fondamental de l'économie des nutriments. Ce manuel associe les théories de l'économie des nutriments à l'expérience acquise de cette économie dans la production végétale moderne. Il récapitule en même temps les avis consultatifs que les différents organismes hongrois dispensent avec succès depuis plusieurs années et les développent selon des principes uniformes.

Bien que, d'un point de vue agrotechnique, l'apport de nutriments soit étroitement lié à la culture des sols et à la protection des plantes, on peut le considérer comme un élément indépendant de l'ensemble de grandes priorités qui conditionne l'efficacité de l'exploitation.

RELATIONSHIP BETWEEN SOIL FERTILITY AND SOIL TESTS

Mr. J. Dissing Nielsen, State Laboratory for Soil and Crop Research, Lyngby, Denmark.

Soil tests have been used for several years for the evaluation of soil fertility and needs for fertilization. The nutrients usually investigated are P and K, but the soil fertility for other elements can also be shown. Soil tests are also well known for many of the micronutrients but for most of these soil pH for the content in soil water is more decisive than the amount in soil. During recent years there has been an increasing interest in estimating N-fertility in soil but those figures can only be used for one growth season. At least in Denmark soil tests for N are used to a much lesser extent than soil tests for P and K. In this paper mainly the different soil tests for P and K will be discussed.

Table 1 shows for P and K the extracted amount with various methods of analysis used and also the usual removal per year. Extraction of soil samples with 0.2N H_2SO_4 dissolves 20 times as much P as the uptake in one year, whereas the other methods only extract from 3 to 6 times the yearly uptake. The amount of K extracted with 2 N HC1, 1 N NHO_3 and 0.5 N NH_4-AC are 10, 5 and 1 to 2 times the yearly plant uptake of K.

In pot experiments soils were exhausted of P after several years of cropping without supply of P. Table 2 shows a comparison of the plant uptake of P and figures from various P-soil tests. The correlations between P-uptake and soil content of P-($NaHCO_2$) or P-resin are decreasing with increasing P-exhaustion of the soils, but for P-(H_2SO_4), extracting nearly all the inorganic soil-P, the correlations with P-uptake increase from 1 cut to 4 years.

Similar results are shown for K in Table 3 and with increasing K-uptake the correlations are increasing for methods extracting some of the non-exchangeable K. For K-NH_4-AC the correlations decrease during the experiments.

The immediate uptake of plant nutrients is regulated by their activity in soil water. That is shown in Figure 1 and these experiments were done with soil/sand mixtures of the same K-capacity. For young rye grass plants, K-uptake increased proportionally with an increase in K-intensity in soil. This close relationship is only valid for a short growth period and for soils of the same K-capacity, but Q/I-relations are valuable to describe the fertility and fixation of plant nutrients in soils. As a routine procedure the estimation of Q/I-relations is too complicated because it requires the treatment of several soil samples for each soil test.

Q/I-relations can be helpful for explaining the results from field experiments. Figure 2 shows the K-Q/I-relations for two soils from Askov experimental station. The curves have similar shape, but the K-intensity is much lower in the soil exhausted of K since 1894 compared with the K-fertilized one.

A much better relationship is found between soil analysis and reactions of plants in pot experiments compared to field experiments because several uncontrolled factors can be decisive for plant growth in field experiments.

Soil analytical methods used in advisory service must be suited for routine laboratories and not expensive in chemicals and labour. It will be an advantage if an extract can be analysed for more than one nutrient. That is used in the AL-method and the same extract is analysed for both P and K. Elution of soils with an acid gradient dissolves with varying speed most of its plant nutrients. Figure 3 shows the elution of P, K, Cu and Zn with a pH-gradient decreasing from 7.0 in the first to 2.0 in the final glass. The elution diagrams are characteristic for different nutrients and soil types.

For routine work acid-basic or salt solutions are the agents generally used for extraction, but solutions forming complex compounds with various plant nutrients can also be used for soil analysis.

Table 4 shows the relationship between tests and yield increases for P-fertilizers. The correlations are about the same for all investigated methods except P-zeolite. Only for this method the correlation was insignificant but r was not above 0.4 for any of the investigated methods.

In Table 5 the results are grouped according to P-tests of soils and yield increase of barley after P-fertilization. Conflicting results, as for example soils with low P-figures and without effect from P-fertilization or high P figures together with yield increases, were found for all of the investigated P-tests, but P-zeolite was inferior to the other methods. It is obvious from Table 5 that the chances for P-effects are substantial, larger for soils low in P compared with soils with high P-figures. The soil samples received for P-tests generally will be low in P and the relationship between P-tests and P-effect probably higher than seen in Table 5.

Usually soil sampling is done only once during a crop rotation, and the results from soil tests may be used in several years. During this time probably the soils are fertilized and for soils in good fertility soil tests are used for control of increase or decrease of soil fertility figures in the time between soil sampling.

It has been observed several times that the suitability of methods for soil tests depends on the soil type. Extraction of lime soils with 0.2 n H_2SO_4 will dissolve some P-compounds not available for plants and P-(H_2SO_4) will over estimate the P-fertility of these soils. Table 6 shows the ratio between P-($NaHCO_3$), P-resin and P-(H_2SO_4) for some soil type. The ratio P-($NaHCO_3$)/P-(H_2SO_4) and P-resin/P-(H_2SO_4) for acid and neutral soils are above the ratio for lime soils.

P-(H_2SO_4) is the usual method used in Denmark for testing of P-fertility in soil, but as from 1981 P-($NaHCO_3$) was also an official soil test. For determination of small changes in P-fertility of soils a soft extraction will probably be more suited than a more drastic one. In Denmark for example the soils are tested for P-($NaHCO_3$) and P-resin in field experiments with the object of investigating the P-effect from P-fertilizers in autumn versus spring or broad cast versus placement in rows.

It can be valuable to extract both the exchangeable and the acid soluble P and K and indexes for both fractions are found in the guidance for soil sampling in Norway and Sweden.

Finally it must be emphasized that neither of the soil tests used for guidance of fertilization will show the exact amount of nutrient available for plants. Soil tests are employed because they are compared in a large number of field experiments with the effect from fertilization, and on the basis of soil tests the farmer can be guided for a profitable fertilization. If this object is solved satisfactorily it is not important from the farmer's point of view whether the method used estimates exactly the amount of nutrient available for plants or not. It may also be a request to keep continuity in the agricultural guidance, and for agricultural advisors and farmers it will be preferred if the same methods for soil analysis can be used for a long period. Replacement of methods for soil tests are frequently followed by a correction of the new fertility indexes to make them comparable in number and meaning with the figures from soil tests used previously.

Conclusion

The conditions which influence the suitability of various soil tests as indicators of soil fertility are discussed in this paper.

1. The extracted amount of nutrient must be considered against the number of years for which the results of a soil test will be used.

2. Some analytical methods will only be suited for some soil types.

3. Uncomplicated and inexpensive soil tests will be preferred.

4. Division of plant nutrients in fractions according to solubility and availability for plants may be important in experiments with good control of plant growth. This can be valuable for the interpretation of the results from crop experiments.

References

Bondorff, K.A. (1950): Studier over jordens fosforsyreindhold V. En ny fremgangsmåde ved undersøgelse af jordens P-indhold. Tidsskr. Planteavl 53, 336-342.

Egner, H.; Riehm, H. & Domingo, W.R. (1960): Untersuchungen uber die chemishe Bodenanalyse als Grundlage fur die Beurteilung des Nahrstoffzustandes der Boden II Chemishe extractionsmethoden zur phosphor - und Kaliumbestimmung. Lantbrukshögskolans Ann. 26, 199-215.

Landbrugsministeriet, København (1972): Faelles arbejdsmetoder for jordbundsanalyser.

Møller, J. & Mogensen, Th. (1952): Use of an ion-exchanger for determining available phosphorus in soils. Soil Sci. 76, 297-306.

Olsen, S.R.; Cole, S.W.; Waternabe, F.S. & Dean, L.A. (1954): Estimation of available phosphorus in soil by extraction with bicarbonate. United States Dept. Agri. Circular, 939, 1-19.

Semb, G.; Sorteberg, A. & Oien, A. (1959): Investigations on potassium availability in soils varying in texture and parent material. Acta Agriculturae Scandinavica 9, 229-252.

Sibbesen, E. (1977): A simple ion-exchange resin procedure for extracting plantavailable elements from soil. Plant and Soil 46, 665-669.

Ståhlberg, S. (1976): Riktlinjer for kalkning och gødsling efter markkarta. Statens Lantbrukskemiska Laboratorium, Sverige 46, 1-22.

Table 1

A Comparison of the Extracted Amount of P and K for Various Soil Analysis

Extracts	mg per 100 g soil		Index
	P	K	
0.2 N H_2SO_4 (Bondorff, 1950)	19.2		P-(H_2SO_4)
0.5 N $NaHCO_3$ (Olsen et.al., 1954)	2.7		P-($NaHCO_3$)
Resin (Sibbesen, 1977)	4.0		P-resin
0.1 N NH_4-Lactate (Egner et.al., 1960)	6.3		P-AL
Zeolite (Møller et.al., 1952)	7.8		P-zeolite
0.5 N NH_4-Acetate (Landbrugs-ministeriet, 1972)		13.5	K-(NH_4-AC)
1 N HNO_3 (Semb et.al., 1959)		36	K-(HNO_3)
2 N HCl (Ståhlberg, 1976)		82	K-(HCl)
Uptake per year	ca.1	5-10	

Table 2

Pot-experiments for 12 Soils not Receiving P . Correlation r between P-uptake in Ryegrass and Soil Analysis for P .

	1st cut	1st year	2nd year	3rd year	4th year
P-($NaHCO_3$)	0.82	0.70	0.58	0.52	0.44
P-resin	0.81	0.68	0.56	0.53	0.41
P-(H_2SO_4)	0.61	0.63	0.66	0.65	0.67

Table 3

Pot-experiments for 19 Soils not Receiving K . Correlation r between K-uptake in Ryegrass and Soil Analysis for K .

	1st cut	1st year	2nd year	3rd year	4th year
K-(NH_4-AC)	0.95	0.81	0.79	0.77	0.74
K-(HNO_3)	0.78	0.90	0.92	0.92	0.94
K-(HCl)	0.60	0.75	0.78	0.80	0.82
Clay per cent	0.62	0.82	0.84	0.85	0.87

Table 4

Correlation between Soil Analyses and Yield Increase of Barley Grain for Fertilization with 30 kg P per ha and Year .

	r
P-($NaHCO_3$)	÷ 0.38 ***
P-(H_2SO_4)	÷ 0.31 ***
P-AL	÷ 0.29 ***
P-resin	÷ 0.25 ***
P-zeolite	÷ 0.12
*** $P < 0.001$	
** $P < 0.01$	
* $P < 0.05$	

Table 5

Testing of Analytical Methods for Determination of the P-fertility in Soil

Method		Distribution of samples Yield increase for 30 P, quintels of grain per ha			
		2 Number	2-4 (Per cent)	4	
$P-(H_2SO_4)$	< 15	33 (45)	24 (32)	17 (23)	74 (100)
	15-24	153 (72)	47 (22)	12 (6)	212 (100)
	> 24	92 (85)	15 (14)	1 (1)	108 (100)
Number of samples		278	86	30	394
P-resin	< 2.5	12 (41)	9 (31)	8 (28)	29 (100)
	2.5-5.5	139 (62)	62 (28)	22 (10)	223 (100)
	> 5.5	127 (89)	15 (11)	0 (0)	142 (100)
Number of samples		278	86	30	394
P-zeolite	< 6	38 (68)	15 (27)	3 (5)	56 (100)
	6-9.5	96 (72)	27 (20)	10 (8)	133 (100)
	> 9.5	37 (81)	7 (15)	2 (4)	46 (100)
Number of samples		171	49	15	235
P-AL	< 5	17 (45)	11 (29)	10 (26)	38 (100)
	5-8	79 (71)	27 (25)	4 (4)	110 (100)
	> 8	75 (86)	11 (13)	1 (1)	87 (100)
Number of samples		171	49	15	235
$P-(NaHCO_3)$	< 2	19 (48)	10 (26)	10 (26)	39 (100)
	2-3.5	81 (71)	28 (25)	4 (4)	113 (100)
	> 3.5	71 (86)	11 (13)	1 (1)	83 (100)
Number of samples		171	49	15	235

Table 6

Ratios between the Amounts of Extracted P in some Soil Types

Soil type	$\frac{P\text{-resin}}{P\text{-}(H_2SO_4)}$	$\frac{P\text{-}(NaHCO_3)}{P\text{-}(H_2SO_4)}$
Acid soils	0.18	0.19
Neutral soils	0.23	0.19
Humic soils with lime	0.12	0.11
Sandy soils with lime	0.15	0.11
Clay soils with lime and humic	0.13	0.12

Fig. 1 Relationship between K-intensity in soils and K-uptake in ryegrass.

X = K-intensity, $AR_E^K\ 10^3$

Y = K-uptake, mg K/100 g soil

Fig. 2 Quantity-intensity relations of K in two soils. (1) ▲———▲ Without K since 1894, (2) ●———● Fertilized with K.

X = Intensity, $AR^K 10^3$

Y = Quantity, K, meq./100 g soil

Fig. 3 Curves for content of P, K, Cu and Zn in eluates from soil 9a (orchard soil).

X = glass no;

Y = ■———■ mg P/100 g soil,

▲- - - -▲ mg K/100 g soil,

□.......□ mg Cu/kg soil,

o -.-.-.- o mg Zn/kg soil.

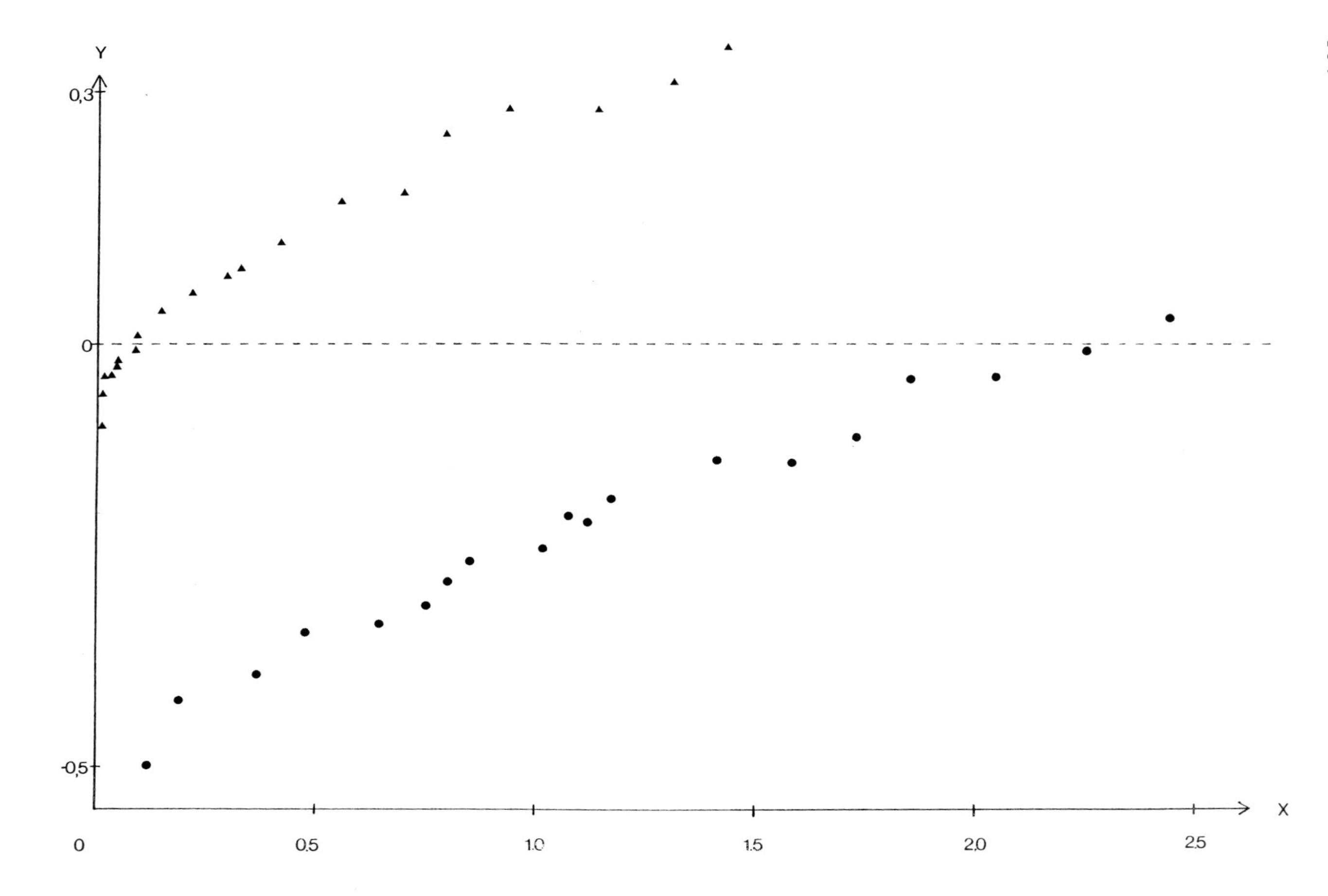
Y
0,3
0
-0,5
X
0
0.5
1.0
1.5
2.0
2.5

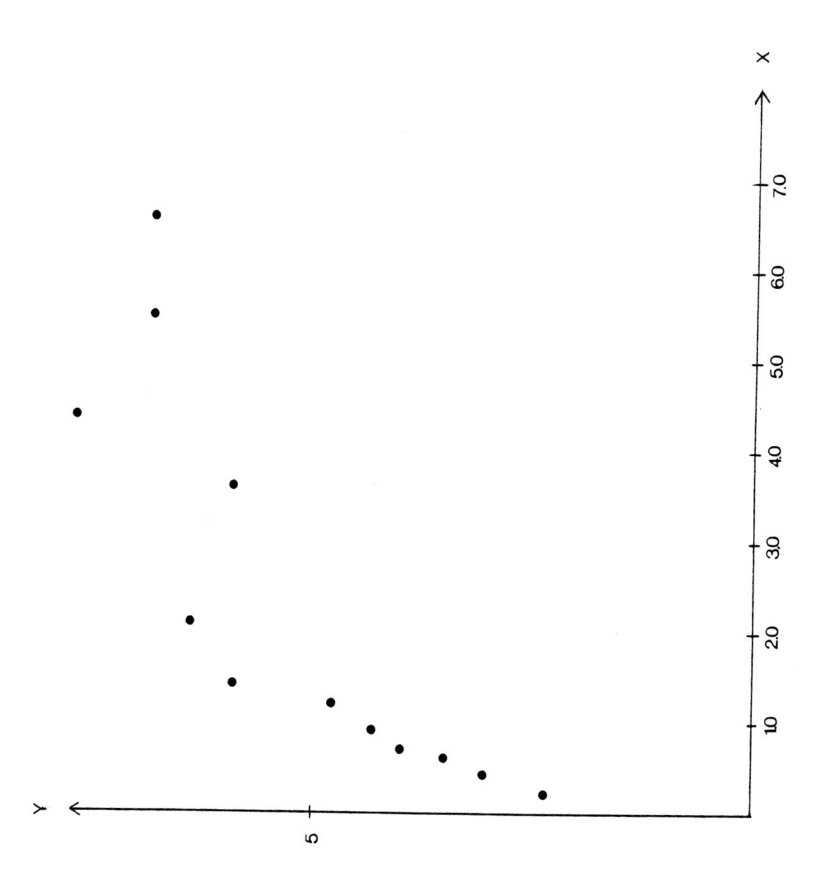
Y
5
X
1.0
2.0
3.0
4.0
5.0
6.0
7.0

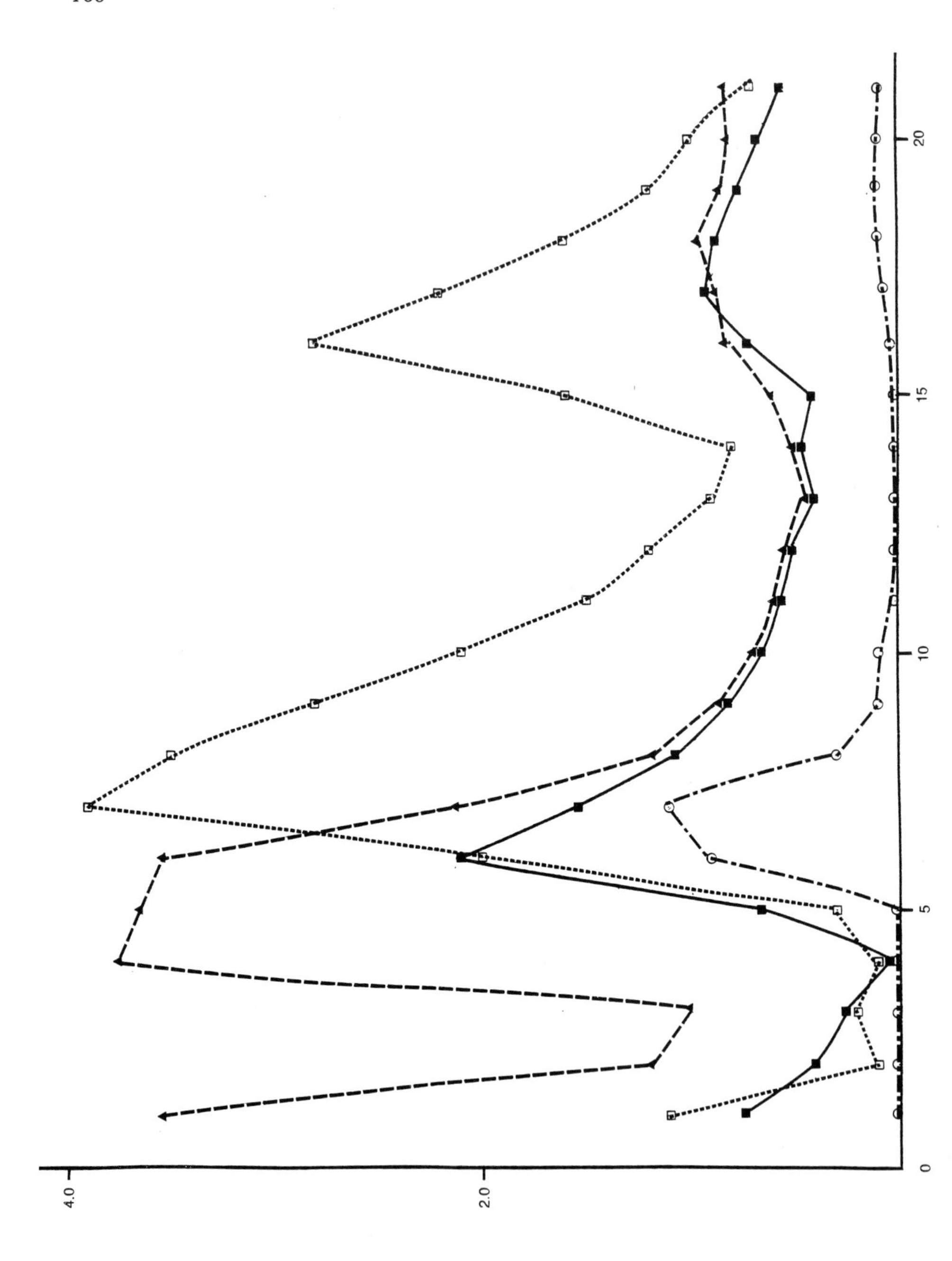
0
5
10
15
20
2.0
4.0

RAPPORT ENTRE LA FERTILITE DES SOLS ET LES TESTS DE SOL

J. Dissing Nielsen
Laboratoire national pour la recherche sur les sols et les cultures
Lyngby, Danemark

RESUME

L'auteur présente quelques résultats de recherches sur les rapports entre le test d'évaluation de la teneur en P et K du sol et les résultats d'expériences de culture en pot et en pleine terre.

Les quantités de P et de K extraites dans les différents tests de sols sont comparées aux quantités absorbées par la plante en un an.

Dans les expériences de culture en pleine terre, on a observé un rapport notable entre les tests de sol et l'accroissement du rendement dans le cas des engrais, mais les résultats ont été contradictoires dans le cas de prélèvements individuels.

La méthode analytique appliquée aux tests de sol doit être choisie en fonction du type de sol, de la périodicité des prélèvements et la nature de l'expérience.

APPROCHES ET METHODES UTILISEES POUR EVALUER ET ACCROITRE LE POTENTIEL DE PRODUCTION DES SOLS

J. Hébert
Directeur de la Station Agronomique de Laon (INRA), France

1. PROBLEMATIQUE

Produire une plus grande quantité de denrées agricoles ne peut être considéré comme un objectif absolu. Si l'on sait que, dans certains pays, il est urgent de consacrer le plus de moyens possibles à la production d'aliments, dans d'autres et en particulier dans beaucoup de pays d'agriculture intensive la conjoncture économique impose aux agriculteurs d'examiner toute éventualité d'augmentation de la production dans la double perspective du revenu global de l'exploitation et de la productivité, définie comme le rapport des résultats aux moyens mis en oeuvre. Il faut ajouter que ces critères doivent aussi, le plus souvent, prendre en compte la dimension sociale du problème : quel que soit l'attrait d'une augmentation possible de revenu, un certain surplus d'effort personnel (complication de l'organisation, diminution des loisirs) devient dissuasif.

Presque tous les facteurs de production sont constitués de deux parts : celle qui provient des disponibilités du milieu avant l'intervention et celle qui est fournie par l'agriculteur et qui comporte une dose marginale. Les conditions de production sont d'autant plus intéressantes que le milieu est naturellement plus favorable ou que l'effort à fournir pour l'aménager est moins grand. L'agriculteur rattache souvent la notion de fertilité à ces faits.

Les systèmes agraires traditionnels dans les différentes parties du monde sont issus de ces évidences. L'intensification progressive de certaines régions a bénéficié de pratiques empiriques qui ont diffusé par l'imitation des agriculteurs les plus entreprenants. Mais tant la mise en valeur de nouvelles régions que l'amélioration de la productivité dans les régions de cultures intensives ne peuvent être optimisées que par le raisonnement agronomique auquel l'augmentation des connaissances scientifiques a donné une existence réelle et un contenu opérationnel. On doit malheureusement reconnaître que bien des décideurs (quand il s'agit d'une région) ou bien des agriculteurs (lorsqu'il s'agit d'une exploitation) ignorent ce raisonnement ou n'en utilisent qu'une partie, ce qui peut les mettre dans une situation critique. Ceci est particulièrement visible lorsqu'il s'agit de pratiquer une fertilisation rationnelle.

2. METHODES GENERALES

L'amélioration de toute situation agricole amènera à conduire le raisonnement par les étapes suivantes :

- examen des ressources (de toute nature) actuellement disponibles;
- définition des besoins maxima de la culture;
- évaluation quantitative des ressources manquantes;
- détermination des stratégies possibles d'apport;
- évaluation de la rentabilité supposée des diverses interventions;
- fixation du niveau rentable d'intervention.

Cette vision très théorique entraînerait un travail d'une extrême complication. Fort heureusement, dans un milieu donné, l'expérience permet de situer l'optimum pour beaucoup de conditions et de facteurs ce qui restreint notablement le champ des investigations. Si on ajoute que, dans le cas des engrais, les connaissances scientifiques ont permis d'élaborer un raisonnement fortement simplificateur, on se rend compte qu'il existe de réelles possibilités de prendre des décisions rationnelles.

Pour rassembler les connaissances nécessaires dans cette démarche et vérifier le bien-fondé des conclusions, trois méthodes sont utilisées:

2.1. L'analyse de couples de situations

Elle part de l'expression des différences par la végétation elle-même, dans un même champ par exemple. Quels sont les éléments naturels ou provoqués qui sont explicatifs (par exemple nature du sol ou façons culturales ou fertilisation différentes) et permettent de porter un diagnostic? Cette démarche est depuis longtemps intuitive chez l'agriculteur. Mais elle peut être considérablement affinée et augmentée dans son efficacité si elle est systématisée avec de bons critères. COLOMB (1982) en donne un schéma (fig. 1).

2.2. L'enquête culturale

Ce type d'étude peut séduire au premier abord pour dégager les situations ou les techniques qui, dans la réalité culturale du moment conduisent aux meilleurs résultats. Malgré les moyens importants en hommes réclamés par toute enquête bien faite, ce type de travail a souvent donné des résultats décevants en agronomie. Un rapport détaillé a été établi par GRAS (1981) sur le sujet. Outre la difficulté de formuler les hypothèses à tester et d'assurer la pertinence des variables à observer et de leur indépendance (ce qui demande une très profonde connaissance de l'agronomie), l'analyse multivariable est gênée par la distribution très inégale des effectifs à l'intérieur des classes. En effet, la pratique agricole qui est essentiellement un art d'atténuer des différences opère autour d'une situation moyenne. Par exemple, l'étalement des doses d'azote sur betterave à sucre est trop centré sur des valeurs entre 120 et 180 kg pour qu'on puisse discerner par enquête l'influence de cet élément. Aussi l'enquête se révèle-t-elle plus efficace dans les milieux peu intensifiés, par exemple dans l'étude des prairies de demi-montagnes (de MONTARD 1978). Une manière de la rendre plus efficace est de ne pas y inclure certaines situations particulières ou d'en limiter notablement les modalités (par exemple se limiter à un, deux ou trois types de sol seulement).

Cependant l'enquête peut être un puissant révélateur de liaisons (pas forcément causales) ou remettre en cause des idées admises momentanément et qui peuvent se révéler fausses après confrontation avec la réalité.

2.3. L'expérimentation

D'autant plus lourde qu'on veut y introduire davantage de variables, elle repose sur une démarche analytique, réduit l'étendue du champ des hypothèses et met en oeuvre des variables effectivement contrôlées. Quelquefois cependant, les variabilités y sont moins indépendantes qu'on ne le suppose. Il apparaît surtout que l'expérimentation hérite toujours d'un certain passé cultural, se situe sur un type de sol donné avec lequel le passé cultural est en interaction. L'extrapolation des conclusions d'une expérimentation doit donc être prudente.

Enquête et expérimentation sont plus ou moins spécifiquement adaptées à certaines situations et certaines variables. Il n'y a que des avantages à les rendre complémentaires.

3. POTENTIALITE DE PRODUCTION ET CULTURES

La notion de potentiel de production d'un sol serait simple si elle était définie comme les niveaux de rendements les plus élevés qui puissent être obtenus par un végétal donné dans des conditions techniques déterminées. Seules les variations climatiques aléatoires seraient alors considérées comme les facteurs limitants de ces rendements. Une telle définition qui implique une gamme de potentialités suivant les moyens mis en oeuvre rend l'évolution du potentiel dépendante de l'expérience. Elle a sa valeur dans les pays d'agriculture très développée où les références pratiques sont assez nombreuses. En revanche elle s'applique mal aux situations nouvelles ou même à celles où une partie seulement des techniques connues sont mises en oeuvre, faute de connaissances, de possibilités ou de savoir-faire. Il est alors souhaitable de pouvoir recourir à des jugements directs de conditions et de facteurs de la production tels que la structure du sol, les caractéristiques hydriques, le niveau des éléments nutritifs, etc. On décrit donc un état du milieu.

Pour classer les différentes régions en fonction de leurs données macroclimatiques et cela dans les conditions de la culture intensive contemporaine, TURC (1972) propose un indice climatique de potentialité agricole, qui combine un facteur héliothermique et un facteur sécheresse. Cet indice peut être calculé mois par mois, donc être éventuellement rapporté à une culture, ou cumulé annuellement. Chaque point d'indice vaut environ 0,6 tonne de matière sèche. Ceci permet non seulement de fixer la potentialité (environ 20 t dans le Bassin parisien) en fonction des réserves en eau, mais aussi de prévoir l'échelonnement de la production végétale dans le temps (par exemple : le Massif central est en retard d'un mois sur la région parisienne alors que l'indice annuel n'est pas très différent). L'application locale des résultats est évidemment à nuancer suivant la réserve facilement utilisable des sols en eau.

4. BESOINS DES CULTURES

Le grand progrès de l'agronomie des vingt dernières années provient de l'intérêt porté à la formation du rendement des cultures. On s'est attaché à évaluer la répercussion des facteurs étudiés sur la croissance du système foliaire et les composants du rendement. L'exemple le plus connu est le blé. Pour un certain nombre de situations, on sait dans quelles conditions obtenir l'optimum de pieds, d'épis par pied, de grains par épi, le poids d'un grain et leurs combinaisons pour arriver au meilleur rendement. Inversement, l'évaluation de chacune de ces composantes dans une situation donnée peut fournir a posteriori l'explication d'un mauvais rendement (par exemple faible poids d'un grain : échaudage ou maladie parasitaire) ou orienter vers une technique de rattrapage (augmenter un second apport d'azote).

Les besoins en minéraux des cultures classiques sont assez bien connus et de même ordre de grandeur (même variant du simple au double). De sorte que, dans des sols pas trop pauvres, dans lesquels les réserves du sol contribuent notablement à l'alimentation des récoltes, la fumure optimale est relativement facile à assurer. Accroître le potentiel de production du sol consiste alors à mettre la culture en situation de valoriser au mieux l'azote. Pour cela il faut assurer la population et les conditions d'enracinement favorables à l'interception des flux d'eau et d'éléments fertilisants.

5. CONTROLE DE L'ETAT PHYSIQUE

5.1. Les études pédologiques

Levées à différentes échelles et caractérisant les différentes unités de sols, elles peuvent être traduites en documents plus ou moins précis sur certains de leurs caractères agronomiques (pente, texture, profondeur utile, réserve en eau, drainage naturel, principaux facteurs limitants, améliorations possibles) ou d'une façon plus synthétique en aptitudes culturales et, plus en classes d'aptitude conventionnellement. Ces documents permettent une programmation des grands types d'amélioration, drainage, irrigation, dérochements. Ils mettent aussi en évidence les grands facteurs dont devra tenir compte la fertilisation : terres calcaires et fumure phosphatée, terre très filtrante et lessivage N et K, etc. Ces cartes sont le document indispensable à toute action souhaitant faire évoluer un système de culture, un système agraire ou un "pays".

La technique même des aménagements fait appel à des méthodes spécifiques (par exemple mesures d'infiltration pour le calcul des réseaux de drainage). Il n'y a pas lieu de les évoquer ici, sinon pour remarquer la liaison d'un certain nombre d'entre elles avec les caractéristiques analytiques du sol.

5.2. Les profils culturaux

Développés par HENIN à partir de 1960, ils ont très largement amélioré la perception par l'agriculteur de l'importance de l'état physique dans la productivité des sols. "L'examen du profil cultural est une sorte d'analyse immédiate, qui peut et doit être complétée, chaque fois que le sens des mesures aura été fixé pour les cas envisagés, par des déterminations aussi précises que possible". (HENIN et al., 1969.)
Cet examen est essentiellement adapté au constat de l'effet des techniques culturales et, partant, de leur mise au point. Cet examen porte sur

l'ensemble constitué par la succession des couches de terre, individualisées par l'intervention des instruments de culture, les racines de végétaux et les facteurs naturels réagissant à ces actions. Comme pour toutes techniques d'observation, leur notation gagne à être systématisée et codifiée pour faciliter le travail du notateur et les comparaisons ultérieures. Le diagnostic de l'origine d'accidents culturaux relève souvent d'observations assez simples, portant en particulier sur les relations entre la répartition des racines et les éléments structuraux. Lorsqu'il s'agit au contraire d'analyser les effets de traitements expérimentaux et d'obtenir une grande finesse d'observation, il devient nécessaire de systématiser et de codifier les relevés (MANICHON 1960). Il y a une trentaine d'années, des démarches assez semblables avaient été proposées en Allemagne avec succès auprès des praticiens, sans toutefois faire école (in HENIN 1960). Cet auteur y voit la manifestation d'une méfiance exagérée pour le qualitatif. Nous avons aussi observé le grand intérêt des agriculteurs lorsqu'un technicien leur explique sur le terrain la signification d'un profil cultural en termes de technique culturale correcte ou fautive. Mais nous devons constater que très peu d'agriculteurs prennent eux-mêmes l'initiative d'ouvrir cette petite tranchée de 60 cm pour observer par eux-mêmes. Ils semblent préférer quelques hypothèses sécurisantes sur le manque d'oligo-éléments, la mauvaise qualité de la semence ou l'action d'un désherbant. Il y a sur ce point un réel effort de vulgarisation à engager. La pénétrométrie est souvent utilisée pour caractériser globalement l'état mécanique du sol lors d'expériences sur le travail du sol (BILLOT 1982), mais son emploi en routine est incertain.

5.3. Les déterminations physiques

Elles peuvent mettre en évidence la susceptibilité des sols à différents types de dégradation. Il est nécessaire de les confronter pour cela à l'expérience culturale, malheureusement souvent insuffisante. Les caractères les plus utiles à connaître sont :

- La position de la capacité au champ par rapport aux limites d'Atterberg
- La susceptibilité au tassement
- L'aptitude à la fissuration
- La susceptibilité à la battance

Les caractères à la nature du matériau et plus particulièrement à la texture, donc peu modifiables pour un sol donné sont cependant influencés par l'état organique du sol et le pH. Le comportement du sol défendra en grande partie l'humidité au moment de l'intervention de l'agriculteur.

Peut-on penser disposer de suffisamment de critères ou de tests pouvant aider l'agriculteur à intervenir judicieusement?

On a dégagé un certain nombre de comportements du sol en fonction de sa nature. Ainsi MONNIER (1978) délimite sur un triangle de texture différentes classes pour l'aptitude à la fissuration, le risque d'asphyxie, la pression limite au sol à la capacité de rétention, la stabilité structurale.

STENGEL et al. (1982) associent la possibilité de semis direct à certaines propriétés du sol-matériau, en particulier les possibilités de gonflement et de retrait.

Un certain nombre d'auteurs proposent des relations entre différentes caractéristiques du sol du type

$$Z = f(A) + f(M.O) + \text{Constante}$$

A et MO étant la teneur en argile et en matière organique.
Des exemples sont donnés en annexe.

Les agronomes ont l'habitude de proposer une conduite à tenir quant à l'opportunité d'apports d'amendements calcaires et à la politique organique en utilisant les tests de routine (pH, teneur en $CaCO_3$, teneur en carbone, tests d'agrégats). On pourrait certainement améliorer la fiabilité de leurs recommandations si les relations du type de celles ci-dessus étaient assez systématiquement confrontées aux résultats de la pratique agricole, tant particulièrement pour ce qui concerne les fumures organiques.

Mais on n'aurait encore résolu que l'aspect statique du problème; celle de l'amélioration du matériau support. Pour l'installation du peuplement et l'enracinement, nous manquons encore des critères efficaces et commodes permettant de décider des travaux qui permettent de préparer le lit de semence sans pour autant créer des tassements ou des semelles en sous-sol. Sans doute n'avance-t-on guère dans ce domaine faute de s'appliquer à la collecte de références suffisamment nombreuses associant l'extension du système racinaire à l'état du milieu au moment de l'intervention.

Dans cette collecte, il est nécessaire de disposer de méthodes commodes et non destructives pour évaluer la progression de l'enracinement. L'endoscopie paraît être une voie prometteuse (MAERTENS et CLAUZEL 1982).

6. LA CAPACITE NUTRITIONNELLE DES SOLS

Dans les régions de culture intensive, la fertilisation a été pendant plus d'un siècle le facteur essentiel de l'augmentation des rendements. Mais bien qu'elle ait bénéficié du maximum de vulgarisation, l'application de l'optimum d'engrais rencontre encore dans la pratique beaucoup de difficultés. L'une d'entre elles réside dans le fait que des apports répétés d'engrais créent le plus souvent dans le sol, une situation constamment évolutive que l'agriculteur devrait pouvoir prendre en compte d'une manière simple.

6.1. Bilan d'éléments fertilisants :

A priori, le calcul d'un bilan approximatif d'éléments fertilisants peut donner une première idée de la fertilisation minimum (qui n'appauvrit pas le sol) d'une exploitation. Bien que les valeurs des exportations par les récoltes puissent fluctuer et que les pertes par lessivage, insolubilisations et fixations irréversibles soient difficiles à préciser, des tables élaborées régionalement, au besoin par types de sols peuvent fournir des valeurs acceptables.

On sait cependant que pour l'azote, le bilan sur une rotation est difficilement utilisable, en raison de l'importance et de la rapidité des pertes ainsi que du caractère biologique de la production d'azote assimilable. De même, pour le soufre. Il ne s'agit donc ici que du bilan de P, K, Mg et des oligo-éléments.

Dans les terres pauvres, la fertilisation optimum est souvent très supérieure au minimum permettant les compensations. Néanmoins, en tenant compte de cette remarque, les bilans peuvent être, par leur simplicité, un puissant moyen de développement.

Dans les terres bien pourvues au contraire et si on admet la nécessité d'entretenir la fertilité chimique, l'expérience montre que la compensation des sorties calculées sur la rotation permet d'assurer la fumure optimum sur le plan de la rentabilité. Pour le conseil de fertilisation, on se trouve alors dans une situation où il n'y a plus de raison de modifier annuellement les doses, sauf à tenir compte d'exigences particulières à certaines cultures.

La fiabilité d'un bilan repose sur une connaissance suffisamment précise des pertes et insolubilisations. La lysimétrie évalue les pertes pour un certain nombre de situations. En revanche, il est plus difficile d'évaluer l'importance des fixations par des tests simples. Lorsqu'on en dispose, on peut établir des modèles permettant de tenir compte des éléments du bilan. Utilisés au départ comme l'évaluation la moins mauvaise, ces modèles sont progressivement calés grâce aux observations de longue durée. Ainsi, dans le bilan du phosphore, REMY (1977a) utilise pour la fixation à l'entretien :

$$\text{FIXENT} = 50\ (0.2\ \text{A} + 4.10^{-3}\ \text{Calc.}\ \text{pH}^2) / \sqrt{1000\ \text{MØ}}$$

quantité de P2O5 en $kg.ha^{-1}$ A = Argile (0-2 μ) pour mille
Calc = teneur en CO_3Ca pour mille
MØ = matière organique pour mille

Pour le potassium, une solution générale ne faisant appel qu'à des déterminations de routine n'a pas encore été trouvée. La S.C.P.A. (1979) préfère utiliser une valeur moyenne pour la fixation de la potasse en régime d'entretien alors que le pouvoir fixateur de certains sols est très fort tandis que dans d'autres, il est très faible. Il semble d'ailleurs que l'aptitude de certains sols à libérer le potassium ne soit pas symétrique de leur capacité à le fixer (BOSC, 1983).

Bien que des progrès soient à faire pour améliorer la signification de ces évaluations, il faut se rendre compte que la précision dont peut s'accommoder l'agriculteur est le plus souvent inférieure à celle accessible à l'agronome. De cette imprécision pourraient résulter des effets cumulatifs gênants. Mais les tests de sol effectués périodiquement permettent d'apporter les corrections éventuellement nécessaires.

Pour les oligo-éléments, le principe du bilan n'est pas appliqué. Il paraît actuellement plus rentable de n'intervenir que s'il y a présomption de malnutrition vérifiée par l'analyse du sol ou de la plante. Les doses apportées sont alors très largement supérieures à l'entretien et doivent être interrompues après quelques années.

6.2. Correction et teneur limite :

En sol pauvre, du fait des compétitions entre la plante et le sol, les doses rentables de P, K et Mg sont supérieures aux quantités exportées par les récoltes (sauf cas de lessivages importants). L'enrichissement du sol qui en résulte conduirait normalement l'agriculteur à apporter l'année suivante une dose légèrement inférieure. Les effets cumulatifs devraient amener les cultures à ne plus réagir aux apports à partir d'une certaine année. En fait, le régime d'entretien peut commencer dès qu'une dose égale à l'entretien ne procure plus de suppléments rentables.

La situation est très diverse suivant les terres. Celles qui ont un pouvoir fixateur est très élevé ou insolubilisent très fortement les phosphates (par exemple, sols crayeux)et donnent l'impression de ne pas s'enrichir ou de le faire très lentement. Bien qu'il soit démontré que les sols les mieux pourvus aient les potentialités les plus élevées, il paraît déraisonnable de chercher à enrichir rapidement ces terres en investissant des doses élevées. Mieux vaut fixer la dose en relation avec l'expérience régionale. D'autres sols s'enrichissent très facilement - c'est le cas pour beaucoup de limons du Bassin parisien - et les investissements en éléments fertilisants sont alors utiles. Ils ont l'avantage de mener à des systèmes de fumure très simples basés sur la compensation des exportations moyennes de la rotation augmentée d'une valeur d'autant plus grande que le sol est plus pauvre et a un pouvoir fixateur plus élevé.

Les tests permettent de donner des recommandations sûres pour les valeurs très faibles et très fortes. Mais il existe une plage de valeurs où la réponse est mal connue pour les raisons évoquées plus haut. La valeur adoptée tient alors compte des risques encourus par la suppression d'un apport.

Le raisonnement, confirmé par l'expérience, montre qu'une teneur limite dépend des potentialités du milieu et du rapport coût de l'engrais/coût de l'unité de denrée (REMY, 1977 b).

C'est ainsi que la norme pour P205 citrique pour le Bassin parisien est 0.25 alors que pour l'Aquitaine non irriguée, elle est de 0.15. Une telle teneur limite est à déterminer régionalement par des essais. Il est évident que toute augmentation de la potentialité générale du sol augmenterait cette valeur seuil. Mais l'irrigation, en améliorant les conditions de nutrition, pourrait la diminuer.

Les agriculteurs sont parfois déroutés et sceptiques sur la valeur des tests lorsqu'ils constatent une divergence entre un résultat isolé et la recommandation. Ils doivent être informés de l'aspect statistique des conclusions tirées de l'analyse et de leur étroite liaison avec les autres conditions de milieu et de culture.

Un bilan d'éléments fertilisants peut être établi au niveau de l'exploitation et une discussion des résultats d'analyse de l'ensemble des parcelles a l'avantage d'aider à définir une politique générale de fumure pour l'exploitation.

Depuis une dizaine d'années, certains laboratoires ont informatisé les conseils de fumure à l'échelle de la parcelle. Ils prennent en compte le type pédologique, la rotation pratiquée, les apports organiques et les résultats de l'analyse (REMY et MARIN-LAFLECHE). Les valeurs sont reprises éventuellement pour l'ensemble de l'exploitation en pondérant les surfaces des parcelles. Aller plus loin et préciser à l'agriculteur les types et quantités d'engrais à acheter ainsi que leur époque d'apport est beaucoup plus difficile. On doit en effet prendre en compte l'organisation de l'exploitation (main-d'oeuvre, jours disponibles en fonction de la nature des sols, possibilités de stockage, matériel d'épandage), les disponibilités des fournisseurs (types d'engrais) et, évidemment les prix.

6.3. Fumure azotée :

Dans la mesure où l'action de l'azote sur la formation du rendement et de la qualité a pu être étudiée, l'approche de la fumure azotée a été profondément renouvelée pour plusieurs plantes de grande culture (blé, maïs, betterave sucrière, etc...). Les essais culturaux permettaient de déterminer une politique moyenne. L'approche par la méthode des bilans permet une meilleure prévision, plus adaptée à la parcelle et à l'année. Elle est établie d'après la relation suivante :

$$F = bY - [N\,min + N\,mo + NA] + R + [Nd - Np]$$

F = fumure azotée minérale
Y = rendement espéré en quintaux
b = azote absorbé par quintal de produit
N min = azote minéral dans le profil à la fin de la période de drainage
N mo = azote qui peut être fourni par la matière organique du sol pendant la période de végétation
NA = azote qui peut être fourni par les apports organiques pendant la période de végétation
R = résidu minéral après culture
Np = azote apporté par les pluies
Nd = azote dénitrifié.

La validité de la prévision dépend de la bonne évaluation de chacun de ces facteurs. Il est évident qu'il y a en cette matière beaucoup de progrès à faire. L'utilisation de la méthode du bilan et les résultats obtenus ont été développés dans de nombreuses publications. On se limitera à plusieurs remarques :

1) Le nombre de facteurs en jeu élimine à priori toute ambition de préconisation à quelques kilos près. l'objectif poursuivi est de proposer une dose qui, compte tenu des aléas climatiques futurs permettent de valoriser les potentialités de la variété et du milieu, tout en évitant les excès nuisibles à la rentabilité de la fumure et à

l'environnement. On ne tient généralement pas compte des pertes par dénitrification et des apports par les pluies, qu'on sait mal apprécier et qui se compensent en partie.

2) Une appréciation du rendement, raisonnablement accessible, est essentielle à la prévision de la fumure. On doit donc prendre en considération :

- l'état de la culture au moment des apports,
- les probabilités climatiques jusqu'à la récolte.

Les agriculteurs ne sont pas satisfaits de cette vision des choses, considérant devoir fertiliser pour le maximum de rendement. Or, pour certaines cultures (comme la betterave), ils se rendent mal compte de la baisse éventuelle de rendement. D'autre part, il arrive souvent que de meilleures conditions de croissance soient aussi d'excellentes conditions de libération de l'azote organique du sol.

3) Il est possible que de médiocres conditions d'enracinement empêchent la culture de bien utiliser les réserves d'azote du sous-sol. C'est pourquoi on pourrait envisager d'utiliser dans le bilan un coefficient d'inefficacité (supérieur à 1) propre à une culture. La formule (simplifiée) devient :

$$F = bY.k - N\,min + N\,mo + NA$$

D'autres auteurs préfèrent tenir compte de l'azote minéral sur la profondeur effective d'enracinement. La première attitude privilégie l'influence de l'état de la culture dans une condition annuelle donnée (par exemple semis tardifs de blé d'hiver) sans relation avec les disponibilités du sol, la seconde porte l'attention sur la permanence d'un état de sol médiocre. Il ne faut pas confondre ce coefficient d'inefficacité avec le coefficient d'utilisation réelle de l'engrais (déterminé avec ^{15}N) ce dernier résultant en grande partie de l'immobilisation par le sol de l'azote de l'engrais.

4) On ne possède pas actuellement d'évaluation très sûre de l'azote que la matière organique du sol peut mettre à la disposition d'une culture. L'observation de parcelles non cultivées n'exprime que très imparfaitement la réalité. La manière la moins défectueuse paraît résulter de bilans faits sur des parcelles d'essai, si possible corrélés avec des tests de laboratoire (STANFORD et al 1974, MARY et REMY, 1979, LIVENS, 1959, etc.). De gros progrès sont encore à faire en ce domaine.

5) Les fournitures d'azote par la matière organique du sol sont fortement influencées par la politique de fumure azotée de l'agriculteur. Sauf dans les milieux à fort lessivage, il y a incorporation dans la matière organique d'une petite partie de l'excès annuel d'azote. Après plusieurs années, il en résulte une augmentation de l'azote minéralisable. Ceci réclamerait logiquement une diminution des apports d'engrais azotés.

6) Dans cette politique azotée à long terme, les apports et les pertes, négligées pour les fumures annuelles, doivent être prises en compte, en particulier les pertes par voie gazeuse. Une fumure azotée rationnelle ne peut donc être établie sur le strict bilan pour une culture mais doit aussi compenser les pertes qui ne peuvent être évitées. Il y a urgence à mieux étudier en plein champ les conditions de milieu et de pratique agricole susceptibles de limiter les pertes d'azote par lessivage ou dénitrification (apport d'une partie de l'azote sous forme organique, époques d'application de l'azote minéral). Lorsqu'en tenant compte de ces remarques, on effectue le bilan d'azote pour des exploitations à bonne technicité, on remarque que les agriculteurs gèrent très convenablement le cycle de l'azote sur leurs parcelles. Il s'ensuit que la limitation de la pollution des eaux par les nitrates est difficile à contrôler dans des conditions de culture intensive rationnelle.

La méthode des bilans est utilisée dans la partie septentrionale de la France pour le blé (REMY, 1981). Son informatisation implique que l'agriculteur puisse répondre de façon précise à des questions relatives au sol, à l'histoire culturale de la parcelle et à l'état de la culture. Dans des régions où des enquêtes sont réalisées depuis plusieurs années, il paraît possible de dégager une typologie des reliquats tenant compte du type de sol, du précédent cultural et de la pluviométrie hivernale. Une expérience télématique sera effectuée en Picardie en 1983 pour les céréales à paille. Dans le midi de la France, la méthode des bilans ne donne pas actuellement de bons résultats, faute de connaître la minéralisation et les pertes en cours d'hiver ainsi que l'incidence de la sécheresse de printemps.

Dans une série d'essais sur la betterave à sucre, au cours de plusieurs années, l'agriculteur a été avantagé dans 62 % des cas et pénalisé dans 9 % des cas seulement (MACHET et HEBERT, 1983).

La fertilisation azotée de beaucoup de cultures reste encore empirique et basée sur l'expérimentation locale, faute de connaissances précises quant à l'effet de l'azote sur la formation du rendement. C'est particulièrement le cas pour les cultures maraîchères et florales ainsi que pour la vigne et les arbres fruitiers. Pour ces plantes, le diagnostic foliaire rend quelques services.

Toutefois, pour déceler différentes causes de malnutrition, l'analyse de sève proposée par ROUTCHENKO (1967) peut rendre de grands services.

7. LA DIFFUSION DES PRATIQUES DE FERTILISATION

Malgré un certain nombre d'imprécisions (spécialement pour les fumures phosphatée et potassique) et d'insuffisances (fumure azotée), on peut considérer que "les bases de raisonnement de la fertilisation existent et les méthodes de fertilisation raisonnée sont opérationnelles. Mais il y a un écart important entre les pratiques de la fertilisation et la fertilisation raisonnée" (BOIFFIN et al, 1982). Un certain nombre d'obstacles gênent la diffusion des pratiques rationnelles :

- une mauvaise intégration des principes de fertilisation dans l'organisation et l'économie de l'exploitation. Or, celles-ci pèsent plus que la gestion des parcelles;

- des informations souvent divergentes émises par divers préconisateurs.

Les agriculteurs développés corrigent assez facilement ces faiblesses. En revanche, la masse ne peut guère progresser :

- par manque de formation de base;

- par manque d'intérêt pour des problèmes techniques considérés à tort comme secondaires par rapport aux problèmes de gestion économique;

- par une difficulté des agriculteurs à communiquer pour exprimer leurs besoins et discuter les solutions qui leur sont proposées. Cette difficulté entraîne un repli sur eux-mêmes.

L'augmentation de la productivité des récoltes passe donc non seulement par une amélioration des connaissances techniques mais aussi par un très important problème de formation des agriculteurs. Si ces derniers problèmes ne sont pas résolus, il est à craindre que l'entrée de l'informatique et de la télématique comme outils d'aide à la décision ne fassent qu'augmenter les disparités entre agriculteurs.

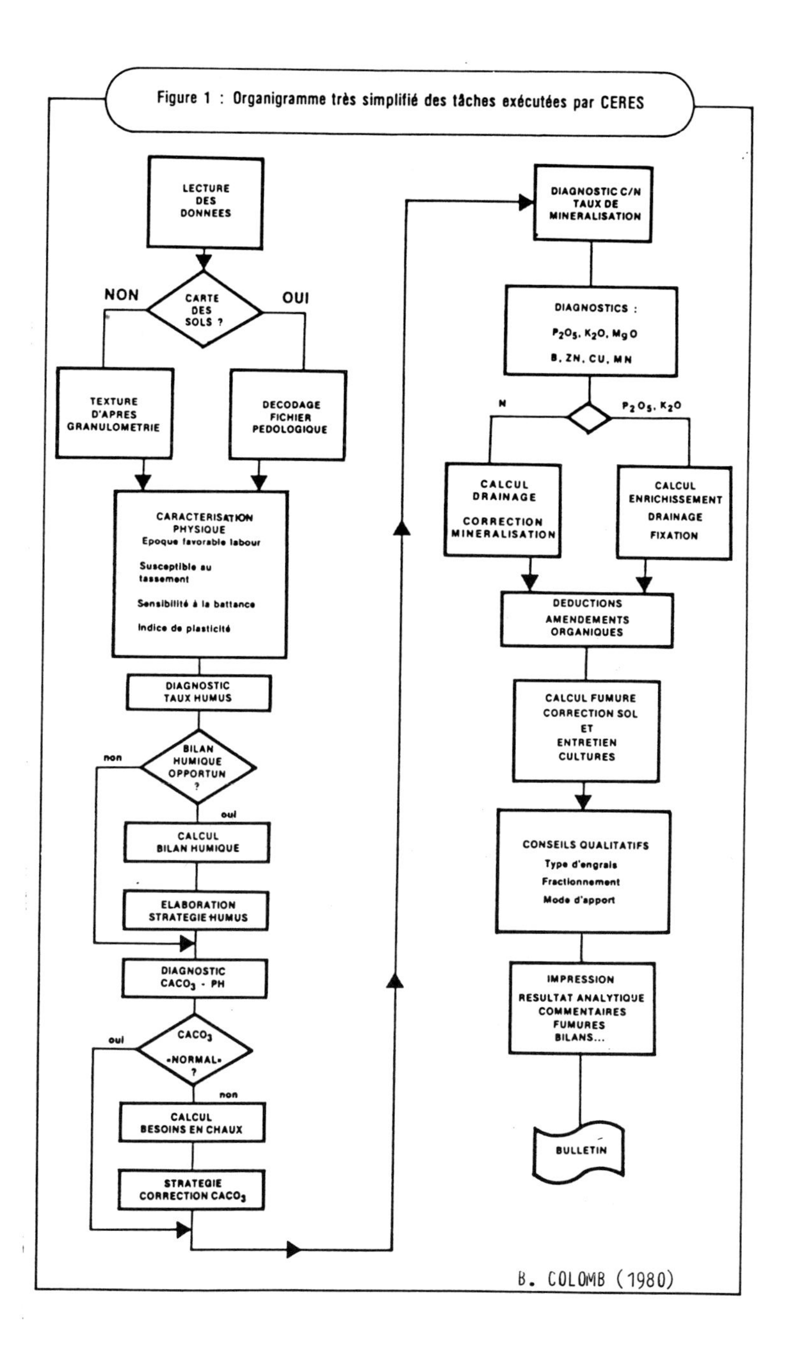

Figure 1 : Organigramme très simplifié des tâches exécutées par CERES

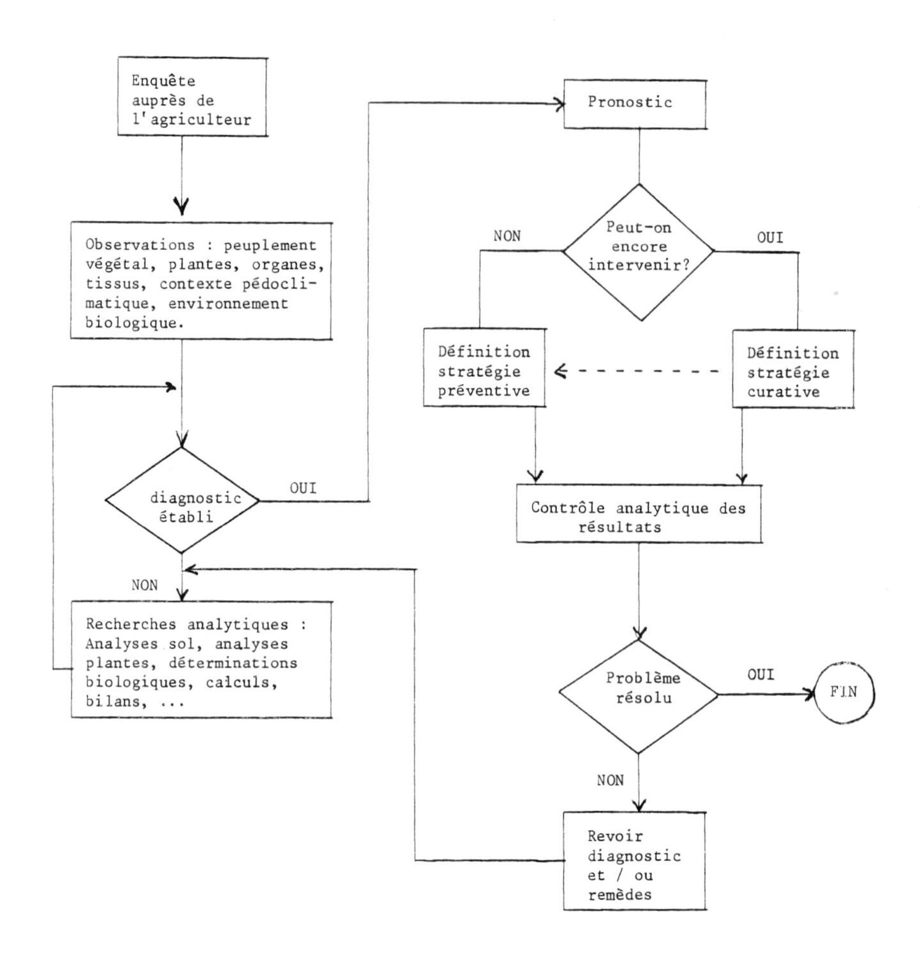

Schéma logique simplifié du diagnostic en agronomie

Etude d'un cas clinique (COLOMB 1982)

<u>ANNEXE</u> : Exemples de relations entre certains comportements agronomiques et des caractéristiques du sol.

<u>REMY (1971)</u>

$LL = 0,649\ A + 3,248\ MO + 15,6$ $\qquad r = 0,905^{***}$

$CR = 0,426\ A + 1,613\ MO + 14,1$ $\qquad r = 0,800^{***}$

d'où :

$LL - CR = 0,223\ A + 1,635\ MO + 1,5$

Cette dernière relation fait supposer que pour le comportement du sol dans cet intervalle, l'effet de la matière organique est sept fois celui de l'argile.

LL : limite de liquidité d'Atterberg

CR : capacité de rétention (pF = 2,5)

A : % d'argile ($< 2\,\mu$) - MO : % de la matière organique

$$\log 10\ I_s = 0,36 + \frac{7,2}{LL - CR} \qquad r = 0,647^{***}$$

$$\log 10\ I_s = \frac{1,5\ Lf + 0,75\ Lg}{1 + 10\ MO} - C$$

Lf : % limon fin ($2 - 20\,\mu$), Lg : limon grossier ($20 - 50\,\mu$)

C = 0,2 (pH - 7) pour les pH > 7

Is est l'indice d'instabilité déterminé par une analyse d'agrégats dans certaines conditions (in HENIN et al, 1969).

Indice de plasticité $IP \simeq 50 \log \frac{A}{10} - 10 \log \frac{MO}{1.5}$

<u>GUERIF (1982)</u>

Masse volumique à l'optimum Proctor pour une énergie standard de 0,5 MJ . m^{-3}

$$\frac{1}{\gamma\ dm} = 0,197\ A + 2,645\ MO + 0,503 \qquad n = 91,\ r = 0,873$$

γ dm en $g.cm^{-3}$, A et MO en $g.g^{-1}$

REFERENCES

BILLOT J-F.,(1982) - Use of penetrometers for showing soil structure heterogeneity. Application to study of tillage implement impact and compaction effects. 9è Conf. ISTRO, juin 1982, OSIJEK (Youg.), 177-182.

BOIFFIN J., BOURGEOIS A., LEPINE M., (1982) - Réflexions sur les obstacles au développement de la fertilisation raisonnée. Introduction au FORUM du COMIFER, Paris, janvier 1982.

BOSC M., (1983) - Compte rendu sur les essais de longue durée concernant le potassium. A paraître, Agronomie.

COLOMB B., (1982) - Le rôle des analyses de terre conventionnelles dans l'Etude et la prévention des cas de fatigue des sols. Soc. Fr. Phytopathologie - La fatigue des sols. Sem. Oct. 1982, Versailles.

GUERIF J., (1982) - Effect of cultivation on organic matter status and compaction behaviour of soil. 9è Conf. ISTRO, juin 1982, OSIJEK (Youg.), 207-212.

HENIN S., FEODOROFF A., GRAS R., MONNIER G., (1960) - Le profil cultural. lère Ed. E.I.A., Paris, 320 p.

HENIN S., GRAS R., MONNIER G., (1969). Le profil cultural. 2ème Ed. Masson, Paris, 332 p.

LIVENS J., (1959) - Studies on ammoniacal and organic nitrogen of soil soluble in boiling water. Agriculture, 7, 519.

MACHET J-M., HEBERT J., (1983) - Résultats de six années d'essais sur la prévision de la fumure azotée de la betterave sucrière. Symposium "Azote et Betterave sucrière", IIRB, Bruxelles, fév. 1983.

MAERTENS Cl., CLAUZEL Y., (1982) - Premières observations sur l'utilisation de l'endoscopie dans l'étude de l'enracinement in situ de plantes cultivées (Sorghum vulgare et Lolium multiflorum). Agronomie, 2 (7), 677-680.

MANICHON H., (1982) - Comportement du sol sous l'action des outils. Appréciation de leurs effets par la méthode du profil cultural. Science du sol (à paraître).

MARY B., REMY J-C., (1979) - Essai d'appréciation de la capacité de minéralisation de l'azote des sols de grande culture. I - Signification des cinétiques de minéralisation de la matière organique humifiée. Ann. Agron. 30 (6), 513-527.

MONNIER G. et al., (1978) - Station de Science du Sol d'Avignon-Montfavet. Publication interne.

De MONTARD F., GACHON L., (1978) - Contribution à l'étude de l'écologie et de la productivité des pâturages d'altitude des Monts Dore: 1. Application de l'analyse factorielle à l'analyse de la végétation; 2. Répartition et extension géographique des facies de végétation pastoraux. Ann. Agron., 64 (3), 277-310 et (4), 405-417.

REMY J-C., (1971) - Influence de la constitution physique des sols sur leur comportement mécanique : signification des limites d'Atterberg en matière de travail du sol. Ann. Agron., 22, (3), 265-290.

REMY J-C.,MARIN-LAFLECHE A., (1974) - L'analyse de terre : Réalisation d'un programme d'interprétation automatique. Ann. Agron., 25, (4) : 607-632.

REMY J-C., BADIA J., PIERRAT J-C., (1977) - Notice d'utilisation du programme d'interprétation d'analyse de terre "CERES". Station Agronomique de Laon, Document interne (a).

REMY J-C., (1977) - Possible use of a computer for data recording and information processing about soil analysis. FAO Agr. Sem. : Use of soil analysis and plant analysis in developing countries. Rome, juin 1977 (b).

REMY J-C., (1981). Etat actuel et perspectives de la mise en oeuvre des techniques de prévision de la fumure azotée. C.R. Acad. Agr. France, 859 - 874.

ROUTCHENKO W., (1967) - Appréciation des conditions de la nutrition minérale des plantes basée sur l'analyse des sucs extraits des tissus conducteurs. Ann. Agron., 18 (4), 361-402.

S.C.P.A. (1979) - Le calcul de la fumure P.K.Mg. Société commerciale des potasses et de l'azote. Mulhouse, 20 p.

STANFORD G., CARTER J-N., and SMITH S-J., (1974) - Estimates of potentially mineralizable soil nitrogen based on short-term incubation. Soil Sci. Soc.Amer. Proc. 38, 99-102.

STENGEL P., DOUGLAS J-T., GUERIF J., GOSS M-J., MONNIER G., CANNELL R., (1982) - Methods of study and factors influencing the variations of some properties of soils in relation to their suitability for direct drilling. Soil and Tillage Research (in press).

TURC L., (1972) - Indice climatique de potentialité agricole. Science du sol, (2), 81-101.

APPROCHES ET METHODES UTILISEES POUR EVALUER ET ACCROITRE LE POTENTIEL DE PRODUCTION DES SOLS

M. J. Hebert, Directeur de la Station Agronomique de Laon, France.

RESUME

Bien que le progrès agricole se soit fait longtemps par empirisme et qu'il ait diffusé par l'imitation des agriculteurs les plus entreprenants, l'évolution des connaissances scientifiques permet d'ouvrir des perspectives rationnelles à une meilleure utilisation des terres et des moyens de production, dont les engrais.

Trois méthodes d'approche sont utilisées pour optimiser la fertilisation:

- l'analyse de couples de situations (p.ex. dans le même champ) permettant d'orienter la détection des facteurs en cause par l'utilisation de méthodes de diagnostic.
- l'enquête, méthode utile pour aborder la réalité culturale. Elle demande des moyens importants en personnel et demeure d'interprétation délicate, en dépit des progrès dans l'analyse des données.
- l'expérimentation, méthode précise mais d'autant plus lourde que les objets à comparer sont plus nombreux. Elle est nécessairement limitée quant aux types de sols.

Pour évaluer et accroitre d'une manière rentable le potentiel de production des sols d'une exploitation agricole ou d'une région, il convient en premier lieu de déterminer le niveau de production accessible, autorisé par le milieu naturel, en particulier par la quantité d'énergie disponible. On utilise en France l'Indice de Potentialité Climatique de TURC, exprimé en tonnes de matière sèche. L'étude de l'élaboration du rendement d'une culture au cours de sa croissance est capitale. Elle permet de dégager, pour une région donnée, les besoins optima dans le temps et d'analyser les causes d'échecs dans une situation donnée (p.ex. évaluation des composantes du rendement du blé d'hiver).

Les conditions physiques de sol, plus ou moins favorables à la croissance, peuvent être appréciées:

- par les études pédologiques définissant les propriétés générales du sol, études synthétisées autant que possible par des documents cartographiques. Ceux-ci peuvent être soit synthétiques (en termes de séries et de phases) soit thématiques (propriétés ou ensemble de propriétés des unités de sols ou comportement de ces unités de sols vis à vis d'un facteur déterminé). Ces documents permettent une programmation des grands types d'amélioration: drainage, irrigation, dérochements, etc ...

- par l'examen de "profils culturaux". Les observations sur des cultures en place permettent de déceler les accidents de structure. On peut procéder sur des situations agricoles à titre explicatif ou sur des situations expérimentales. La plus grande importance est donnée à la distribution des racines, à la compacité des couches ainsi qu'à l'hydromorphie.

De ces études physiques ressort la susceptibilité des sols à différents types de dégradations (battance, tassement), on essaye d'y relier des tests analytiques (pH, teneur en Ca, matière organique) permettant d'évaluer les probabilités d'efficacité des amendements. Mais on est encore loin de pouvoir fournir un avertissement annuel pour le travail du sol.

La capacité nutritionnelle des sols peut être basée sur des tests chimiques, des cultures en pots ou des analyses de plantes, étalonnés sur l'expérimentation en plein champ et précisée par l'emploi des isotopes.

Le raisonnement de la fumure distingue l'azote de tous les autres éléments. Pour ces derniers, le point de départ est le bilan de fertilisation sur la rotation. L'analyse de terre intervient ensuite pour indiquer les corrections. On discute l'évaluation des facteurs entrant dans les modèles en fonction du degré de précision nécessaire à l'agriculteur. Un exemple de programme est donné pour l'interprétation automatique des tests de sol, qui les combine avec les données de l'exploitation (système de culture) et les données de la carte des sols. La combinaison des recommandations pour les différentes parcelles permet d'établir un plan de fumure pour l'exploitation. Les difficultés pour le rendre totalement opérationnel sont indiquées.

La fumure azotée des plantes de grande culture tend à se faire également par la méthode du bilan mais celui-ci est à reconsidérer chaque année. Ce bilan doit prendre en compte l'objectif de rendement, l'azote minéral de printemps et des possibilités de minéralisation du sol. L'évaluation de celle-ci est particulièrement difficile dans certaines conditions d'hiver doux. Cependant, un modèle utilisable par télématique est à l'essai pour l'information individuelle des agriculteurs. Ces études servent également pour tenter de limiter la pollution par les nitrates.

La fertilisation des cultures maraîchères et florales et des arbres fruitiers reste encore empirique, malgré l'utilisation de diagnostics foliaires ou d'autres systèmes de contrôle de nutrition.

Des progrès sont nécessaires dans la connaissance de l'enracinement pour bien maîtriser l'utilisation des nutriments.

Néanmoins, malgré l'amélioration des connaissances et l'élaboration d'avertissements grâce à la modélisation et à l'informatique, il reste encore des freins d'origine éducative et psychologique considérables pour la diffusion d'une fertilisation rationnelle.

AMELIORATION GENETIQUE DES PLANTES POUR UNE UTILISATION PLUS EFFICACE DES NUTRIMENTS

M. F.X. Paccaud et M. A. Fossati
Station fédérale de recherches agronomiques
de Changins, Nyon (Suisse)

1. INTRODUCTION

Lorsque, au début des années 70, les pays producteurs de pétrole mirent le monde au pied du mur en augmentant de manière sensible le prix du baril, l'industrie en fut pas la seule touchée. Le contre-coup ressenti par les milieux agricoles ne fut pas moindre et ce, non seulement dans les pays avancés sur le plan technologique, mais surtout dans les pays en voie de développement. Faisant suite à la Révolution Verte, cette augmentation des coûts énergétiques atténua l'euphorie née de l'obtention de variétés à haut rendement, que ce soit de riz ou de blé, pour ne citer que les deux céréales les plus importantes de l'alimentation humaine. Permettons-nous une comparaison. L'industrie automobile a, dans un premier temps, développé la puissance des moteurs pour que l'homme puisse chaque jour aller un peu plus vite. Un mouvement similaire a guidé la recherche agronomique. L'étude des mécanismes intimes de la plante avait alors pour seul but l'amélioration des performances des cultures. Dans un deuxième temps, la recherche automobile s'est mise à développer des moteurs à consommation faible tout en essayant de maintenir les niveaux de puissance atteints. La recherche agronomique se penche alors sur le même problème. Cette nouvelle préoccupation est stigmatisée en 1977 par SWAMINATHAN dans son exposé d'introduction au Séminaire de Ljubljana. Dans ce qu'il appelle alors la prochaine phase de la sélection, il met l'accent sur l'obtention de variétés plus efficaces dans leur utilisation des sources énergétiques.

De quoi s'agit-il? On peut distinguer deux types de besoins énergétiques :

- l'énergie fossile exigée par la mécanisation
- l'énergie nécessaire à la production des matières auxiliaires que sont les pesticides et les fertilisants minéraux

Seule cette dernière retiendra notre attention ici. Dans le chapitre pesticides, signalons que l'emploi des herbicides peut être réduit dans une certaine mesure par la rotation, un travail du sol approprié avant le semis ainsi que par des sarclages après la levée de certaines cultures (maïs). En ce qui concerne l'engagement de fongicides et d'insecticides, la science des techniques culturales a les moyens d'en modérer l'emploi par un assainissement de la rotation. Sur ce point cependant, les généticiens et les sélectionneurs ont, par la recherche de plantes résistantes, un rôle essentiel à jouer. Ils s'y emploient d'ailleurs depuis de très nombreuses années. De même, la sélection de variétés à pailles courtes et résistantes à la verse devrait permettre de diminuer l'emploi d'inhibiteurs de croissance.

Le vent nouveau qui souffle dans les milieux de la recherche concerne l'emploi rationnel des fertilisants.

Soulignons tout d'abord la place des techniques culturales dans ce contexte. Le fractionnement de la fumure azotée sur blé, tel qu'il est pratiqué généralement en Europe, a constitué un pas important dans la rationalisation de l'emploi des engrais. Cette technique permet d'apporter à la plante l'azote nécessaire à des stades phénologiques clefs de son développement. De plus, elle diminue les pertes par lessivage en comparaison d'un apport unique. En outre, l'emploi d'inhibiteurs des bactéries responsables de la nitrification dans le sol permet de contenir dans une certaine mesure les lessivages de nitrates en hiver.

Comme nous l'avons déjà dit, SWAMINATHAN, en 1977, prônait l'obtention de variétés plus efficaces dans leur emploi des sources énergétiques.

Dans quelle mesure est-il réaliste de chercher à obtenir de telles variétés, à savoir moins gourmandes en éléments fertilisants et notamment en azote, source essentielle de l'alimentation des végétaux?

Nous nous concentrons ici sur le cas du blé qui fait l'objet de nos recherches en Suisse.

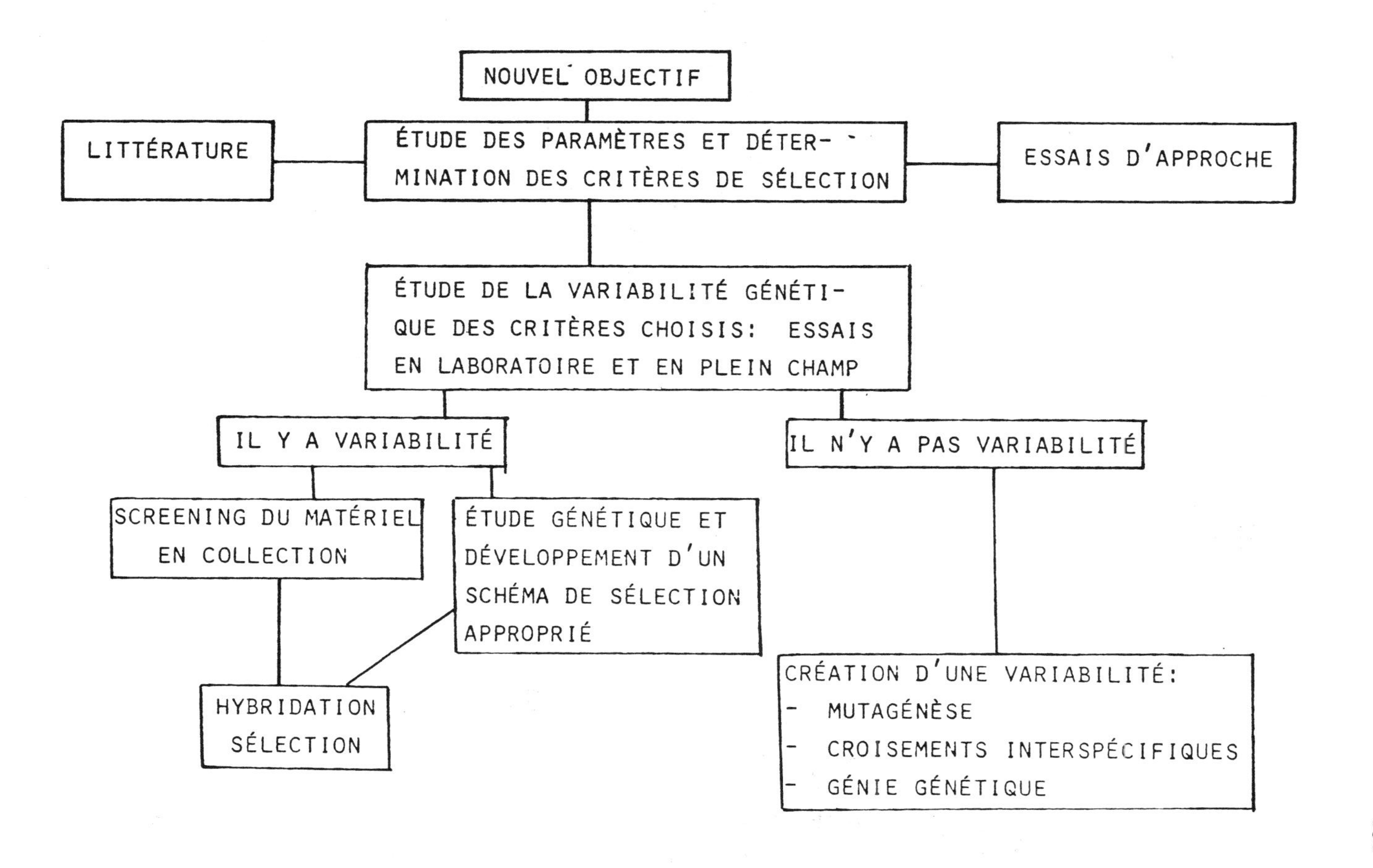
NOUVEL OBJECTIF
LITTÉRATURE
ÉTUDE DES PARAMÈTRES ET DÉTERMINATION DES CRITÈRES DE SÉLECTION
ESSAIS D'APPROCHE
ÉTUDE DE LA VARIABILITÉ GÉNÉTIQUE DES CRITÈRES CHOISIS: ESSAIS EN LABORATOIRE ET EN PLEIN CHAMP
IL Y A VARIABILITÉ
IL N'Y A PAS VARIABILITÉ
SCREENING DU MATÉRIEL EN COLLECTION
ÉTUDE GÉNÉTIQUE ET DÉVELOPPEMENT D'UN SCHÉMA DE SÉLECTION APPROPRIÉ
HYBRIDATION SÉLECTION
CRÉATION D'UNE VARIABILITÉ:
- MUTAGÉNÈSE
- CROISEMENTS INTERSPÉCIFIQUES
- GÉNIE GÉNÉTIQUE

2. Objectif

Qu'entend-on par un blé plus efficace dans son utilisation de l'azote? Nous pouvons scinder le métabolisme de l'azote en deux phases bien distinctes. Dans un premier temps, l'azote est absorbé et stocké dans l'appareil végétatif. Dans un deuxième temps, il est remobilisé et transloqué des parties vertes de la plante à l'épi. Cependant, cette simplification ne doit pas nous faire oublier que le métabolisme de l'azote dans la plante est d'une extrême complexité. Il met en jeu de nombreuses enzymes et est étroitement lié aux divers cycles de production et de dégradation des sucres.

Nous avons distingué deux phases, l'absorption et la translocation. Nous définirons donc une plante efficace dans son emploi de l'azote comme suit :
Un blé est efficace dans son emploi de l'azote si son absorption et sa translocation de l'azote sont élevées, quelques soit le niveau des réserves azotées du sol. Cela signifie qu'il nous faut repérer des génotypes à forte absorption ainsi que des génotypes à translocation élevée dans le but de les croiser et d'optimaliser ces deux mécanismes dans un même individu.

3. Les paramètres étudiés

Il y a deux manières d'évaluer l'absorption et la translocation. La première consiste à travailler au niveau biochimique de ces mécanismes : c'est la voie enzymatique. La deuxième est de considérer chacune de ces deux grandes phases du métabolisme comme un tout et de travailler sur des paramètres dits de bilan comme l'absorption au mètre carré ou l'indice de translocation. Pour le sélectionneur, le choix des paramètres dépend de plusieurs facteurs Celui-ci a en effet besoin de critères simples, c'est-à-dire de critères qui lui permettent d'évaluer un maximum de lignées en un minimum de temps. De plus ces critères se doivent d'être stables, à savoir peu influencés par les conditions du milieu. Ils doivent donc posséder une certaine héritabilité.
sur le plan génétique, les paramètres peuvent être contrôlés par trois systèmes différents :

i) les paramètres contrôlés par un système génétique simple. Ce son notamment les catéristiques morphologiques comme la hauteur des plantes.

ii) les paramètres contrôlés par un système génétique intermédiaire comme l'activité de la nitrate réductase chez le maïs ou l'intensité photosynthétique à l'unité de surface foliaire.

iii) les paramètres contrôlés par un système polygénique comme le taux de protéine du grain ou le rendement.

Parmi les paramètres envisagés, nous avons abandonné la voie enzymatique. Prenons pour exemple l'activité de la nitrate réductase chez le blé. Cette enzyme, dont le rôle est de réduire en nitrites les nitrates absorbés par la plante, joue un rôle essentiel dans le métabolisme de l'azote. Cependant, son analyse à grande échelle est pour l'instant difficile et les conditions du milieu l'influencent très fortement. De plus, et malgré son rôle clef, elle ne représente qu'un maillon d'une chaîne enzymatique complexe. Sa transmission étant liée à un système polygénique, elle nécessiterait l'étude d'un volume de sélection important.

Suite aux travaux effectués par AUSTIN (1977), DESAI et BHAITIA (1978), notre choix s'est porté sur la mesure de l'azote total en grammes absorbé par la plante à l'unité de surface et l'indice de translocation de l'azote (Nitrogen Harvest Index). Ce NHI se définit par le quotient entre l'azote total absorbé par le grain et l'azote total absorbé par la plante (appareil végétatif plus grains). Cet indice représente la capacité d'un génotype à transloquerl'azote de l'appareil végétatif aux grains. Notons que cet indice est corrélé positivement à l'indice de récolte (Harvest Index), ce qui montre bien à quel point le métabolisme de l'azote est lié à celui des hydrates de carbone.

4. Variabilité génétique de l'absorption et de la translocation

Absorption

La première allusion à une variabilité génétique des mécanismes d'absorption chez les plantes date du siècle dernier puisqu'en 1899, BOURCET signale des différences variétales quant à l'absorption du iode. Signalons une excellente revue de littérature signéeVOSE en 1963. Chez le blé, LAMB et SALTER (1936) remarquent déjà des différences variétales quant à la réaction à différents niveaux de fumure azotée. Set ans plus tard, MAUME et DULAC (1943) montrent des différences variétales élevées, toujours chez le blé, pour l'absorption de l'azote, du phosphore, de la potasse, du calcium et du magnésium. En 1977, AUSTIN et ses collaborateurs observent chez le blé tendre une forte corrélation entre le poids de la matière sèche et le contenu total en azote des plantes. Là aussi, les différences variétales sont significatives. Mêmes résultats dans les travaux de DESAI et BHATIA (1978) en ce qui concerne le blé dur.

Encouragés par ces données de la littérature, nous avons planifié un premier essai en culture hydroponique et testé 36 variétés anciennes et modernes de blé pour leur contenu en azote total au stade plantule. A ce stade, l'absorption azotée varie très fortement d'un cultivar à l'autre allant, dans les cas extrême, du simple au double. Il ne nous a cependant pas été possible de distinguer variétés anciennes et modernes quant à leur absorption. A cette époque, nous concluions l'essai de la manière suivante : les variétés possédant une forte absorption au stade plantule devront être testées dans un essai couvrant tout le développement jusqu'à maturité. En effet, il n'est pas impossible que la capacité d'absorption soit variable à différents stades phénologiques selon le génotype. Cet essai a été planifié l'année suivante. Les résultats qu'il a livrés sont les suivants : notre hypothèse de départ s'est avérée exacte tant il est vrai que certaines variétés ont absorbé la majorité de leur azote avant lanthèse (floraison) et que d'autres l'ont au contraire absorbé après. Ce dernier cas était particulièrement marqué chez la variété Atlas 66 conformément aux résultats publiés par AUSTIN et collaborateurs en 1977. Ce phénomène allait donner une nouvelle direction à nos travaux. En effet, le contenu en azote total n'était plus le seul facteur à envisager. La période d'absorption et surtout la durée du potentiel d'absorption devenaient d'autres critères à ne pas écarter.

Pour en savoir plus, nous avons procédé à un échantillonnage de dix variétés dans quatre essais d'homologation. Des analyses ont été effectuées à l'anthèse puis à maturité afin de déterminer l'absorption d'azote après floraison. Nous n'avons pas pu mettre en évidence la variabilité de ce paramètre. Il nous faut cependant constater que la plupart des lignées étudiées dans cet essai sortent d'un même programme de sélection, ce qui diminue déjà fortement la variabilité générale du matériel testé. Dans un essai similaire, DUBOIS et FOSSATI (1981) n'ont constaté aucune variabilité génétique du contenu total en azote. Là aussi, les lignées testées sortaient d'un même programme de sélection.

Translocation

Dans les essais de DESAI et BHATIA (1978), l'indice de translocation de l'azote chez le blé dur variait de 57 à 86 %. D'autres auteurs ont signalé des variations du même ordre entre variétés de blé tendre. Nous avons déjà fait allusion à la corrélation positive qui existe entre l'indice de translocation de l'azote et l'indice de récolte (Harvest Index). Cependant, cette corrélation n'est pas suffisamment élevée pour conclure à un parallélisme strict entre la translocation des sucres et celle des composés azotés. En termes d'économie d'azote, il nous faut donc non seulement envisager la translocation de l'azote, mais également la translocation totale exprimée par le Harvest Index. Ceci d'autant plus que ce dernier est fortement corrélé avec le rendement (tableau 1).

Tant pour le Harvest Index que pour le NHI, on constate des différences variétales significatives. Il est important de signaler que l'ancienne variété Probus, qui a produit le plus de matière sèche à l'unité de surface, est la variété qui possède le rendement le plus faible. Ce phénomène s'explique par un faible Harvest Index. Les variétés modernes à paille courte produisent en règle générale moins de matière sèche à l'unité de surface, mais possèdent un Harvest Index élevé. Il semble bien, et les données de la littérature sont nombreuses à ce sujet, que la sélection du blé ait permis une très nette augmentation de la translocation.

Conclusion du travail de base

Faut-il plutôt viser une agumentation de l'absorption ou améliorer encore la translocation? Avons-nous atteint la limite supérieure du Harvest Index? Dans quelle mesure une augmentation de l'absorption est-elle encore possible? Une chose est certaine, en maintenant le HI à son niveau actuel et en augmentant la production de matière sèche à l'unité de surface, nous augmentons mathématiquement le rendement. Nous avons dès lors étudié le comportement de nos paramètres en fonction du niveau de fumure attribué à la plante.

Tableau 1
Résultats de 12 blés d'automne (moyenne de 7 lieux)
Résultats obtenus par DUBOIS et FOSSATI (1981)

Variété	Rendement biologique (g/m^2)	Rendement en grain (g/m^2)	% Protéine du grain (%)	Harvest Index	Azote total (g/m2)	N Harvest Index
1 Probus	1392,69	478,88	14,63	34,44	15,47	71,18
2 71 919	1272,47	525,16	14,37	40,34	15,51	75,37
3 Partizanka	1185,41	507,66	13,71	41,86	14,98	72,55
4 71 937	1246,94	499,50	13,51	40,93	14,80	74,07
5 Zenta	1246,84	527,38	13,44	44,65	15,27	75,58
6 72 073	1294,44	560,25	13,26	42,68	15,30	76,94
7 Monopol	1317,50	514,84	13,06	38,23	14,75	71,55
8 Zénith	1317,91	554,69	13,02	42,10	15,15	76,93
9 Roazon	1236,38	529,44	12,76	42,69	14,75	72,51
10 Kormoran	1273,91	471,88	12,20	41,36	14,02	72,80
11 Fruwirth	1349.25	586,06	12,19	45,28	15,47	77,12
12 Carimulti	1362,69	578,68	11,94	42,66	14,66	76,88
P.p.d.s. 5%	103,06	49,16	0,57	2,36	n.s.	1,72
P.p.d.s. 1%	136,38	65,03	0,76	3,13	n.s.	2,27

Tableau 2 - Essai de fumure avec la variété Zénith

Traitements (kg N/ha	Rendement biologique (g/m2)	Rendement grain (g/m2)	Harvest Index	H-Harvest Index	Azote total (g/m2)
0	1114,1	461,7	0,414	0,780	13,83
60	1397,5	537,3	0,385	0,752	18.66
90	1566,2	614,4	0,375	0,751	23,13
120	1615,8	624,0	0,385	0,75	25,41
150	1761,6	663,7	0,376	0,718	30,9
p.p.d.s. 0.05	23.2,5	98,7	0,008	0,030	2,49
p.p.d.s. 0,01	30.7,9	13,0,8	0,009	0,035	2,97

Il faut surtout souligner que l'absorption augmente au même rythme que la fumure alors que la translocation diminue. Ceci est très important car nous pouvons conclure qu'en ce qui concerne la capacité de translocation de la plante, la sélection peut s'effectuer en milieu relativement riche sans conséquences graves quant à son efficacité puisqu'en effet la plante placée en situation carencée transloque mieux qu'en milieu riche. Par contre, l'absorption azotée à l'unité de surface, hautement corrélée avec la production de matière sèche, devrait être étudiée en milieu pauvre. A cette fin, nous avons planifié un essai identique à l'essai d'homologation déjà exposé plus haut. Les dix variétés testées pour leur efficacité en conditions de culture dites modernes ont été ressemées. Elles ne recevront aucun apport azoté. Il nous sera alors possible de savoir si les variétés à forte absorption se comportent de manière identique, quelque soit le milieu dans lequel elles s'expriment. Nous pourrons enfin définir les conditions dans lesquelles nous devrons effectuer le screening de notre matériel de base dans le but d'obtenir des géniteurs pour nos croisements futurs.

Sélection

Avant de parler du schéma de sélection que nous nous proposons d'appliquer, voyons ce que d'autres techniques que celle de la simple hybridation peuvent apporter dans le cadre de ces recherches. Lorsqu'il y a quelques années, on découvrit des bactéries fixatrices de l'azote de l'air dans les racines de certaines graminées tropicales, un grand espoir naquit. Allait-on pouvoir donner aux céréales la possibilité déjà acquise par les légumineuses? Les résultats furent décevants. Certes, il fut possible de cultiver des céréales et d'obtenir une symbiose avec les spirilums. Cependant, les conditions requises pour le développement de ces bactéries sont très strictes : températures élevées, forte énergie lumineuse (DOBEREINER et al., 1975). Le développement des manipulations génétiques a également amené certains chercheurs à rêver. Mais, est-ce vraiment un rêve? Plutôt que de chercher à établir une symbiose entre céréales et bactéries, pourquoi ne pas chercher à introduire le gène bactérien responsable directement dans le patrimoine génétique du blé? La technique des fusions de protoplastes semble être une voie envisageable Là aussi, le travail est de longue haleine.

Nous avons choisi la voie classique : l'hybridation.

Nous n'avons nullement l'intention de tenir ici un cours de sélection, mais nous aimerions brièvement exposer les difficultés principales. Imaginons que nous possédons nos géniteurs, nous les croisons. Jusqu'ici, pas de problème particulier. Il nous faut maintenant tester la descendance. Grâce aux travaux du chimiste de Changins, M. V. DVORAK, nous pouvons procéder à l'analyse du contenu en azote des pailles et du grain par la méthode infrarouge. Il reste cependant toujours hors de question d'analyser les quelques 10 000 plantes F_2 issues de chaque croisement. Suite à des discussions avec nos collègues sélectionneurs européens et suite à un voyage d'étude au Canada et aux USA, nous avons opté pour un test précoce des populations et non des individus.
Le principe est simple. Afin de maintenir le nombre de croisements à un niveau décent et de pouvoir néanmoins tester de manière approfondie les individus issus de ces croisements, nous nous proposons d'éliminer les populations ne correspondant pas à nos objectifs dès la F_2 afin de nous concentrer exclusivement sur les croisements prometteurs.
Le travail de méthodologie est en cours. Nous avons testé 50 croisements issus de notre programme de sélection du blé. Nous avons obtenu la moyenne et l'écart-type de chaque population et ce pour tous les paramètres, Les différences sont fortement significatives pour le HI, le NHI et l'absorption azotée totale bien que les croisements aient été choisis au hasard, sans tenir compte des caractères parentaux.
Le matériel sera poursuivi jsuqu'en F_4 sans procéder à la moindre élimination. Les résultats obtenus à ce stade seront comparés avec ceux obtenus 2 générations plus tôt. Nous espèrons alors pouvoir développer, au moyen des analyses statistiques multivariées, un index applicable aux populations F_2.

Conclusion

La sélection du blé s'est effectuée parallèlement au développement des techniques culturales. Depuis de nombreuses années, les pépinières et les essais d'expérimentation reçoivent une dose d'azote semblable aux doses utilisées dans la pratique. Ce sont donc les variétés qui se sont adaptées aux techniques culturales modernes et non l'inverse. Le raccourcissement de la paille est un exemple d'adaptation à la mécanisation. Or, que constatons-nous? Les variétés modernes semblent posséder un potentiel de translocation supérieur à leurs ancêtres. On a donc indirectement amélioré un mécanisme interne de la plante en sélectionnant pour le rendement. Parallèlement au problème de la translocation, force est de constater que l'absorption n'a que peu varié, voire même régressé.

En conclusion, nous sommes convaincus de la posibilité d'améliorer encore l'efficacité du métabolisme azoté de la plante par la sélection en se concentrant, d'une part, sur la production de matière sèche à l'unité de surface et en tenant compte, d'autre part, de l'indice de translocation

BIBLIOGRAPHIE

AUSTIN, R.B., M.A. FODR, J.A. EDRICH, and R.D. BLACKWELL, 1977. J. Agric. Sci., Cambridge, 88, 159-167.

BOURCET, P., 1899. C.R. Acad., Sci., Paris, 129, 768-770.

DESAI, R.M., and C.R. BHATIA, 1978. Euphytica, 27, 561-566

DOBEREINER Johanna, J.M. DAY, and J.F.W. VON BULOW, 1975. In : Proceedings of the 2nd international winter wheat conference, Zagreb, 221-237.

DUBOIS J.B., and A. FOSSATI, 1981. Z. Pflanzenzüchtg., 86, 41-49.

LAMB, C.A. and R.M. SALTER, 1936. J.Agric. Res., 53, 129-143.

MAUME, L., and J. DULAC, 1943. C.R. Acad. Sci., Paris, 189, 199-202.

SWAMINATHAN, M.S., 1977. In : Proceedings of the 1st national seminar on genetics and wheat improvement. Ljubljana, Askhey K. Gupta Ed.

VOSE, P.B., 1963. Herb. Abst. 33, 1-13.

PLANT BREEDING FOR A MORE EFFICIENT USE OF PLANT NUTRIENTS

Mr. F.X. Paccaud and Mr. A. Fossati,
Federal Agricultural Research Station
of Changins, Nyon, Switzerland.

SUMMARY

Efforts to find varieties requiring less energy input have been intensified as a result of successive oil price increases. In Switzerland, the first work on the topic was carried out in 1979 and focused on nitrogen intake by wheat and the metabolism of that element in different cultivars. In view of the very large number of analyses and observations involved in a selection programme, it was decided to take account only of simple, applicable criteria and, for example, not to carry out studies of enzymes.

The first step was to study the genetic variability of nitrogen absorption and translocation. Very wide varietal differences were found for these two phenomena. On the basis of these studies, two main criteria were chosen: total nitrogen absorption per unit of surface area and the nitrogen harvest index. For further elucidation of these criteria, samples of about one dozen genotypes were taken from the entire network of approval tests in the French-speaking part of Switzerland. For each criterion, the tests determined genotype-environment interaction and internal variability.

The findings may serve as a basis for a discussion of the possibility of selecting for more efficient nitrogen use by wheat.

APPROACHES AND METHODS FOR EVALUATING AND INCREASING THE CROP PRODUCTION POTENTIAL OF SOILS IN THE BYELORUSSIAN SSR

Dr. I.M. Bogdevich, Director,
Byelorussian Research Institute of Soil
Science and Agrochemistry, Minsk

SUMMARY

Raising the level of soil fertility is of primary importance in the series of measures being taken to increase crop yields in the Byelorussian SSR. This is mainly because of the nature of the soil-forming processes, which have led to the development of predominantly low-yield sod-podzolic and swampy soils and to a great variation in soil cover. In relatively favourable climatic conditions, the level of soil fertility is the most important factor limiting the growth of crop yields.

As a result of the large-scale water engineering and chemical improvement of land and the intensive use of organic and mineral fertilizers over the past 15 years, the productivity of ploughed land has risen from 15 to 30 centners per hectare in grain equivalent. The systematic recording and monitoring of the condition of the land by the State soil and agrochemical service and the results of scientific research carried out at permanent experimental sites and testing areas make it possible to observe any marked improvement in the properties of soils and their suitability for industrial crop production and to carry out a periodic evaluation of soil fertility.

The quantitative parameters for evaluating soil fertility are elaborated by reference to the basic properties correlated with yields of cereals and potatoes grown on ploughed land and of grasses grown in meadows and pastures.

Chronologically stable soil properties, determined by genetic type, mechanical composition, type and structure of the soil-forming rocks and by the degree of humidity and the climatic zone, are evaluated by reference to a closed 100-point scale which assumes that the agrochemical properties of soils and their suitability for industrial crop production are optimal. The real condition of the agrochemical and technological properties of soils as they evolve in time is reflected by correction factors whereby corrections are periodically made to the basic evaluation figure. Thus for each field there are two evaluation figures - a long-term figure, which reflects the potential fertility of the soil when all improvable properties have been optimized, and a real figure, evaluating the level of soil fertility actually achieved, taking into account all the unfavourable properties observed during the period of evaluation.

Since basic crop yields are closely related to the agrochemical properties of soils within a single type, soil fertility is commonly evaluated in terms of the various properties monitored by the agrochemical service ($_pH$ value and P_2O_5, K_2O and humus content).

The systematic evaluation of soil fertility and the periodic monitoring of changes in basic soil properties are of great practical importance in planning capital investment, in forecasting potential yields and in evaluating the effectiveness of fertilizers and other chemical agents used.

Nine tables, one figure, seven bibliographies.

PRINCIPES ET METHODES D'EVALUER ET D'ACCROITRE LA FERTILITE DES SOLS EN RSS DE BIELORUSSIE

M. I.M. Bogdevich, directeur de l'Institut biélorussien de recherche pédagogique et agrochimique, Minsk.

RESUME

L'accroissement de la fertilité des sols occupe la première place parmi les mesures destinées à accroître la production des cultures végétales en Biélorussie. Cela tient avant tout aux caractéristiques des processus de formation des sols qui ont donné des sols principalement herbeux, podzoliques ou marécageux, faiblement productifs, et des caractéristiques très variées du couvert végétal. Dans des conditions climatiques relativement favorables, le niveau de fertilité des sols constitue le principal facteur limitant l' accroissement du rendement des cultures agricoles.

Les mesures d'amélioration hydrotechnique etchimique à grande échelle, l'emploi intensif d'engrais organiques et minéraux pratiqué pendant les 15 dernières années ont permis d'augmenter la productivité des champs labourés de 15 à 30 quintaux à l'hectare (en équivalent blé). La mesure et le contrôle systématiques de l'état des terres cultivables par le service national de l'agrologie et de l'agrochimie et les résultats des travaux de recherche scientifique effectuéssur des terrains d'essais permanente et des champs expérimentaux permettent d'observer une importante amélioration des propriétés des sols et de leurs caractéristiques du point de vue des techniques culturales et également de procéder à une évaluation périodique de leur fertilité.

Les paramètres quantitatifs de l'évaluation de la fertilité sont déterminés en fonction des caractéristiques principales, en corrélation avec le rendement des cultures de céréales et de pommes de terre sur les parcelles labourées et de culture fourragères sur les herbages et pâturages.

Les caractéristiques permanentes des sols déterminées par le type génétique, la constitution mécanique, les caractéristiques et la structure des terrains pédogénétiques, le degré d'humidité et le type de zone climatique sont évalués par référence à une échelle fermée de cent points, en observant un niveau optimal des propriétés agrochimiques des sols et de leurs caractéristiques techniques culturales.

La situation effective des caractéristiques agrochimiques et technologiques des sols, qui varient dans le temps, est reflétée par des coeeficients correcteurs modifiés périodiquement en fonction de corrections apportées à l'évaluation principale en points. Chaque parcelle fait donc l'objet de deux évaluattions : il lui est affecté un chiffre prospectif reflétant la fertilité potentielle du sol, si l'on en optimise les caractéristiques susceptibles d'être améliorées, et un chiffre effectif reflétant le niveau réel de la fertilité du sol, compte tenu de toutes les caractéristiques défavorables observées au cours de la période d'évalua tion.

Etant donné qu'il existe une relation étroite entre les récoltes des cultures principales et les caractéristiques agrochimiques des sols dans les limites d'un type donné, on procède fréquemment à l'évaluation de la fertilité des sols suivant un ensemble de caractéristiques contrôlables par le service agrochimique (PH, teneur en P_2O_5, K_2O et humus).

L'évaluation systématique de la fertilité des sols et le contrôle pŕiodique de l'évolution de leurs caractŕistiques principales présentent un grand intérêt pratique pour la planification des investissements, la prévision des récoltes réalisables, lévaluation de l' efficacité des engrais et autres produits de la chimie agricole susceptibles d'être utilisés.

Le rapport comporte 9 tableaux, une figure et 7 rubriques bibliographiques.

WAYS TO CONTROL THE AVAILABILITY, TURNOVER AND LOSSES OF MINERAL FERTILIZER N IN SOILS

Professor Dr. A. Amberger, Institute for Plant Nutrition of the Technical University of Munich, Federal Republic of Germany

Introduction

Next to water, plant nutrient nitrogen is the critical factor in plant production. Most cultivated crops, unlike certain micro-organisms, at not able to use directly the great reservoir of nitrogen in the atmosphere because of the lack of the enzyme nitrogenase in their enzyme pattern. Thus, atmospheric N_2 must be converted with a great expense of energy into forms which plants can assimilate.

Concerning the energy situation, although only about 3.5 per cent of total commercial energy is used for agricultural production in the world, the expenditure needed for the production of fertilizers presently accounts for 45 per cent of total energy input into agriculture. And again 90 per cent of that is for nitrogen fertilizer alone; this is about nine times that of phosphate and 11 times that of potash. However, the prospects regarding the development of energy and nitrogen prices for the future are anything but encouraging.

An analysis recently published in the United States of America (LAEHDER and GRACE, 1981) shows an increase in the price of NH_3-nitrogen of roughly 300 per cent for the next ten years (Figure 1).

As long as energy was cheap, improving energy efficiency was not a subject of N-fertilizer economy. But now, high needs for and rapidly rising costs of mineral nitrogen fertilizers, on the one hand, and stagnating producer's prices for cropping products on the other hand, are a strong imperative for supplying farmers with the right kinds of fertilizers and for an economic use of nitrogen fertilizers. The most effective way to improve fertilizer efficiency is by minimizing N-losses at the farm level and, by doing so, simultaneously unloading ground water from nitrate.

In any case, losses of nitrogen mean a significant waste; therefore improving the efficiency of nitrogen fertilizers is a great hope and goal for saving energy in agriculture in order to reduce the production costs.

I. Nitrogen dynamics in the soils

1. Availability and turnover

Even though most soils contain great amounts of nitrogen, more than 90 per cent of that is bound in organic forms, which are mineralized only at a rate of 1-3 per cent per year (depending on different factors), and thus are potentially available. However, mineral fertilizers contain nitrogen in forms more or less completely available to plants. After fertilizer nitrogen has been added to the soil,

FIGURE 1

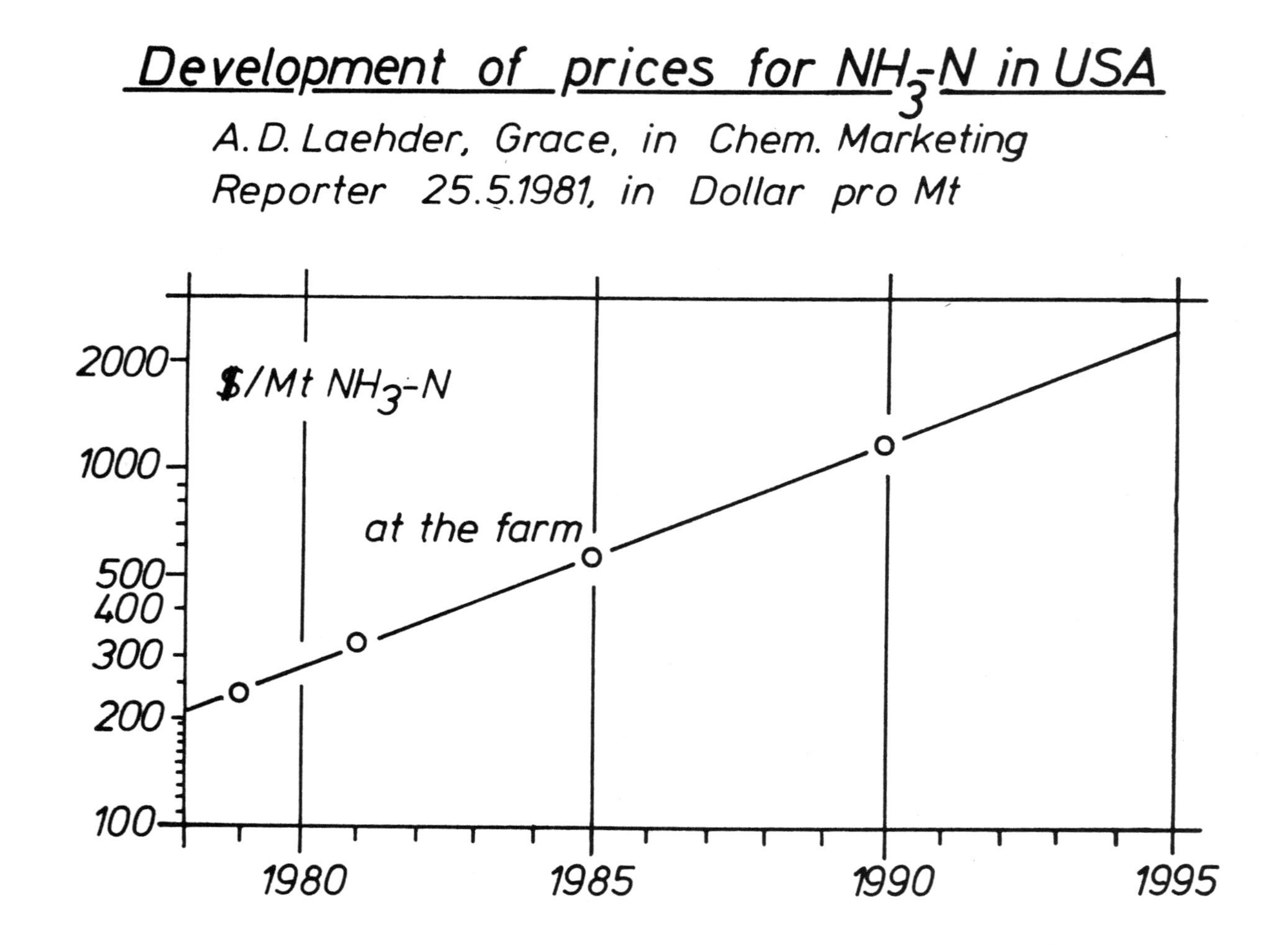
Development of prices for NH_3-N in USA
A.D. Laehder, Grace, in Chem. Marketing Reporter 25.5.1981, in Dollar pro Mt
\$/Mt NH_3-N
at the farm
2000
1000
500
400
300
200
100
1980
1985
1990
1995

- it can be either taken up by the plants from the soil solution or

- it can react with soil particles physically or chemically, being absorbed, fixed or biologically incorporated into the organic substance or into soil organisms. In the latter case nitrogen will be conserved or blocked and made unavailable to plants for a certain time.

Looking for some possible losses, we first have to realize two normal over-all biological processes important for plant availability as well as for losses of nitrogen.

(a) The enzymatic catalysis of urea is carried out by the enzyme urease, which is located intracellularly in the biomass and also extracellularly on soil colloids, originating from decaying organisms. The hydrolysis of urea to ammonium and bicarbonate needs no more than about a weeks time (Figure 2).

(b) The turnover from ammonia - whether it comes from fertilizer or soil N - to nitrate is another common process called nitrification which occurs in most cultivated agricultural soils (Figure 2). This conversion happens in two steps, catalysed by the bacteria species Nitrosomonas resp. Nitrobacter and needs more or less two weeks, again depending on temperature, humidity, pH, redoxpotential etc.

Although ammonium and nitrate are both of roughly equal value in terms of utilization by plants, these two ions behave significantly different with regard to their mobility. Whereas ammonium is relatively immobile, being bound to the cation exchange complex or organic matter and clay minerals, the anion nitrate is freely mobile in the soil solution and therefore subject to leaching as well as denitrification.

2. Nitrogen losses (Figure 3)

There are three major ways of losses; the actual relevance of these depends on climatic and soil conditions.

(a) Nitrogen leaching takes place mainly from nitrate but also from urea molecules. As nitrate is not adsorbed to the soil complex, it tends to move downward at the same rate as water. The amount of nitrate leaching depends on rainfall rate and soil conditions (especially texture and organic matter content). Under European conditions, the average nitrate leaching varies between 40 and 100 kg N/ha and year.

(b) Denitrification can be defined as a biochemical reduction of nitrate to gaseous nitrogen N_2, N_2O and NO under anaerobic conditions. It is restricted to more or less heavy soils with high moisture and temperature conditions and needs a high energy level of microbially

FIGURE 2

Urea hydrolysis and nitrification process

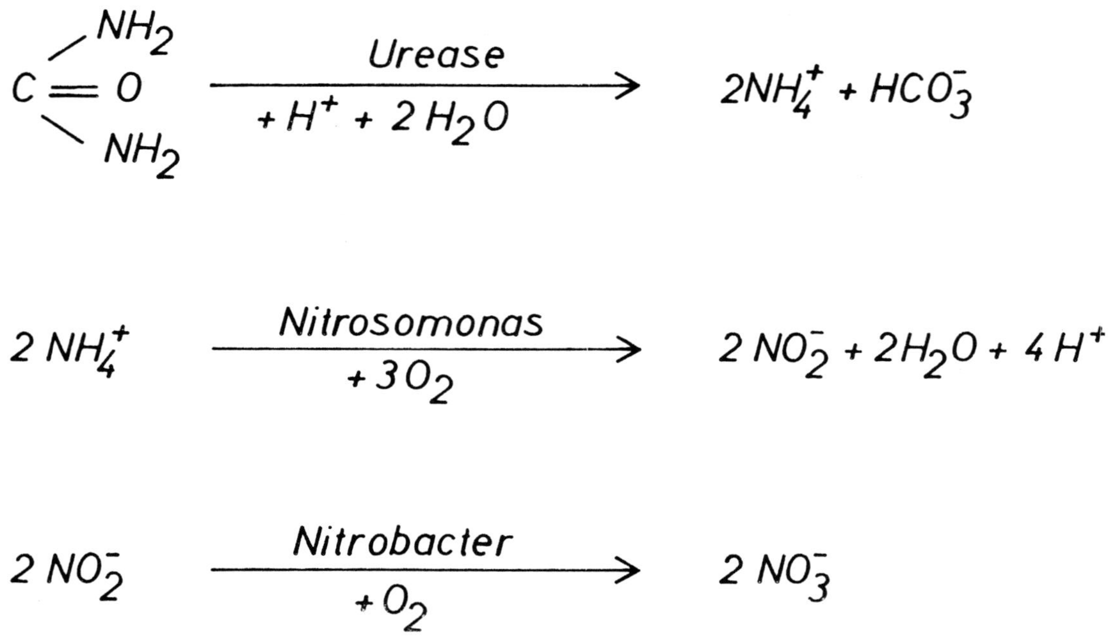

$$CO(NH_2)_2 \xrightarrow[+H^+ + 2H_2O]{Urease} 2NH_4^+ + HCO_3^-$$

$$2NH_4^+ \xrightarrow[+3O_2]{Nitrosomonas} 2NO_2^- + 2H_2O + 4H^+$$

$$2NO_2^- \xrightarrow[+O_2]{Nitrobacter} 2NO_3^-$$

FIGURE 3

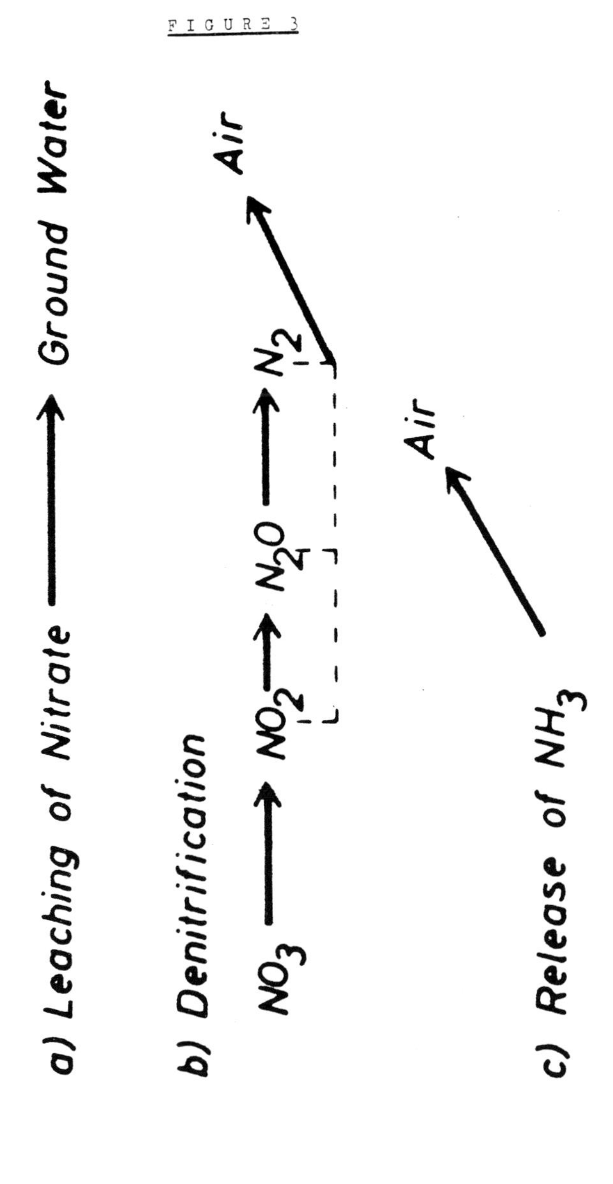
Losses of N
a) Leaching of Nitrate
Ground Water
b) Denitrification
NO_3
NO_2
N_2O
N_2
Air
c) Release of NH_3
Air

decomposable organic material. In such poorly aerated soils with moisture contents above field capacity, denitrification is favoured and can reach a daily (!) loss of 10 and up to 40 kg N/ha, depending on local conditions and the duration of the wet period.

(c) Ammonia volatilization is also an important, but often underestimated mechanism of N losses. The important parameter covering ammonia volatilization from solutions is the aqueous NH_3-level, which is a function of the ammoniacal-N ($NH_4^+ + NH_3$) in solution and pH (VLEK and STUMPE, 1978).

Wherever the equilibrium $NH_4 \leftrightarrow NH_3$ in the soil/water system is shifted to the right side, the danger of N losses by ammonia volatilization is great. This is especially the case when ammonium containing (e.g. NH_4NO_3) or ammonia developing (urea) fertilizers are surface-applied without immediate incorporation into the soil, predominantly in calcareous and dry soils with low exchange capacity.

In flooded fields, when urea is either surface-applied before flooding or top-dressed, for instance to paddy rice, a more or less rapid hydrolysis of urea results in great ammonia volatilization. This is a principal loss mechanism under such conditions.

In recent experiments of VLEK and CRASWELL (1979) with urea, even when incorporated into the soil, nitrogen utilization did not exceed 40 per cent.

Summarizing with regard to N-mobilization and potential losses, the recovery rate of nitrogen fertilizers is under upland conditions about 60-70 per cent, however, in flooded soils (for instance rice crop) or under conditions with a moisture content above field capacity for a certain time, not more than 30-50 per cent. This situation focuses consideration on how to minimize losses of mineral nitrogen fertilizers and to improve their efficiency.

II. Ways to control losses of mineral fertilizer N in soils

Nitrogen losses can be controlled either agrotechnically or chemically; the goal is to conserve mineral fertilizer N for a time and in a form which is not sensitive to leaching or volatilization.

1. In this respect the first claim is the right dose of fertilizer, in other words, to confine the amount of fertilizer applied to just being adequate to the requirements of the specific crop.

At the end of season all the applied fertilizer should be completely taken up by plants so that nothing is left for leaching out during the following fall season which is the critical time period under European conditions (Figure 4).

FIGURE 4

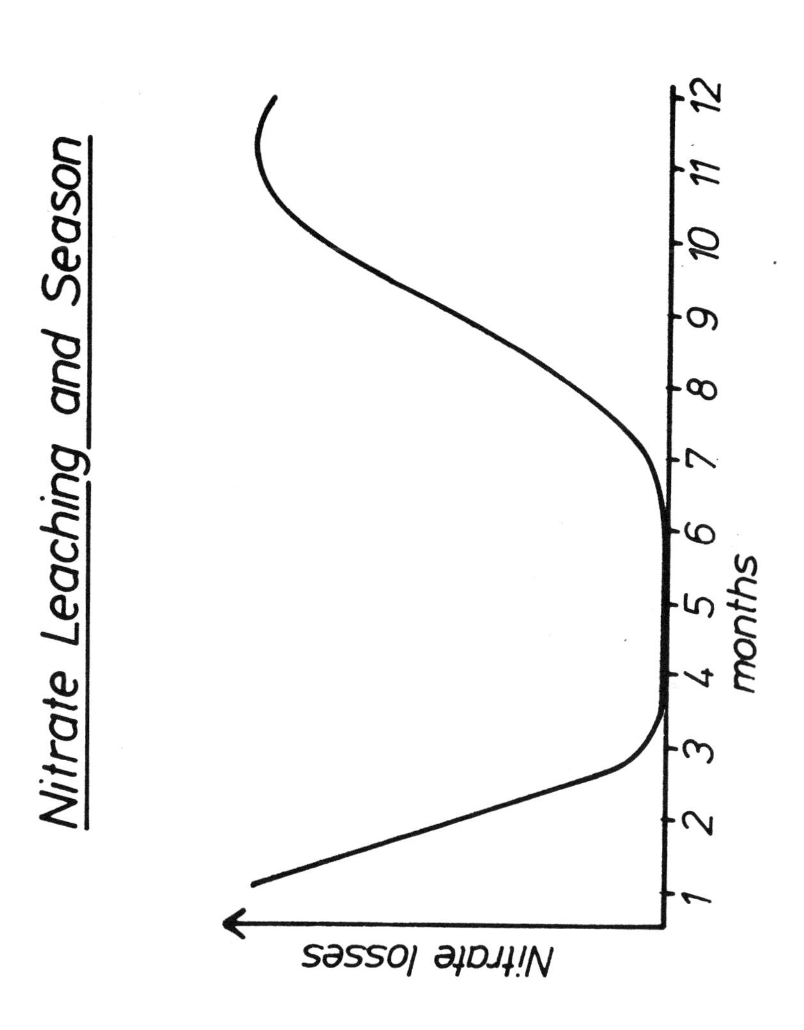
Nitrate Leaching and Season
Nitrate losses
months
1
2
3
4
5
6
7
8
9
10
11
12

Theoretically, nitrogen losses could be substantially reduced by perfectly matching nutrient availability with total nutrient requirements to crops. However, under field conditions this is sometimes difficult to achieve, therefore split application in two or three doses helps a lot

- to adapt nitrogen application better to the plant growth

- to avoid temporarily toxic fertilizer concentrations in the soil solution and

- to reduce potential losses by leaching and volatilization.

However, several fertilizer applications during one season means of course higher labour costs, which is a relevant factor especially in the developed countries.

2. Intercropping is also a very efficient measure to utilize potential mineral rest-N or soil-N nitrified during autumn as long as temperatures are high enough. In this way also natural sources of nitrogen will be used and expensive mineral fertilizers saved.

Straw mulching is another possibility; by doing so, residual fertilizer or manure N will be incorporated into micro-organisms respectively organic matter. In pot experiments (AMBERGER, 1981a) under natural climatic conditions, nitrogen leaching from liquid cattle manure could be reduced drastically by adding straw. However, it has to be realized, that this biologically blocked nitrogen will not be available to plants earlier than in June or July of the next season and must be integrated carefully in the whole rotation system (Table 1).

Thus a proper crop management programme not only renders fertilizer and soil N more effective for crop production and soil fertility, but also avoids ground water pollution by nitrate.

3. Proper placement of fertilizers into the soil next to the roots will avoid undesirable reactions between nutrients and soil as well as a release of volatile resp. soluble products on the one hand, and on the other hand, stimulate root growth and nitrogen uptake. However, surface application of urea or ammonium-containing fertilizers, mainly on a more or less calcareous soil can bring about heavy losses by ammonia volatilization. The microbial catalysis of urea on the soil surface happens very quickly. Therefore, such fertilizers should be incorporated as soon as possible. Under some conditions (for instance a rice crop) a placement of so called urea supergranules into a depth of about 10 centimetres in the soil practically eliminates losses. Also side dressing resp. banding of fertilizers near to the roots will

TABLE 1

N - effect of liquid cattle manure in combination with straw mulch

(pot experiment under field conditions)

application of liquid manure (1.23 g N/pot)	N - leaching during fall-season - mg N/pot - (august to april)		N - removal by rye grass (mg N/pot)	
	without straw	with straw	without straw	with straw
Control	160	15	49	36
August	564	164	68	67
September	434	280	64	58
October	264	109	82	74
March	347	242	50	53

be helpful; such agrotechnical systems are more or less restricted to crops with larger row distances (like maize or sugar beets) and imply also minimum cultivation techniques.

4. Modern fertilizer technology can also improve N-efficiency. Different formulations resp. coatings allow a more and better controlled release and flow of nutrients to the plant roots. Those formulations can be prills, briquettes or granules of different size, partly coated with sulphur (e.g. sulphur coated urea) or plastics in order to retard the dilution process by moisture barriers resp. the aerobical turnover. Also, the development of slow-release N-fertilizers is on this line. These fertilizers consist either of sparingly-soluble material or of organically-combined nitrogen, which will be released by microbial action. The over-all idea is to supply the roots continuously with small quantities of nutrients. The rate of breakdown is mainly determined by the size of surface area exposed and by temperature. Crotonylidendiurea, Isobutylidendiurea, urea form, oxamide etc. are examples. There is a growing interest for these kind of fertilizers, but owing to high prices, their market is still restricted to intensive horticultural crops.

It should not be forgotten either that foliar spray is a most effective way of fertilizer application, because it

- eliminates the interaction resp. competition between fertilizer and soil particles

- reduces the risk of preventing nitrogen uptake by the roots during dry periods and

- minimizes all kinds of nitrogen losses by leaching, denitrification and ammonia volatilization. Thus, foliar sprayed urea - especially when combined with plant protection measures - is not only very effective but also a cheap fertilizing method.

5. In recent years strong efforts and progress have been made to find out and produce substances which are able to inhibit resp. retard the nitrification process or urea catalysis. Some of these nitrification inhibitors are "neem cake" (residue after extraction of oil from the neem seed) (India), dicyandiamide, isothiocyanate, pyrinidine and triazine derivatives etc. Nitrapyrin ("N-Serve") and dicyandiamide ("Didin") are on the market in the United States of America, Europe or Japan. Neem cake coated urea has been applied to rice in India with good results. Nitrapyrin acts at rates of 1-10 ppm of soil. Since it is not water soluble and does not have a high vapour pressure, it is applied either directly to the soil or in combination with anhydrous ammonia. These products have very different physical and chemical properties and a different breakdown rate; however, all of them are more or less specifically inhibiting the first step of the microbial

FIGURE 5

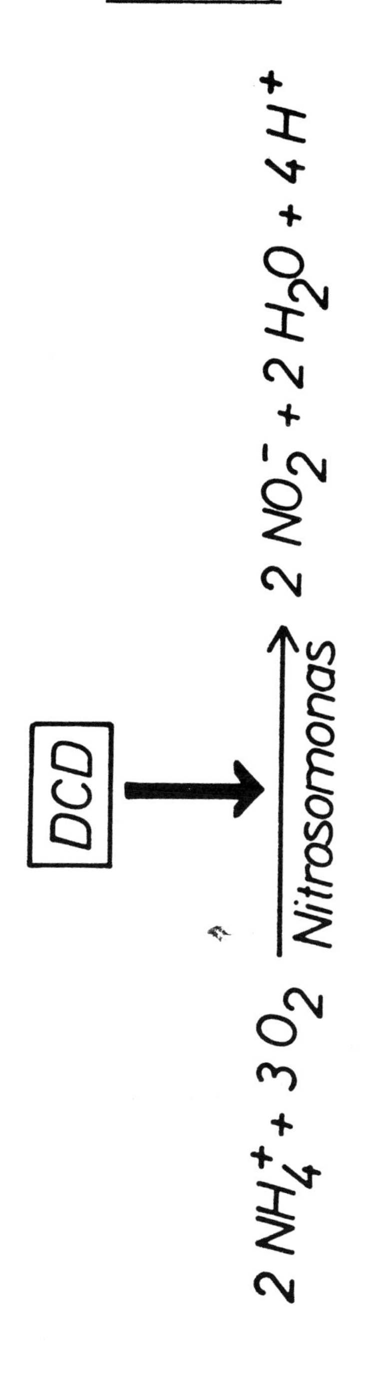

Effect of Nitrification Inhibitor Dicyandiamide
("Didin")
DCD
$2\,NH_4^+ + 3\,O_2 \xrightarrow{Nitrosomonas} 2\,NO_2^- + 2\,H_2O + 4\,H^+$
$2\,NO_2^- + O_2 \xrightarrow{Nitrobacter} 2\,NO_3^-$

FIGURE 6

Metabolism of Dicyandiamide (DCD) under aerobic conditions

Model Experiments: 2 - 3 mg DCD/100 g soil

Temperature: 10 - 15 °C

Results based on N

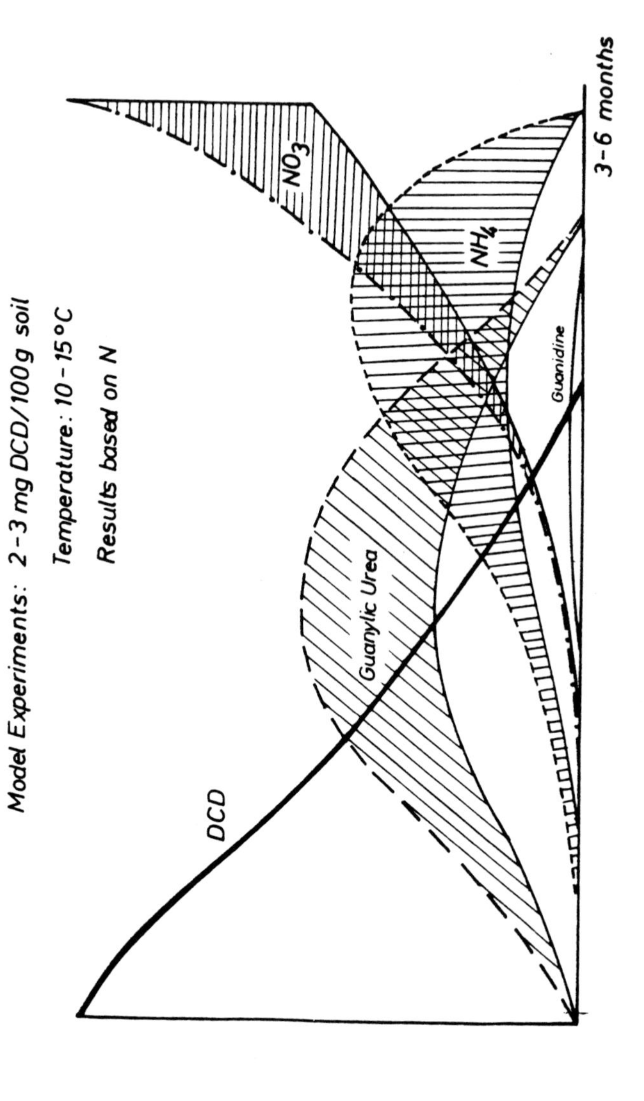

nitrification process. By this way, ammonium will be accumulated and nitrate prevented from being lost by leaching or denitrification (PRASAD et al., 1971; MEISINGER et al., 1980).

Dicyandiamide (DCD) is water soluble and shows also a specific inhibition effect on Nitrosomonas over a period of 2-4 months depending on temperature (VILSMEIER, 1980). In the last six years a lot of work has been done in my institute (VILSMEIER and AMBERGER, 1978; AMBERGER and VILSMEIER, 1979 a; AMBERGER, 1981 a, b, c; GUTSER, 1981; VILSMEIER, 1981 a, b; AMBERGER and VILSMEIER, 1982) to clarify the action as well as the breakdown of this substance and to prove potential applications in agriculture. Here are some results (Figure 5 and Table 2).

The great advantage of dicyandiamide is that it decomposes after a certain time by surface catalysis on iron oxides and - because of its high N-content - behaves finally as a long term fertilizer (Figure 6; VILSMEIER, 1981 a).

Other soil organisms, especially heterotrophic ones, which are mainly responsible for the so-called biological activity or biomass production, are not affected by DCD.

Methods of application

DCD can be blended with basic nitrogen fertilizers like urea, ammonium sulphate etc. at a rate of 1 : 9 (on nitrogen basis). In a pot trial with green rice (AMBERGER and GUTSER, 1978) the losses of N by denitrification were the higher the longer the preincubation period lasted. Urea/DCD resp. ammonium sulphate/DCD compounds showed much lower losses and consequently higher N-uptake compared with the control (Table 3).

In model experiments under aerobic conditions, ^{15}N-urea blended with DCD was nitrified only at 50 per cent within 42 days; and after the following anaerobic period still 61 per cent has been recovered compared with 38 per cent in the control (Figure 7; VILSMEIER and AMBERGER, 1982).

FIGURE 7

Denitrification of ^{15}N Urea (Ur) combined with Dicyandiamide (DCD)

Model Experiments: 100g soil: silty loam, pH 6.5, 1.43% total C, 0.144% total N (Dürnast)
+ 20 mg Ur - N (^{15}N-labelled) ± 2mg DCD-N in solution, 14°C

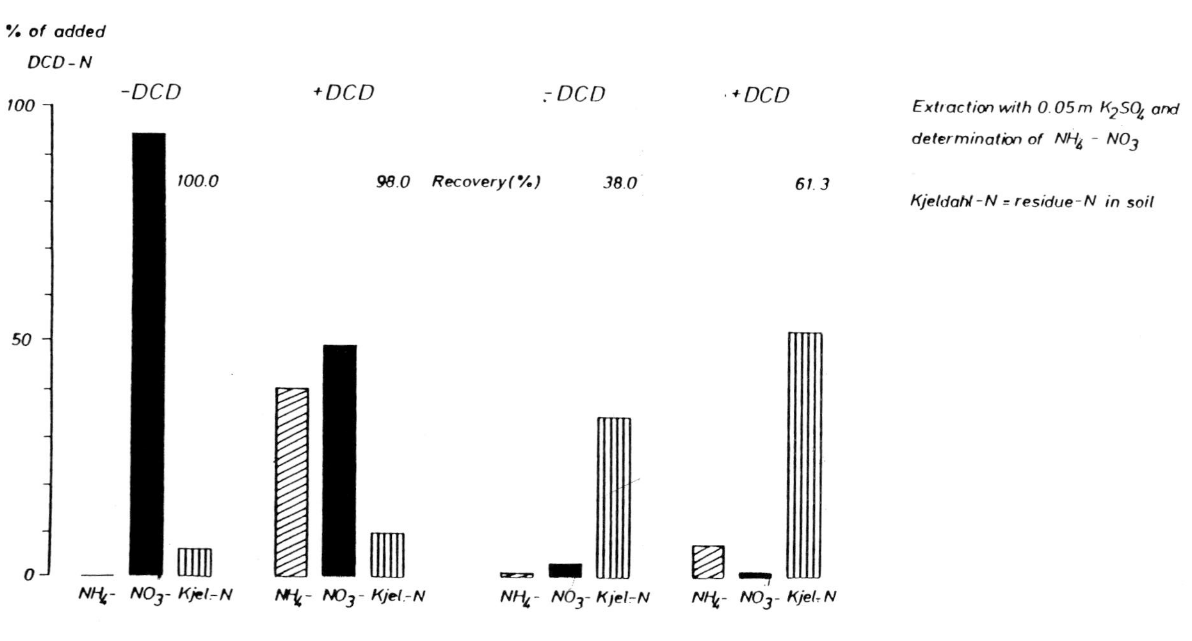

TABLE 2

Turn-over of ^{15}N-Ammonium-Sulfate (AS) and Urea (Ur) combined with Dicyandiamide (DCD)

(in % of added N after 63 days)

Treatment: 100 g soil (uL) pH 6.5
20 mg ^{15}N as AS or Ur ± 2 mg DCD-N
14 °C, 50 % of field capacity

DCD-application	AS		Ur	
	NH_4-N	NO_3-N	NH_4-N	NO_3-N
- DCD	1	89	1	92
+ DCD	75	10	38	68

TABLE 3

Effect of Urea-Dicyandiamide (Ur/DCD) and Ammoniumsulfate-Dicyandiamide (AS/DCD) on N-uptake by green rice

(mg N/pot)

Treatment: pot trial: 10 kg soil (sL), pH 6.1
preincubation: 0-2-4 weeks (aerobic), followed by rice sowing and waterlogging

Preincubation weeks	Ur	Ur/DCD	AS	AS/DCD
0	1273	1316	1672	1623
2	716	1051	984	1156
4	754	1227	908	1226

FIGURE 8

Inhibition of Nitrification from Cattle-Manure (semi-liquid) by DCD in Incubation Trials with Soil

Treatment: 400 g soil (sL, pH 6.5) + 20 g manure + 0, 10, 20 ppm DCD, 14 °C, 50 % of field capacity

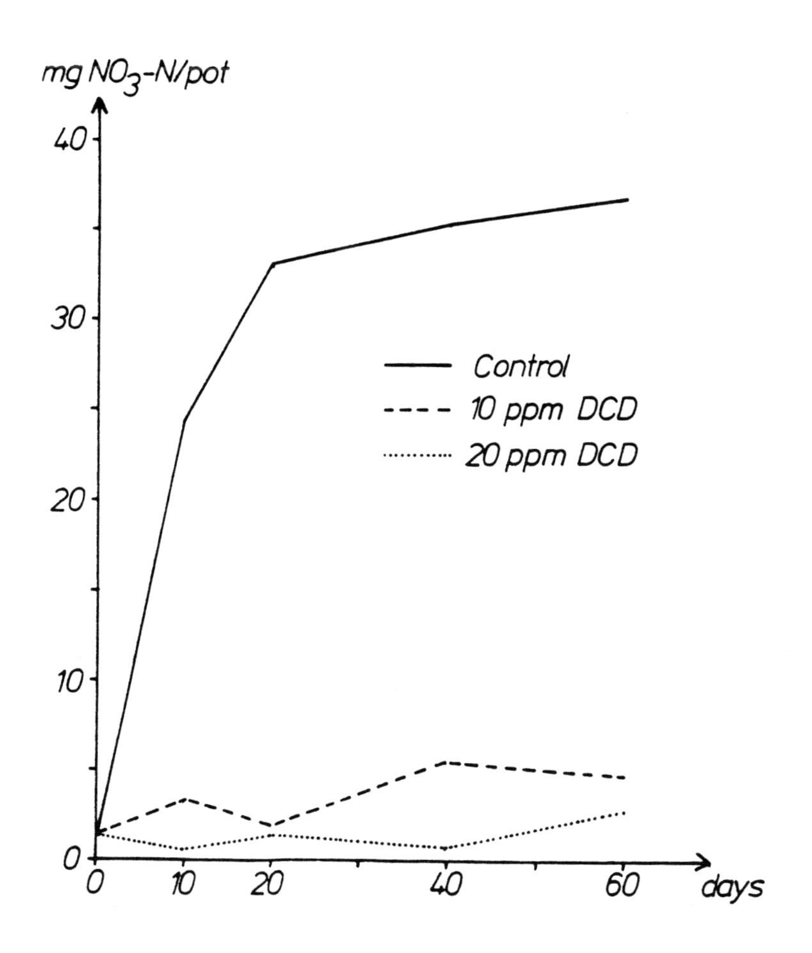

FIGURE 9

Influence of Dicyandiamide ("Didin")-Addition on Yield of Silage Maize as related to Time of Application of Cattle-Manure (semi-liquid)

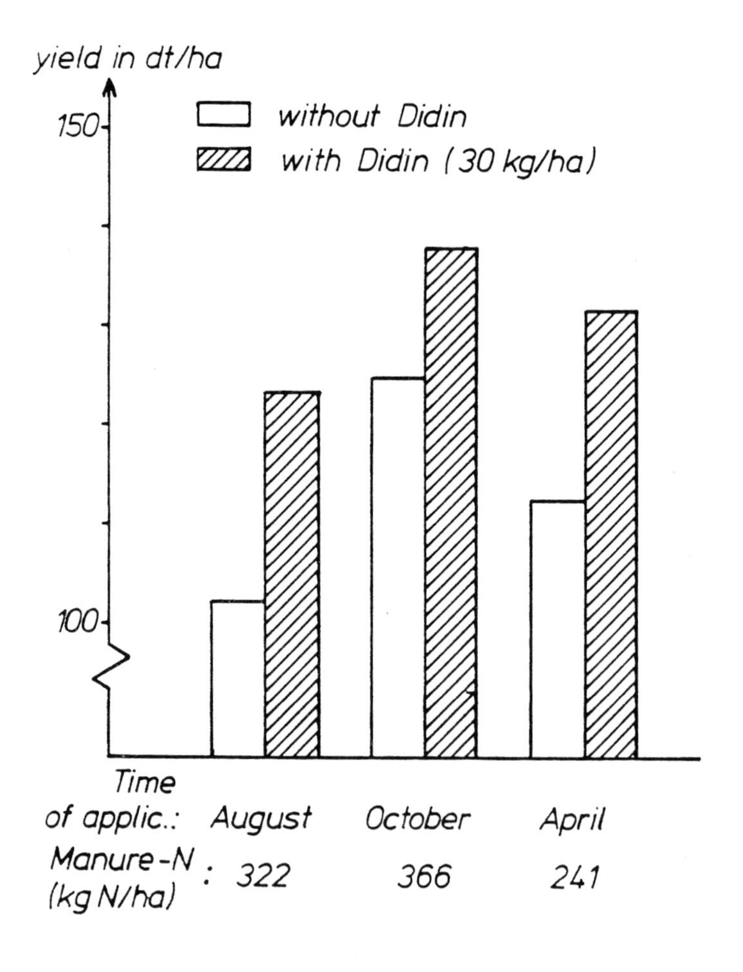

In cereal production, DCD/combinations facilitate dosage and applications of N-fertilizers by combining two application rates into one, thus reducing labour costs while maintaining high yields (Table 4; AMBERGER, 1981 a).

In vegetable crops, high contents of nitrate can be avoided by the use of DCD (KICK and MASSEN, 1973).

In shallow and light soils, where considerable leaching of nitrogen is frequent even during the growing season, DCD combination products can save over-all N-fertilizer while maintaining the same yields (Table 5; AMBERGER, 1981 a).

A new mode of DCD application has been developed by us in adding the nitrification inhibitor to liquid animal manure (AMBERGER, GUTSER and VILSMEIER, 1982 a, b). This waste product contains roughly 50 per cent of total nitrogen as ammonia; however, this will be transformed to nitrate only within one or two weeks depending on temperature. Addition of 15-30 kg dicyandiamide/ha to animal slurry, depending on slurry rate and application time, inhibits the nitrification process considerably (Figure 8; AMBERGER and VILSMEIER, 1979 b).

From a two-year trial under natural climatic conditions it can be seen, that nitrification of slurry N at different times is inhibited considerably resulting in higher yields of the following crop (Table 6 and Figure 9; AMBERGER, 1981 a).

Summarizing all these results, they show that DCD inhibits the conversion of ammonium, whether coming from mineral or organic fertilizers, to nitrate for a certain time and thus decreases nitrogen losses.

More recently, new and very promising research has been carried out to retard the breakdown of urea by urease-inhibitors. These efforts are very important, because urea is one of the most relevant fertilizers especially in the developing countries and the nitrogen losses from this fertilizer are biggest especially in rice production.

TABLE 4

Ammonium-Sulfa-Nitrate (ASN/DCD) applied to Winter-Wheat

(Loess-Brown Earth)

Fert. added kg N/ha stage of devel.				Grain Yield dt/ha (14 % water)
Start of veget.	Tillering	Shooting	Late applic.	
Σ 80	–	–	–	60
Σ 140	30 (CAN)	–	50 (CAN)	75
Σ 140	–	80 (ASN/DCD)	–	76

$\Sigma N_{Soil} + N_{Fert.}$

CAN = Calcium ammonium nitrate

TABLE 5

Ammonium-Sulfa-Nitrate (ASN/DCD) applied to potatoes

(Rendzina east of Munich)

Partitioning: ASN in 4 applications

ASN/DCD in 3 applications

Fertilizer added		green matter dt/ha	starch dt/ha
without N		215	41
200 N	ASN	325	55
	ASN/DCD	354	58
240 N	ASN	326	55
	ASN/DCD	347	56
280 N	ASN	333	54
	ASN/DCD	351	57

TABLE 6

Effect of Cattle-Slurry Nitrogen on Rye Grass Leaching and Removal of N in Pot Trials (mg N/Pot)

Slurry	DCD	N-Leaching 1978/79	N-Removal Veget. 79	N-Leaching 1979/80	N-Removal Veget. 80
August	-	564	68	621	67
August	+(Oct)	131	99	541	102
October	-	264	82	287	67
October	+	83	203	179	82
March	-	347*	50	539*	83
March	+	242*	81	179*	169
LSD 5%		25	10	56	13

* with additional simulation of rainfall

Among other more or less effective substances like 3-aminotriazole, Phenylphosphorodiamidate has proved to be very efficient in a concentration of 1 per cent of urea to prevent hydrolysis of urea and thus gaseous losses of NH_3 in the flood water of rice (MATZEL et al., 1978; VLEK et al., 1980).

SUMMARY AND CONCLUSIONS

Before the background of high energy consumption for the production of N-fertilizers and consequently high fertilizer prices all efforts should be made to improve fertilizer utilization by minimizing nitrogen losses. At farm level, these are nitrate leaching, denitrification and ammonia volatilization.

The efficiency of mineral fertilizer N can be improved by agrotechnical and chemical measures, these are:

- limitation and proper timing (resp. splitting) of mineral fertilizers according to the special need of crops,
- intercropping and straw mulching,
- proper placement,
- new fertilizer technology (formulations, coating, slow release-fertilizers and foliar spray
- nitrification resp. urease inhibitors.

Results from experiments with dicyandiamide, a modern nitrification inhibitor, added to either mineral fertilizers or liquid manure, are demonstrated. By the way of inhibition of nitrification in the soil the nitrate load of ground water can also be reduced.

Literature

AMBERGER, A.: "Einsatz und Auswaschung" von N-Düngemitteln.
Bayer. Landw. Jb. 58, Sh. 1, 80-88, 1981 (a)

AMBERGER, A.: Dicyandiamide as a Nitrification Inhibitor.
Proc. of the Techn. Workshop on Dicyandiamide, Muscle Shoals, Alabama, SKW Trosberg - W. Germany, December 4-5, 3-24, 1981 (b)

AMBERGER, A.: Möglichkeiten des Einsatzes von Dicyandiamid als Nitrifikationshemmstoff in der Pflanzenproduktion.
AID-Informationen 30, Jahrg., Nr. 26, 2-6, 1981 (c)

AMBERGER, A. und GUTSER, R.: Umsatz und Wirkung von Harnstoff-Dicyandiamid-sowie Ammonsulfat-Dicyandiamid-Produkten zu Weidelgras und Reis.
Z. Pflanzenern. u. Bodenkde. 141, 553-566, 1978

AMBERGER, A., GUTSER, R. und VILSMEIER, K.: N-Wirkung von Rindergülle bzw. Jauche mit Dicyandiamid in Feldversuchen.
Z. Pflanzenern. u. Bodenkde. 145, 315-324, 1982 (a)

AMBERGER, A., GUTSER, R. und VILSMEIER, K.: N-Wirkung von Rindergülle unter Zusatz von Dicyandiamid bzw. Stroh in Gefäss- und Lysimeterversuchen.
Z. Pflanzenern. u. Bodenkde. 145, 337-346, 1982 (b)

AMBERGER, A. und VILSMEIER, K.: Versuche zur Wirkung von Cyanamid, Dicyandiamid, Guanylharnstoff, Guanidin und Nitrit auf die Ureaseaktivität.
Landw. Forsch. 32, 409-415, 1979 (a)

AMBERGER, A. und VILSMEIER, K.: Hemmung der Nitrifikation des Güllestickstoffs durch Dicyandiamid.
Z. Acker- u. Pflanzenbau 148, 239-246, 1979 (b)

AMBERGER, A. und VILSMEIER, K.: Umsatz von ^{15}N-Harnstoff und ^{15}N-Ammonsulfatsalpeter mit Zusatz von Dicyandiamid unter aeroben Bedingungen im Boden.
Z. Pflanzenern. u. Bodenkde. 145, 538-544, 1982

GUTSER, R.: Gefäss- und Feldversuche zur N-Wirkung von Gülle mit Dicyandiamid ("Didin").
Bayer. Landw. Jb. 58, 872-879, 1981

KICK, H. und MASSEN, G. G.: Der Einfluss von Dicyandiamid und N-Serve in Verbindung mit Ammoniumsulfat auf Nitrat und Ozalsäuregehalt von Spinat.
Z. Pflanzenern. u. Bodenkde. 135, 220-225, 1973

LAEHDER, A. D. and GRACE, W. R.: Ammonia market balanced, but oversupply seems likely as Soviets gear up capacity.
Chem. Marketing Rep. 25.05.1981

MATZEL, W., HEBER, R., ACKERMANN, W. und TESKE, W.: Ammoniumverluste bei Harnstoffdüngung.
3. Beeinflussung der Ammoniumverflüchtigung durch Ureasehemmer.
Arch. Acker- u. Pflanzenbau u. Bodenkde. 22, 185-191, 1978

MEISINGER, J. J., RANDALL, G. W., and VOTOSH, M. L.: Nitrification Inhibitors - Potentials and Limitations.
ASA Special Publication No. 38, Amer. Soc. of Agron. a. Soil Sci. of Amer., Madison/Wisconsin USA, 1980

PRASAD, R., RAJALE, G. B. and LAKHDIVE, B. A.: Nitrification retarders and slow release nitrogen fertilizers.
Adv. in Agron. 23, 337-383, 1971

VILSMEIER, K.: Dicyandiamidabbau im Boden in Abhängigkeit von der Temperatur.
Z. Pflanzenern. u. Bodenkde. 143, 113-118, 1980

VILSMEIER, K.: Action and Degradation of Dicyandiamide in Soils.
Proc. of the Techn. Workshop on Dicyandiamide, Muscle Shoals, Alabama SKW Trostberg - W. Germany, December 4-5, 18-24, 1981 (a)

VILSMEIER, K.: Modellversuche zur nitrifikationshemmenden Wirkung von Dicyandiamid ("Didin").
Bayer. Landw. Jb. 58, 853-857, 1981 (b)

VILSMEIER, K. und AMBERGER, A.: Modell- und Gefässversuche zur nitrifikationshemmenden Wirkung von Dicyandiamid.
Landw. Forsch. Sh. 35, 243-248, Kongressband 1978

VILSMEIER, K. und AMBERGER, A.: Umsatz von ^{15}N-Harnstoff und ^{15}N-Ammonsulfatsalpeter mit Zusatz von Dicyandiamid unter anaeroben Bedingungen im Boden.
Z. Pflanzenern. u. Bodenkde. 145, 545-548, 1982

VLEK. P. L. G. and CRASWELL, E. T.: Effect of Nitrogen Source and Management on Ammonia Volatilization Losses from Flooded Rice-Soil Systems.
Soil Sci. Soc. of Amer. J. 43, 352-358, 1979

VLEK, P. L. G. and STUMPE, J. M.: Effects of Solution Chemistry and Environmental Conditions on Ammonia Volatilization Losses from Aqueous Systems.
Soil Sci. Soc. of Amer. J., 42, 416-421, 1978

VLEK, P. L. G., STUMPE, J. M. and BYRNES, B. H.: Urease activity and inhibition in flooded soil systems. Fertilizer Rs. 1, 191-202, 1980

MOYENS PERMETTANT DE CONTROLER LA DISPONIBILITE, LE CYCLE ET LES PERTES D'ENGRAIS MINERAUX AZOTES DANS LES SOLS

A. Amberger, Institut de phytonutrition,
Université technique de Munich, République fédérale d'Allemagne

RESUME

L'énergie consommée pour la production d'engrais azotés compte pour 40 % dans le total de la consommation d'énergie de l'agriculture. Le renchérissement de l'énergie a entraîné celui des engrais azotés minéraux. Toutefois la stagnation des prix à la production des produits agricoles plaide en faveur d'une utilisation plus économique des engrais azotés en vue d'améliorer l'efficacité de la fertilisation en réduisant les pertes d'azote et, en même temps, d'alléger la charge des eaux souterraines en nitrates.

Les pertes d'azote proviennent surtout :

- de la volatilisation de l'ammoniaque, notamment dans le cas des engrais uréiques et ammoniacaux;
- du lessivage des nitrates et de la dénitrification.

L'efficacité des engrais azotés minéraux peut être améliorée par les moyens agrotechniques et les moyens chimiques ci-après :

1. limitation des apports d'engrais minéraux et dates d'apport (échelonnement) adaptées aux besoins spécifiques des cultures;
2. distribution optimale dans le sol pour éviter les pertes gazeuses;
3. utilisation des engrais azotés restés dans le sol après la récolte principale, par des cultures intercalaires ou un 'blocage biologique' à l'aide de paillis qui empêchent le lessivage de l'azote pendant l'hiver;
4. modes d'application appropriés (en granulés, en supergranulés, en couverture);
5. utilisation d'engrais à action lente;
6. adjonction d'inhibiteurs de nitrification et/ou d'inhibiteurs d'uréase aux engrais minéraux ou au lisier afin de conserver l'azote sous sa forme stable (d'ammoniaque ou d'urée) pour la prochaine récolte.

Toutes ces mesures ont pour objet d'améliorer l'utilisation des engrais minéraux coûteux et de réduire la charge en nitrates des eaux souterraines.

THE EFFICIENT USE OF FERTILIZER NUTRIENTS AS INFLUENCED BY SOIL TESTING. APPLICATION TECHNIQUE AND TIMING

Prof. D. Sauerbeck and Dr. F. Timmermann,
Institute of Plant Nutrition and Soil
Science of the Federal AGricultural
Research Centre (FAL)
Federal Republic of Germany

1. Introduction

Due to the tremendous price increases for energy and raw materials, fertilizer production costs have risen considerably throughout the world. Up to now, however, our fertilizer market did not yet fully reflect this. The world economy situation presently favours large fertilizer imports into our relatively currency-stable country at prices with which our local industry cannot compete. However, it would be unrealistic to expect that this external competition could continue indefinitely. As soon as the world economy hopefully improves, these dumping phenomena will probably disappear and enable the local producers to cover their real expenses.

Besides the mineral fertilizers, other expenses for farming requirements such as fuel, machinery and agrochemicals have also considerably risen, whereas the prices for agricultural products have stagnated or were only insufficiently increased. So far, our agriculture is trying to meet this unfavourable price-cost situation, not by reducing its production level but rather by aiming to verify the local yield potential as far as possible. This more than ever before enforces us to make the most economical use of both the existing internal resources and of the external inputs required.

Agricultural chemistry and agronomy have to contribute their share in this struggle e.g. by predicting more precisely the actual fertilizer requirements. This can be done through an improved knowledge of the available soil nutrient pool on the one hand and of the individual crop needs on the other. In addition, a split application of fertilizers, better timing and a more sophisticated application technique are also expected to meet better the nutrient requirements of our high-yielding crops.

Apart from these economic considerations an improved fertilizer utilization is also most highly desirable for ecological reasons to minimize losses from agricultural systems. There are environmentally justified pleas to limit the fertilizer consumption to the very minimum which is required to maintain good yields, without running the risks of dangerous nitrate leaching into the ground water or of the eutrophication of surface waters by erosion from intensely farmed soils.

This paper explains the steps which have been or which can be taken in the Federal Republic of Germany towards this aim.

2. Approaches for a more requirement-oriented nitrogen fertilization

The particular importance of a plant-need oriented and correctly measured nitrogen fertilization results from the outstanding influence which this main plant nutrient exerts on both crop yield and crop quality, as well as on the farming economy and on the environment. Contrary to phosphorus and potassium, the optimum range for the plant-available nitrogen in soils is much narrower, so that even small differences in the amounts applied may result in either yield or quality losses, and in the case of overfertilization also in a potential risk to the ground water due to the nitrate leached. The economic optimum range for nitrogen fertilization is rather small also for the simple reason that this particular plant nutrient is by far the most expensive one.

The main difficulty of a correct nitrogen fertilization is the fact that most of the soil nitrogen is in an unavailable organic form which requires mineralization before it can be used by the plants. The microbial processes governing this decomposition depend on a great many of constantly changing and therefore hardly predictable factors like weather condition, soil tillage status, crop rotation and organic manuring. As a result, the soil nitrogen supply varies within a wide range from year to year, from crop to crop and from one field to the other. Empirical estimates and conventional balance calculations as a basis of fertilizer predictions are, therefore, subject to a lot of inherent uncertainties.

In order to quantify the nutrient requirement and to divide the mineral nitrogen fertilization into appropriate split applications, it has turned out very useful to distinguish (at least conceptually) between the mineral nitrogen content of a soil at the time of its fertilization in spring and its additional nitrogen mineralization during the following growth period. A number of analytical and empirical methods have been developed for this purpose which shall now be discussed.

2.1 The mineral N-measurements in spring

To quantify the mineral nitrogen content of soils is the purpose of the "N_{min} method" which has been introduced and further developed in the Federal Republic of Germany by WEHRMANN et al. (1981). It measures the total amount of nitrate and ammonia nitrogen within the rooted soil profile down to 90 cm depth and assumes this mineral nitrogen to be fully available. WEHRMANN himself has described this method and its evaluation at the previous ECE meeting four years ago (1979). Meanwhile its applicability has been tested in numerous field trials throughout our country and evaluated as to the optimum nitrogen supply (N_{min} in soil plus N-fertilization) for different crops with the main emphasis on winter cereals and on sugar beets (table 1).

Evaluation of the N_{min}-method for crops on deep soils (Wehrmann and Scharpf 1982)

crop	soil analysis: time	soil analysis: soil depth cm	sum N_{min} in soil+N-appl.,kg/ha: spring applic.	sum N_{min} in soil+N-appl.,kg/ha: total N supply incl. top dressings	remarks
winter wheat	Feb./March	90	120*	200	*dressings of
winter barley	" "	90	100*	160	more than
winter rye	" "	90	80*	140	80 kg to be
oat		90		100	splitted
sugar beet	March, May	90	220 Mar.	220 May	prelim.recomm.
potato	May/June	60	160/250		160 on sands
cabbage	} time of	90		350	if necessary
cauliflower	planting	90		250***	splitted
spinach	} time of	60		250***	
pea	sowing	30		80	***100 kg of
bean		60		140***	it in 0-30cm
lettuce	} time of	30		90	
celery	planting	60		220/200	split if nec.
strawberry	April	60		80	

Table 1

Most of these experiments confirmed the earlier data of WEHRMANN et al. (1977, 1979) obtained on the deep penetrable loessian soils of Lower Saxony (Heyn 1982, Schweiger 1982, Becker 1982, Gutser et al. 1980, Hege 1982). The individual results, however, indicate a considerable differentiation. As an example, a large number of 3-year experiments on deep Bavarian cambisols indicated the average optimum levels of nitrogen in spring for winter wheat to be somewhere between 100 and 140 kg N/ha. The individual variability was, however, even larger. Among other factors, the actual requirement depended on the preceding crop, the organic manuring and the nitrogen potential of the local soils, as well as on the weather and soil conditions during the particular year (figure 1).

This actually means that for climatically different areas and/or for heterogeneous soils the nitrogen fertilization cannot be based on just one average N_{min} suggestion. The recommendable level does not only vary from place to place and from year to year. Even with different varieties of the same crop a considerable variability of the nitrogen requirement for the economical optimum yields has been found (Hege 1982).

An additional drawback are the organizational difficulties to sample and to analyse a very large number of fields down to 90 cm depth within a short time period in early spring. In order to overcome this technical problem and at the same time to reduce the deterring costs, several states of the Federal Republic of Germany have established a regional N_{min} test-field programme. This consists of a regular monitoring of the mineral nitrogen contents of representative fields during winter and spring. The results are compared with the corresponding data and experience from previous years and may thus enable more reliable nitrogen recommendations for the particular area concerned. However, although this approach certainly holds some promise, the mineral nitrogen contents in spring can be only one criterion among many others and should never be interpreted without a good background of local farming experience.

2.2 The quick-test for nitrate in plants

In addition to the before mentioned nitrogen fertilization in spring, most winter cereals in the Federal Republic of Germany receive an additional nitrogen treatment at later stages. The correct times and amounts for this topdressing can, however, not be sufficiently assessed from the N_{min} measurements in early spring. So far as local experience allows an approximate grain yield prediction, 1 kg nitrogen is recommended at the time of ear appearance for each dt of grain.

More recently WOLLRING et al. (1981) have introduced a promising new analytical criterion which is the nitrate content of the lower culm shortly before fertilization. The method is based on a colour intensity

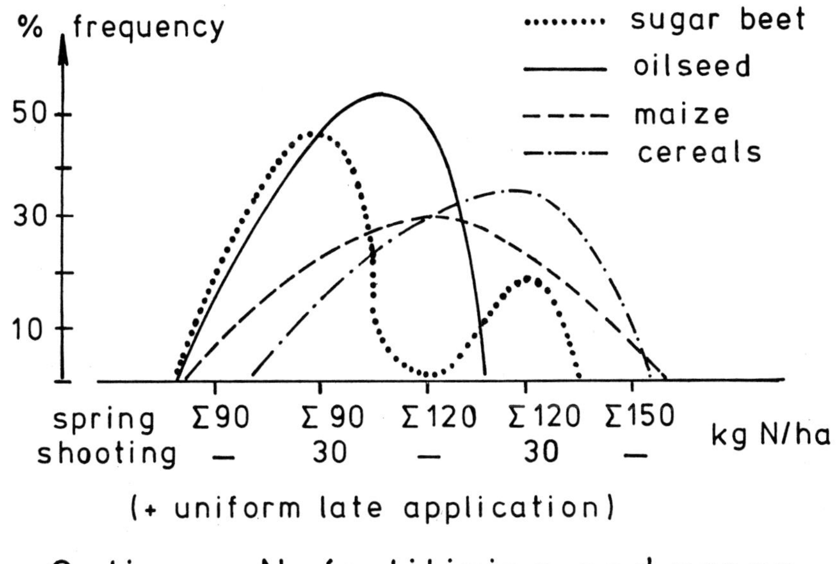

Optimum N-fertilizing and preceding crop. (1976 to 1978, 39 trials)

Figure 1

test which can be simply performed on the field. Using an appropriate colour scale, the actual nitrogen requirement can be assessed from the figures suggested in table 2. This possibility has aroused a remarkable interest among farmers and may become a most useful tool in order to get away from the former rough guesses as far as the actual late nitrogen requirements are concerned.

2.3 N-fertilization rates based on crop observations

Another more agronomy-related fertilization scheme has now gained an increasing interest among advanced German farmers within their concept of integrated production. As can be seen from table 3, this system is essentially based on the observed density and appearance of the crop plants themselves in the field, with additional reference to the assessed or measured mineral soil nitrogen content in spring. The big advantage of this empirical approach is that farmers are forced to use their own critical judgement in order to develop their crops, which besides optimized yields may also result in a reduced fungicide requirement. Contrary to the before mentioned N_{min}-based recommendations, the initial spring nitrogen dose is somewhat lower here in order to minimize the risks of diseases and of lodging.

In experimental comparisons, however, the practical differences between both methods concerning the nitrogen amounts required and the yields obtained were usually small (Becker 1982, Schweiger 1982). Nevertheless it can be safely anticipated that the consideration of as many factors as possible will eventually further improve the precision of nitrogen fertilizer predictions. Modern computerized advisory systems are being or have already been established in several of our Laender. These can take into consideration theoretically an almost unlimited number of individual factors in multiple correlations, so as to calculate the optimum plant nutrient supply in all possible fertilization systems (Braun 1980, VDLK 1982).

2.4 Splitting of N-fertilizer dressings and foliar applications

As already mentioned, the intensive grain crop farming under German climatic and soil conditions requires a splitting of the nitrogen fertilization into 2-4 consecutive applications. Very late dressings usually do not influence yields any more but have been shown to improve both the protein content and the baking quality of feed and of wheat grain respectively.

Additional foliar sprays with urea and ammonium-nitrate or with specially offered mixtures for leaf application are also sometimes recommended and used. The intention behind this is to overcome transient weather- and soil-induced shortages and stress situations which may e.g. occur after pesticide treatments. However, in order to avoid damages to the plant flag leaves and ears, the concentrations

N-recommendation (kg N/ha) based on a quick test for the nitrate content in winter wheat plants (Wehrmann and Scharpf 1982)

colour intensity shortly before fertilization	0 - 1	1 - 2	2 - 3
shooting stage (30-39)	50 - 40	40 - 20	20 - 0
ear formation (49-51)	90 - 60	60 - 30	30 - 0

Table 2

Nitrogen recommendation according to crop density and appearance (Heyland 1980)

					Remarks
N_1	plant density	250 pl./m²	325 pl./m²	400 pl./m²	
	kg N/ha	60	40	20	+ 5 kg/ha per week after 1 March - N in liquid manure
	time	before growth starts			
N_2	plant appearance	uniform large shoots	few small tillers	uneven, heavy tillering	*) at 60-70 dt/ha grain yield 2/3 correspond to about 140 kg N/ha
	fertilization time	end of tillering	start of shooting	1-2 node stage	**) corr. to the difference between fertilization and uptake in the rotation or to the N_{min}-content from 0 - 90 cm depth + $N_{org.}$ from manure
	N-amount	2/3 of total requirement acc. to yield expectance*) minus mineral soil N**) and first fertilizer addition			
N_3	expected crop density	475 ears/m²	550 ears/m²	600 ears/m²	*) amount to be corrected acc. to N-balance and yield expectation, 1/3 of total requirement, e.g. at 60-70 dt grain/ha and 550 ears/m² about 60 kg N/ha
	kg N/ha	90*)	60*)	30*)	
	time	before ear appearance			

Table 3

known to be safe as well the appropriate techniques and application times have to be carefully observed. It remains to be seen whether such complimentary spray fertilizations can be generally advocated indeed. Usually its beneficial effects are difficult to ascertain, and since the prices for nitrogen have become so large its use as a safeguard treatment may not be justified any more.

2.5 Assessing the N-requirement of sugar beets

Next to cereals, sugar beets have become the most common crop in the Federal Republic of Germany. An appropriate nitrogen supply for this plant is of particular importance not only to ensure good yields but increasingly also to maintain an optimum quality. Since the beet leaves are frequently not used as animal feed any more, the pure sugar yields obtained from the beets have become the main criterion, and this requires a particularly careful assessment of the actual nitrogen requirement.

Because of their comparatively late development sugar beets do not depend as much on the initial nitrogen supply in early spring as cereals do. Due to this fact, a considerable proportion of the N_{min} originally present in the soil may still get leached by the precipitations from March to May. On the other hand, soils with a high native nitrogen content or after heavy manurial treatments and nitrogen-rich preceding crops may have already mobilized large amounts of additional nitrogen until May. This is the reason why an additional late N_{min} determination is sometimes suggested for sugar beet soils (figure 2). The agricultural practice, however, provided that it makes use of the N_{min} determination at all, almost exclusively relies on the earlier date in order to account for the existing soil nitrogen pool right at the beginning. Also a number of problems arising from later samplings and the danger of N_{min}-changes in samples obtained and transported at higher temperatures do not make such a second N_{min} determination very attractive.

As far as the results from the earlier sampling time are concerned, the average nitrogen supply (N_{min} in soil + N-fertilization) recommendable for optimum sugar yields was found to range between 180 and 220 kg/ha. The lower value applies to the heavier and the higher one to the lighter soils. Just as with the cereal crops, however, these values should not be considered as absolutely dependable constancies, but may vary considerably both up and down according to the local factors like soil, weather, organic manuring, and preceding crops (V. Müller 1982).

There is little doubt that especially sugar beets in the Federal Republic of Germany are often exposed to too much available nitrogen. This happens especially on farms using a lot of liquid manure, and it all the more confirms the necessity of more reliable nitrogen availability predictions in order to assess the additional fertilizer

Approaches to find out the N-requirement of sugar beets (Winner 1979)

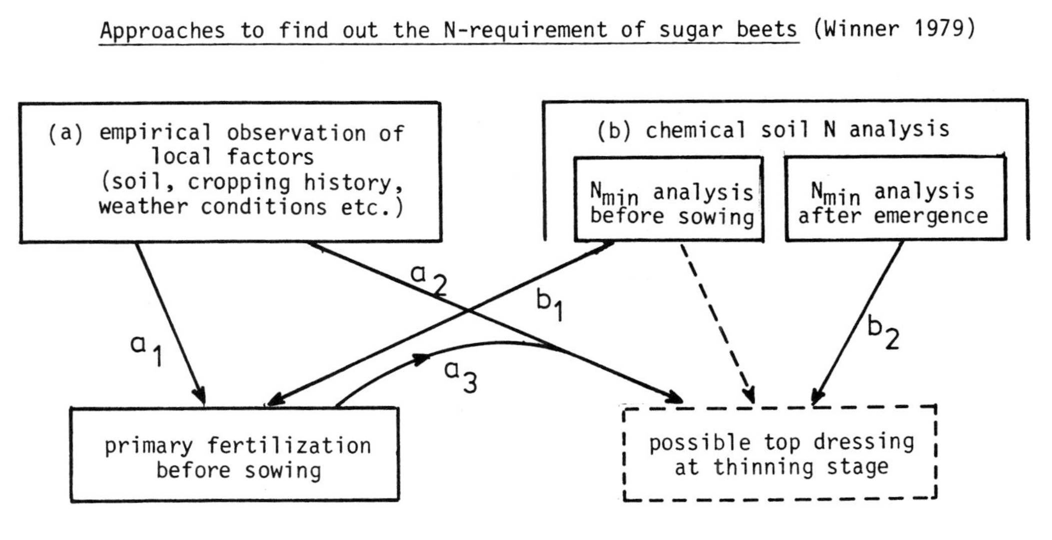

a_1 basis for higher or lower primary application

a_2/a_3 to be considered for possible top dressing rates

b_1 if the empirical base is uncertain

b_2 as a control wheather total supply is sufficient

Figure 2

requirement accordingly. Consequently it must be stated that in spite of a number of promising improvements the nitrogen fertilization still remains the most difficult, most costly and most critical step in practical farming which continues to deserve the most careful observation.

3. P- and K-fertilization based on soil tests and plant analysis

Contrary to the more recently developed soil-N_{min} determinations, the "available" soil contents of P and K have been measured and monitored in the Federal Republic of Germany already for a very long time. A number of methodical alterations especially in the extractants for P have been introduced during this time in order to improve its reliability as a basis for fertilizer recommendation. The crucial criterion for the precision of such recommendations, however, are long standing field trials in as many representative areas as possible, and exactly this information is still insufficiently available.

Due to the different soils to be analysed and the various methods used, all soil test laboratories of the Federal Republic of Germany have now agreed to evaluate their results according to the same general classification scheme. Instead of fixed numerical values, the reference base for this conventional 5-step scheme is the intermediate class "C" at which average dressings of P and K are sufficient to make up for the plant uptake and to maintain optimum yields. If this and the fully sufficient class "E" have been fixed for the particular soil area and method concerned, the intermediate and lower soil nutrient classes can be numerically derived by interpolation. Class "C" is the average soil nutrient level which should be adjusted and held by correspondingly increased or reduced fertilization (table 4).

Just like the N_{min} data already mentioned, any numerical P and K soil values require the consideration of many additional factors in order to form the background for practical recommendations. These factorial relationships are indicated in table 5 and show that a great many of ecological, chemical, physical, and agronomical criteria have to be taken into consideration in order to convert the general soil content classes into the location-specific nutrient supply stages which are required for practical interpretations. Such comprehensive and locally differentiated informations, however, are still hard to obtain and require a lot of specified field experimentation.

Meanwhile, an analysis of the crop plants themselves can in many cases give supplementary or representative information about the nutrient status of these plants and indirectly also of that of the soil bearing such crops. The particular advantage of plant analysis over soil tests lies in the fact that the critical nutrient contents of plants are fairly constant and universally applicable independently from the individual soil on which they grow. An essential and not always easily met prerequisite for representative results is, however the sampling of

Classification scheme for chemical soil tests and fertilizer requirements (VDLUFA 1979)

soil class	fertilization intensity
A	strongly increased fertilization
B	increased fertilization
C	maintenance fertilization
D	1/2 of maintenance dose
E	no fertilization required

Table 4

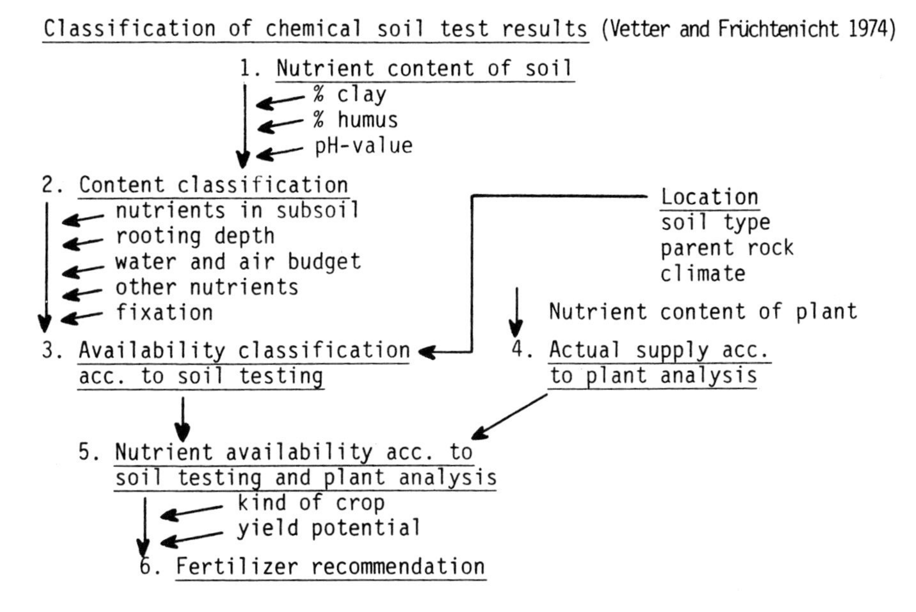

Table 5

comparable plants and plant parts at representative growth stages. Moreover, the plant nutrient balance may be considerably upset if more than just one factor is limiting, so that the interpretation is not always simple. Hence, although tables for critical plant nutrient content are available in the Federal Republic of Germany (Finck 1979), the use of this tool as an aid in fertilization is as yet rather limited.

4. Plant nutrient status of soils and average fertilizer consumption

During the early 1950s more than 70 per cent of all tested soils in the Federal Republic of Germany had an unsatisfactory plant nutrient content (Riehm 1959). During the following two decades, however, most of these soils have become gradually enriched with both P and K as a consequence of high fertilization rates which greatly exceeded the actual plant needs (Wiechens 1980, Hildebrand 1980). This did not only result in short-dated considerable plant yield increments but also in a long lasting increase in soil fertility.

As figure 3 shows at the end of the 1960s more than one half of all field soils in the Federal Republic of Germany could thus be considered high in phosphorus and two thirds quite high in potassium. There was a concomitant decrease in medium and especially in the low-content soils. After this pronounced enrichment period the P and K consumption has more or less consolidated, so that the soil nutrient contents remained fairly constant within the limits of statistical variation. Contrary to P and K, however, figure 4 shows that the nitrogen consumption continued to increase considerably later on.

Without coming back at this point to the problems of an appropriate soil test classification and interpretation, it should at least be noted that statistically we still have a considerable percentage of soils (especially on grassland) with an inadequate nutrient supply. Theoretically many such soils could be expected to give better yields if they were fertilized accordingly. In practice we may assume, however, that part of these soils are in the hands of farmers who were and are not very open to scientific advice. In such low-intensity farms, the soil nutrient contents are often just symptomatic for an incorrect handling of other yield-determining factors as well. As long as such shortcomings include poor rotations, mistakes in soil tillage, inferior seeds and plant protection measures or even extremely low pH-values, an increased P and K level will not do much good unless the other limits are overcome first.

Realizing this certainly regrettable proportion of insufficiently supplied soils on the one hand, one should by no means overlook the fact that an equally large and economically much more important percentage has already surpassed the recommendable nutrient content of class "C" on the other. For these very rich class "D" or even class "E" soils it

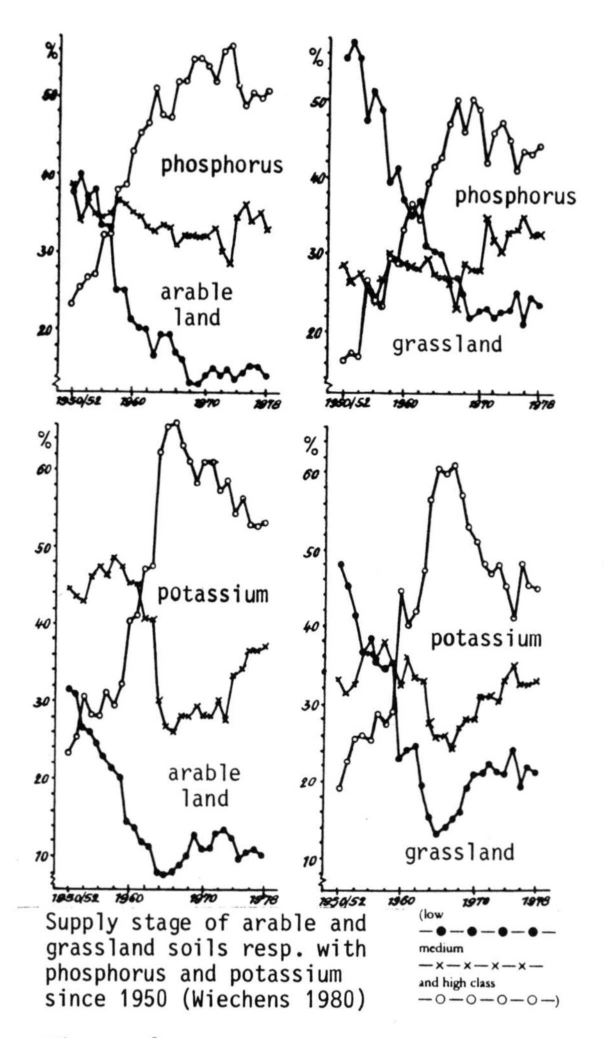

Supply stage of arable and grassland soils resp. with phosphorus and potassium since 1950 (Wiechens 1980)

Figure 3

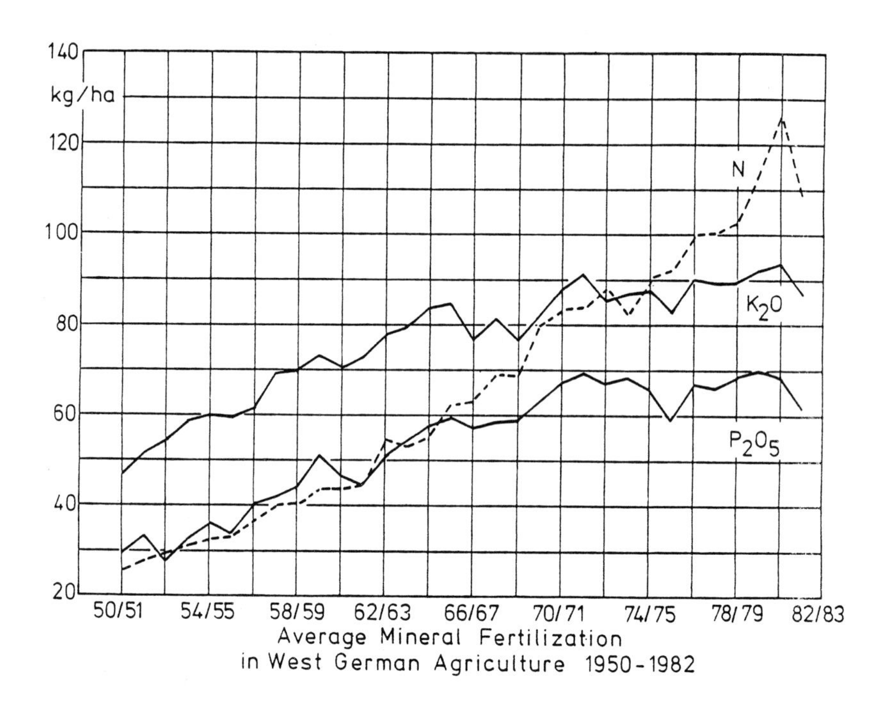
140
kg/ha
120
100
80
60
40
20
N
K_2O
P_2O_5
50/51
54/55
58/59
62/63
66/67
70/71
74/75
78/79
82/83
Average Mineral Fertilization
in West German Agriculture 1950-1982

Figure 4

should be questioned whether a regular fertilization above the minimum plant uptake as recommended particularly for phosphorus is still useful and justified. There is good reason for the assumption that the P and K dressings may be safely reduced on a great many of soils to a level which does not more than just compensate for the amounts taken up and removed.

5. Measures to increase the P-availability in soils

Most of the native phosphorus in soils is fixed there in unavailable forms. Also the fertilizer phosphorus becomes inevitably retrograded and converted in soils with time and even the amounts classified as "available" by most soil testing methods are not directly soluble. This causes the long-standing question of how the nutrient mobility in soils and the fertilizer efficiency, especially of phosphorus, can be improved.

A long-proven appropriate measure for this purpose has always been the adjustment of optimum pH-values by lime. This has not sufficiently been noticed in the Federal Republic of Germany any more during the last 10 or 15 years and should therefore be recalled. The highly reactive silica from blast-furnace and basic slag may locally serve the same purpose, but the most important factor is an organic matter supply sufficient to maintain and increase the biological activity in farmed soils.

This also stabilizes the soil structure and improves soil aeration, which in turn enables deep-rooting leguminous and cruciferous plants to better explore the soil and to obtain phosphorus from deeper soil layers (Scheffer *et al*. 1977, Munk 1980). There is little doubt that this well-known old practice has been occasionally neglected to some extent during the past times of cheap and readily available mineral fertilizers.

6. Improving the efficiency of the P-fertilization

An increased efficiency of fertilizer phosphorus can be reached only with forms and application methods which retard the immobilization in soils. Using water soluble phosphates this should be aimed at by reducing the fertilizer surfaces which may react with the soil and by minimizing the reaction time between soil and fertilizer phosphorous before its uptake by plants. The usual granulation of soluble phosphates, although originally performed for technical reasons, has also some advantage in this respect. Additional possibilities are at hand by localizing the phosphorus near to the plant roots, which can be done e.g. by deep, row, band or side-band placements and by combined drilling or local injection techniques.

If this concept is principally accepted, the formerly preferred basal or periodic applications of phosphorus should also be reconsidered as to whether these are in fact the most efficient and plant requirement-oriented ways of fertilization. There can be no doubt that the main phosphorus uptake occurs during a relatively limited period of time within the growth season, preferable in spring and in early summer. Moreover, the phosphorus absorption by roots precedes the actual plant development, so that the comparatively large requirement at this early stage may be covered best by localized applications into the then still limited space of root exploration. This also enables a sufficient phosphorus supply during cool spring periods where both the phosphorus release from the soil and the rate of uptake by roots are still rather limited.

Another point to be considered is that our present high-yielding crops produce considerably more plant material per unit of time. The nutrient requirements of such crops have risen accordingly. The phosphorus uptake of e.g. cereals during the period of their most rapid growth amounts to 2-3 kg P_2O_5/ha per day (Munk 1981). In order to ensure such uptake rates of 40-60 kg P_2O_5 within only three weeks, our phosphorus fertilization techniques have to be adjusted accordingly. Even on soils having relatively high contents of phosphorus, some efforts appear worthwhile to apply the regular maintenance additions somewhat more timely and in a more efficient way (Timmermann 1981). Some examples of our own experimental experience are given as follows.

6.1 Deep-placement of phosphorus to maize

The above-mentioned possibilities of localized deep, band or seed-hole placements of phosphorus are most feasible in row crops like corn, beets and potatoes. Good experiences have been made in particular with ammonium phosphate to maize in climatically disadvantaged areas (Finger 1972, Amberger 1976). The yield increases obtained resulted primarily from the improved growth in early stages, during which placed fertilizer additions may give the plants an advantage of just a few days over those grown on other plots which have been broadcast. In more advanced growth stages maize plant roots are fully able to explore their soils, so that the visible initial differences between treatments frequently disappear later on (Knauer 1966).

Our own results from such an experiment with maize are shown in figure 5. In an additional treatment beside the conventional application of solid diammonium phosphate we also injected a liquid ammonium phosphate-polyphosphate solution which offers some agrotechnical advantage. Pure urea ammonium nitrate solutions were placed as a control, making sure that the over-all nitrogen supply was constantly 150 kg/ha in all treatments compared.

In both years the initial growth was considerably improved on the deep-placement plots. Although these visible differences decreased during later stages, the final yield still reflected the original treatments significantly. A deep placement of 50 kg P_2O_5/ha for instance turned out to give about the same harvest as the conventionally broadcast 150 kg P_2O_5/ha did.

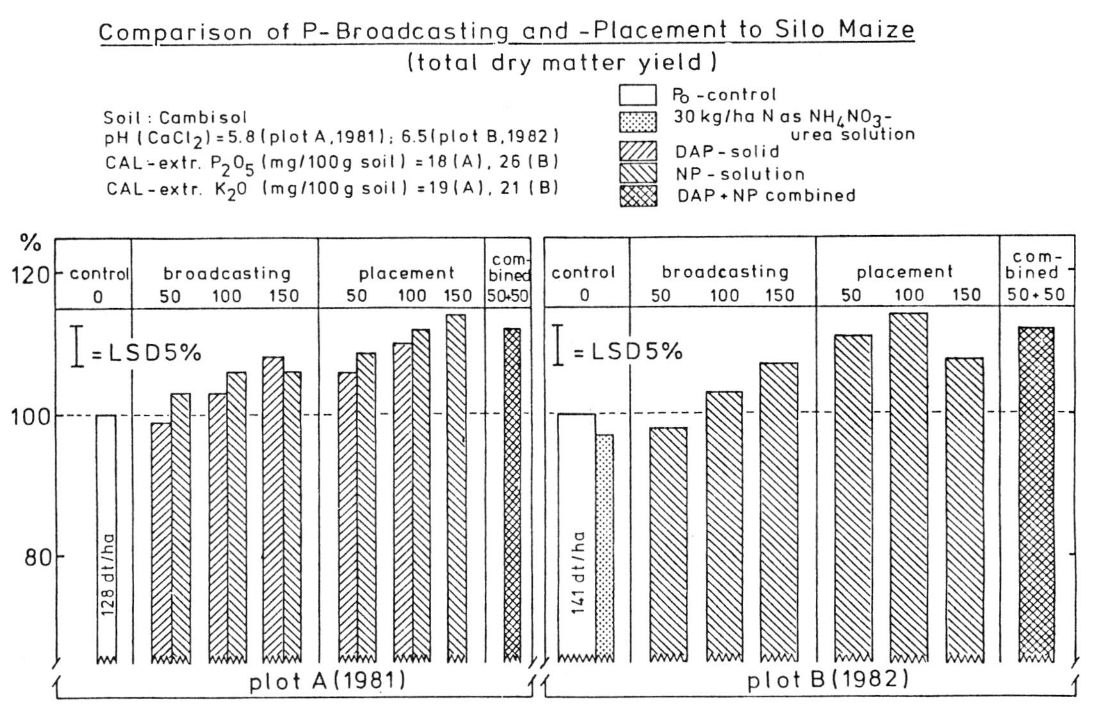

Comparison of P-Broadcasting and -Placement to Silo Maize
(total dry matter yield)
Soil: Cambisol
pH (CaCl2) = 5.8 (plot A, 1981); 6.5 (plot B, 1982)
CAL-extr. P2O5 (mg/100g soil) = 18 (A), 26 (B)
CAL-extr. K2O (mg/100g soil) = 19 (A), 21 (B)
P0-control
30 kg/ha N as NH4NO3-urea solution
DAP-solid
NP-solution
DAP + NP combined
%
120
100
80
control
0
broadcasting
50 100 150
placement
50 100 150
com-bined
50+50
= LSD5%
128 dt/ha
141 dt/ha
plot A (1981)
plot B (1982)

Figure 5

There was not much difference between the two forms of solid diammonium phosphate and liquid NP-solutions which lead us to the conclusion that the technical advantages of liquid injections over solid placements should be explored and made more use of in practical fertilization. The deep-placed nitrogen alone did not have any particular benefit. Also, splitting the phosphorus addition into one half broadcast and one half placed did not show any advantage compared with equivalent amounts being exclusively placed.

6.2 Plant-hole and foliar application of P to potatoes

A similar experiment about the effects of placed phosphorus applications to potatoes is shown in figure 6. The fertilizer was banded a few cm below the seed tubers. Using the NP-solution this turned out to be relatively easy with just a few alterations made on a conventional plant protection sprayer, whereas an equivalent placement of solid diammonium phosphate was technically more difficult.

As with the maize plants, the potato yields proved to be significantly better on the P-placement plots in both years, even on the relatively P-rich soil used in 1981. Low doses of the NP-solution placed right into the plant holes gave about the same results as twice as high P-applications broadcast. Additional foliar sprays with ammonium phosphate along with the fungicide treatments did not improve the plant yields any further. The starch contents and the keeping quality were also determined but remained the same in all treatments within the statistical limits.

6.3 Deep side-dressing of P to sugar beets

The precise phosphorus placement near to the single-seed rows of sugar beets is still a technical problem. The simultaneous banding of fertilizers at a sufficient depth alongside the seed row results in some soil disturbances which influence the precise deposition depth of the individual seeds. The resulting uneven germination of single seeds has been the reason why in our preliminary sugar beet experiment we still preferred a denser sowing with subsequent thinning.

The beet yields in figure 7 show positive effects of broadcast phosphorus additions only at high applications of 70-120 kg P_2O_5/ha. If the phosphorus was placed, however, identical yield increases were obtained with less than one half of this amount. The comparatively low yield at the high banded dose has something to do with the before mentioned technical application difficulties, along with the fact that high salt concentrations near the young seedlings are known to result in germination problems and in reduced growth. The latter effect may also explain the yield depression obtained after the banding of ammonium nitrate-urea alone.

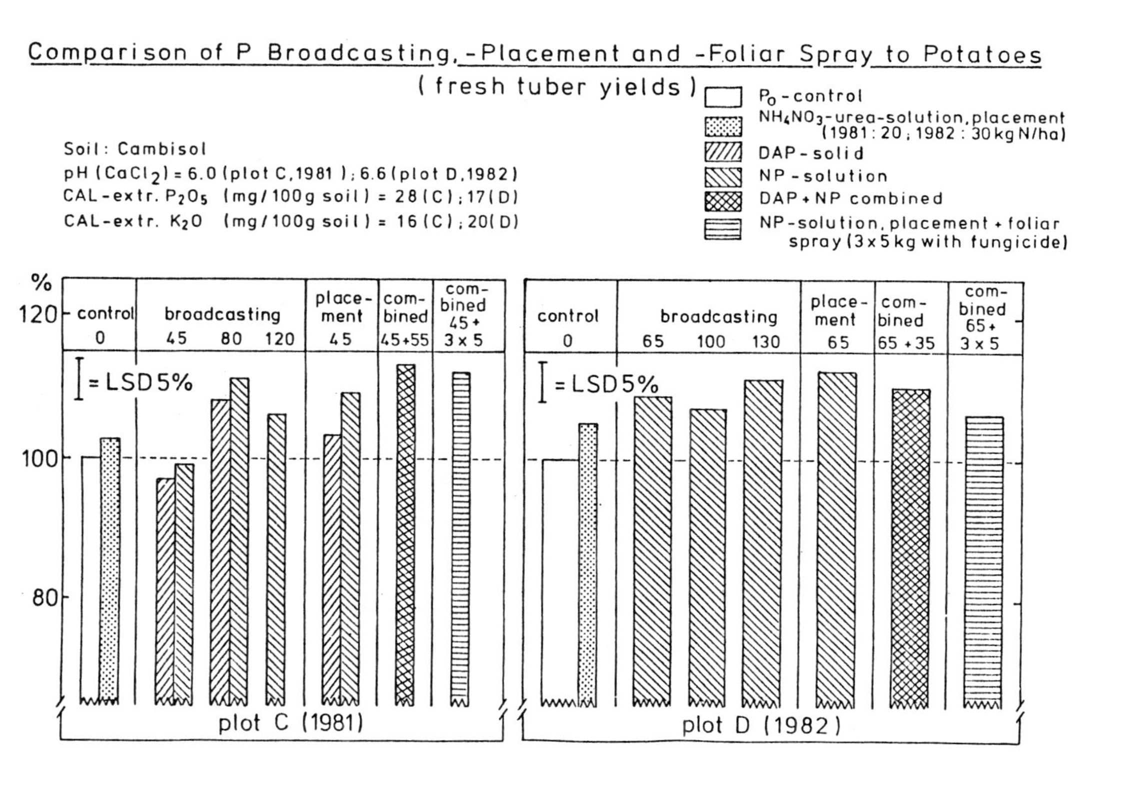
Comparison of P Broadcasting, -Placement and -Foliar Spray to Potatoes
(fresh tuber yields)
Soil : Cambisol
pH (CaCl2) = 6.0 (plot C,1981); 6.6 (plot D,1982)
CAL-extr. P2O5 (mg/100g soil) = 28 (C); 17 (D)
CAL-extr. K2O (mg/100g soil) = 16 (C); 20 (D)
P0 - control
NH4NO3-urea-solution, placement (1981: 20; 1982: 30 kg N/ha)
DAP - solid
NP - solution
DAP + NP combined
NP-solution, placement + foliar spray (3x5 kg with fungicide)
%
120
100
80
control
0
broadcasting
45 80 120
place-ment
45
com-bined
45+55
com-bined
45+
3 x 5
= LSD 5%
plot C (1981)
control
0
broadcasting
65 100 130
place-ment
65
com-bined
65 + 35
com-bined
65+
3 x 5
= LSD 5%
plot D (1982)

Figure 6

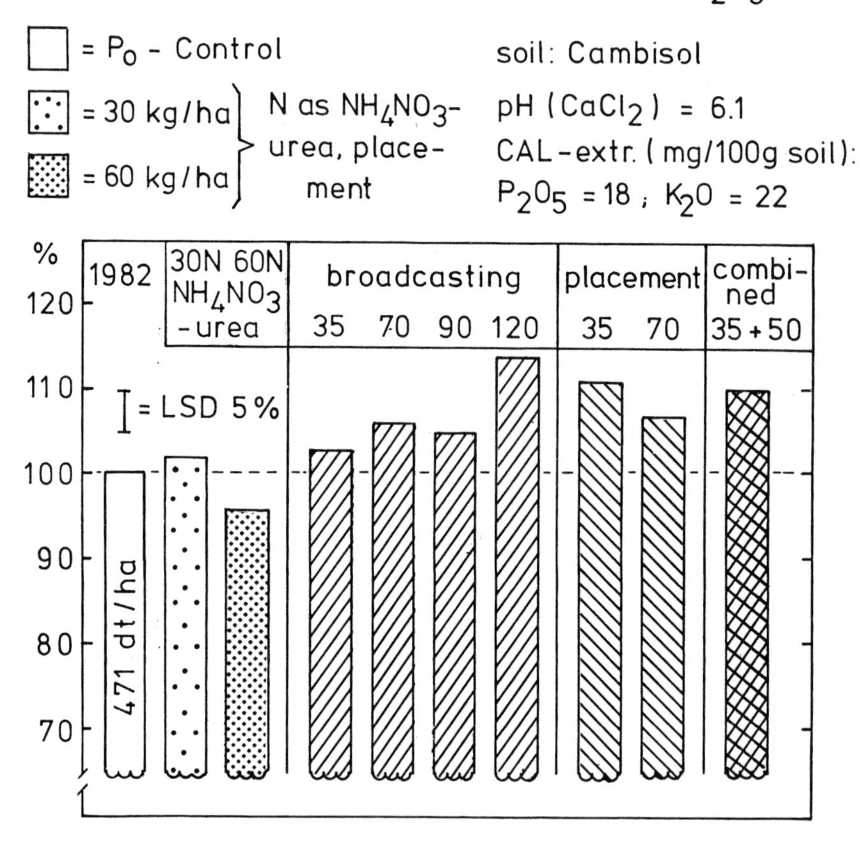

Comparison of P-Broadcasting and-Placement to Sugar Beets
(total beet yield; fertilizer: NP-solution-kg/ha P2O5)
= P0 - Control
= 30 kg/ha
= 60 kg/ha
N as NH4NO3-urea, placement
soil: Cambisol
pH (CaCl2) = 6.1
CAL-extr. (mg/100g soil):
P2O5 = 18 ; K2O = 22
%
120
110
100
90
80
70
1982
30N 60N
NH4NO3
-urea
broadcasting
35 70 90 120
placement
35 70
combi-ned
35+50
= LSD 5%
471 dt/ha

Figure 7

Nevertheless, the results look quite promising and make it desirable to learn more about the possible advantages of deep phosphorus and nitrogen placements not only for maize and potatoes but eventually also for sugar beets.

7. K-fertilization according to its actual plant uptake

Most agricultural crops have a high demand for potassium, so that rotations with a large proportion of root crops may even require 300-400 kg K_2O/ha per year. Similar to the phosphorus, these amounts should be available early enough to avoid temporary shortages. Contrary to the nitrate-nitrogen, however, the exchangeable adsorption of the potassium in soils makes large leaching losses quite improbable so that basal dressings before sowing are in most cases justified. Only on sand and peat soils with very low clay contents there is some danger of leaching which makes it desirable to split the potassium dressings into a fall and a spring application (Pissarek and Schnug 1982, Bartels and Scheffer 1982).

If the potassium supply of soils according to soil testing is high enough to approach the desirable class "C", one should take into account the considerable potassium amounts which are recycled with plant residues and organic manures in order to replenish by fertilization only that which is definitely removed. Soils of very high potassium contents (class D and E) usually allow even lower dressings or for some time no fertilization at all, until their surplus becomes gradually exhausted.

More recently, it has been claimed that an excessive potassium supply may reduce the starch content of potatoes significantly (Köster 1979), which shows the necessity of taking the soil potassium reservoir into account more carefully. A recent survey about the actual potassium fertilization rates (Wehrmann and Kuhlmann 1982) revealed that even well educated farmers operating on fertile soils are still inclined to use more potassium than what is officially recommended on the basis of soil tests. This means that there are still good possibilities for making better use of this plant nutrient, and to increase the efficiency of potassium fertilization.

8. Supplementary trace element applications

Increasing yield levels do not only require a higher and more demand-oriented supply of the main plant nutrients but also remove more trace elements from the soil. Apart from very poor sand and/or peat soils, however, most such deficiencies in the Federal Republic of Germany so far have not been due to a real exhaustion of trace elements but rather to their diminished availability as a result of unfavourable pH and rh-conditions. The appropriate remedies should therefore be based on a careful diagnosis of the soils and the plants concerned.

Depending on the real cause of the deficiency, the possibility of increasing the supply by adding soluble trace element salts should be the way of choice only where true shortages in the soil occur. In other cases a pH correction or the application of physiologically acid fertilizer forms may already solve the problem, whereas on strongly fixing soils a direct supply of the plants by foliar sprays may be preferable (Pissarek and Schnug 1982).

A merely prophylactic addition of trace elements as so-called complete foliar feeds without a precise knowledge of their actual requirement cannot be recommended, because the costs involved are rarely compensated by additional yields. With the exception of a few well known areas and particular crops, Germany still seems to be fortunate in not having to worry very much about trace element deficiencies and the more or less difficult methods of their appropriate treatment.

9. Summary

The main goal of present-day agriculture is to improve the fertilizer efficiency by proper dosage and timing, and to minimize the nutrient losses from agro-ecosystems. The state of this art in the Federal Republic of Germany can be summarized as follows:

1. A better knowledge of the available plant nutrient content of soils is fundamental for improving the efficiency of fertilizers.

2. The N_{min} content of soils is a good information in order to ascertain the individual fertilizer requirements in spring. The locally recommendable total supply (N_{min} from soil + N-fertilization) has to be found out from representative field experiments.

3. In a more plant-oriented approach the nitrogen requirement may also be assessed from visual observations of the developing crop.

4. The efficiency of nitrogen in grain farming can be strongly increased by splitting into 3-4 applications according to the actual demand of the plants.

5. N_{min} measurements have also proven to be most useful for estimating the nitrogen requirement of sugar beets.

6. The evaluation of soil tests and plant analyses has been conceptually standardized. The practical classification for advisory purposes, however, still requires a lot of field experimentation.

7. The P and K contents of most soils in the Federal Republic of Germany have increased considerably due to intensive fertilization. Where this is the case, fertilizer needs only to replenish what is taken up and removed.

8. In order to improve phosphorus efficiency, field tests with maize, potatoes and sugar beets have shown a considerable advantage of localized fertilizer placements compared with broadcast applications.

9. The conventional basal dressings with P and K should be reconsidered in the light of these findings. The K supply to potatoes on fertile soils should not exceed its actual uptake.

10. Trace element deficiencies are mostly localized problems. Their regular application with foliar feeds has not yet proven to be very useful.

References

AMBERGER, A.: Welche Bedeutung hat die Unterfussdüngung?
Mais 2, 12 -15, 1976.

BARTELS, R. und SCHEFFER, B.: K-Düngung auf Hochmoor bei mehrschnittiger Wiesennutzung. 1. Einfluss auf Ertrag und Kaliumentzug.
Kali-Briefe 16, 85 - 90, 1982.

BECKER, F.A.: Optimierung der N-Versorgung des Wintergetreides durch kombinierte Berücksichtigung von N_{min}, Standortmerkmalen und Bestandesparametern.
Landwirtsch. Forsch. SH 39, Kongressband 1982 (in press).

BRAUN, H.: Die Stickstoffdüngung des Getreides.
DLG-Verlag, Frankfurt (Main) 1980.

FINCK, A.: Dünger und Düngung.
Verlag Chemie, Weinheim 1979.

FINGER, H.: Reihendüngungsversuche zu Silomais.
Kali-Briefe, Fachgeb. 8, 1. Folge, 1972.

GUTSER, R. und TEICHER, K.: Bedeutung verschiedener standörtlicher und pflanzenbaulicher Faktoren für die Düngungsempfehlung zu Winterweizen auf Basis von N_{min}-Untersuchungen.
Landwirtsch. Forsch. 33, 95 - 107, 1980.

HEGE, U.: Erfahrungen mit der N_{min}-Methode in Bayern.
Landwirtsch. Forsch. SH 39, Kongressband 1982 (in press).

HEYLAND, K.-U.: Das Weizenanbauverfahren dargestellt als auf der Basis der Einzelpflanzenentwicklung aufgebautes Flussdiagramm.
Kali-Briefe 15, 99 - 108, 1980.

HEYN, J.: Ergebnisse von mehrfaktoriellen N_{min}-Sollwert-Versuchen zu Winterweizen und Wintergerste und von N_{min}-Testflächen aus Hessen.
Landwirtsch. Forsch. SH 39, Kongressband 1982 (in press).

HILDEBRANDT, E.-A.: Die Entwicklung der Nährstoffversorgung bundesdeutscher Böden in den letzten 25 Jahren.
Kali-Briefe 15, 1 - 14, 1980.

KNAUER, N.: Wirkung der NP- und P-Reihendüngung auf Wachstumsverlauf, Mineralstoffernährung und Ertrag von Mais.
Landwirtsch. Forsch. 19, 196 - 204, 1966.

KOSTER, W.: Kalium vermindert den Stärkegehalt von Kartoffeln.
Hann. Land- u. Forstw. Ztg. 22, 4 - 5, 1979.

MÜLLER, A. v.: N_{min} in Rübenschlägen und N-Düngerbedarf: Ergebnisse einer Erhebung 1976 - 80.
Die Zuckerrübe 31, 20 - 22, 1982.

MUNK, H.: P-Düngung auf "gut versorgten" Böden.
Kali-Briefe 15, 49 - 62, 1980.

MUNK, H.: Phosphatversorgung von Boden und Pflanze heute.
Kali-Briefe 15, 617 - 625, 1981.

PISSAREK, H.-P. und SCHNUG, E.: Kalium und Schwefel - Minimumfaktoren des schleswig-holsteinischen Rapsanbaus.
Kali-Briefe 16, 77 - 84, 1982.

RIEHM, H.: Ergebnisse von Bodenuntersuchungen im Bundesgebiet 1955-1965 und ihre Auswirkungen auf die Düngeranwendung.
Die Phosphorsäure 27, 36 - 46, 1967

SCHEFFER, K., SCHREIBER, S. und KICKUTH, R.: Die sorptive Bindung von Düngerphosphaten im Boden und die phosphatmobilisierende Wirkung der Kieselsäure.
1. Mitteilung: Die sorptive Bindung von Phosphat im Boden.
Arch. Acker- u. Pflanzenb. u. Bdkd. 24, 799 - 814, 1980.

SCHEFFER, K., SCHREIBER, A. und KICKUTH, R.: Die sorptive Bindung von Düngerphosphaten im Boden und die phosphatmobilisierende Wirkung der Kieselsäure.
2. Mitteilung: Die phosphatmobilisierende Wirkung der Kieselsäure.
Arch. Acker- u. Pflanzenb. u. Bdkd. 26, 143 - 152, 1982.

SCHWEIGER, P.: Ergebnisse mehrjähriger N_{min}-Versuche zu Wintergetreide und Zuckerrüben in Baden-Wüttemberg.
Landwirtsch. Forsch. SH 39, Kongressband 1982 (in press).

STATISTISCHE JAHRBUCHER für die Bundesrepublik Deutschland.
Herausg.: Statistisches Bundesamt Wiesbaden.

TIMMERMANN, F.: Wir müssen bei der Phosphatdüngung umdenken!
top agrar 8, 30 - 32, 1981.

VERBAND DER LANDWIRTSCHAFTSKAMMERN (VDLK): Düngervoranschlag über EDV. Schriften d. Verbandes der Landwirtschaftskammern Heft 21, 1982.

VERBAND DEUTSCHER LANDWIRTSCHAFTLICHER UNTERSUCHUNGS- UND FORSCHUNGSANSTALTEN (VDLUFA), Fachgruppe II Bodenuntersuchung. Frühjahrssitzung Münster, 1979.

VETTER, H.: Wieviel düngen? DLG-Verlag, Frankfurt (Main) 1977.

WEHRMANN, J. und KUHLMANN, H.: Landwirte düngen of mehr als die LUFA's empfehlen. top agrar 2, 54 - 57, 1982.

WEHRMANN, J. und SCHARPF, H.C.: Stickstoffbedarf - schätzen oder messen? Mitt. d. DLG 92, Sonderbeilage S. 3 - 6, 1977.

WEHRMANN, J., SCHARPF, H.C., MOLITOR, D. and BOHMER, M.: Predicting nitrogen fertilizer demand by determination of mineral nitrogen in soils. ECE-Symposium on prospects of the use of fertilizers with a view to raising soil fertility and yields and of protecting the human environment, Genf 1979.

WEHRMANN, J. und SCHARPF, H.-C.: Richtlinien für die N-Düngung nach der N_{min}-Methode (Stand 1981). LUFA-Hameln bzw. Bodenuntersuchungsinstitut Koldingen 1981.

WIECHENS, E.: Ergebnisse von Bodenuntersuchungen im Bundesgebiet 1973 bis 1978 mit einem Überblick über die Entwicklung der Nährstoffversorgung der Böden seit 1950. Landwirtsch. Forsch. 33, 337 - 348, 1980.

WINNER, C.: Neue Wege zur standortspezifischen Stickstoffdüngung. Die Zuckerrübe 28, 1 - 2, 1979.

WOLLRING, J. und WEHRMANN, J.: Der Nitrat-Schnelltest, Entscheidungshilfe für die N-Spätdüngung. DLG-Mitteilungen, Heft 8, 1981.

INFLUENCE DES ESSAIS DE SOLS, DE LA TECHNIQUE D'APPLICATION ET DE LA DATE D'APPORT SUR L'EFFICACITE DE L'UTILISATION DES NUTRIMENTS (ENGRAIS)

D.R. Sauerbeck et F. Timmermann
Institut de phytonutrition et de pédologie
du Centre fédéral de recherche agricole (FAL)
Braunschweig, République fédérale d'Allemagne

RESUME

La diminution des ressources et la montée en flèche des prix des engrais contraignent à améliorer la prévision des apports effectifs de phytoaliments que nécessitent de hauts rendements des cultures. Il faut, pour cela, étudier de plus près les mécanismes d'assimilation des nutriments et leur influence sur la qualité de la plante, ainsi que le gaspillage de nutriments dans les écosystèmes agricoles où se pratique la culture untensive.

L'azote, dont les besoins sont malheureusement difficiles à évaluer, est à cet égard l'élément nutritif à considérer avant tout autre. Une méthode d'évaluation qui a fait ses preuves, appelée méthode N_{min} (azote minimum) a de plus en plus l'agrément des agriculteurs de la République fédérale d'Allemagne. Pour déterminer cet apport, on a fait de nombreux essais sur le terrain, d'où il ressort que les besoins initiaux des céréales d'hiver en azote (N_{min} du sol + engrais azotés) sont assez constants dans des conditions comparables (nature du sol, profondeur d'enracinement, climat de la zone). Les résultats obtenus dans le sud de l'Allemagne sont moins fiables en raison de la diversité des sols, des conditions climatiques et des cultures. On complètera utilement la mesure de N_{min} effectuée au début du printemps par un test facile sur la teneur en nitrates des plantes en cours de croissance. qui aide à calculer le complément d'azote dont les plantes auront besoin aux stades olus avancées de leur croissance.

Dans les systèmes intgrés de culture, on applique une autre méthode qui, à la diffêrence de la précédente, se fonde sur des principes agronomiques et consiste à évaluer les besoins des céréales en azote d'après la densité de la population céréalière par unité de surface. De façon générale, les comparaisons expérimentales n'ont pas démontré une supériorité frappante d'une méthode sur l'autre pour ce qui est des prvisions des quantités d'azote à fournir pour assurer un rendement maximal. La culture intensive des céréales nécessite 2 à 4 applications échelonnées d'engrais azotés qui satisfont aux besoins des plantes aux différents stades de leur croissance. Ces applications peuvent être complétées par des pulvérisations foliaires, qui permettent quelquefois de faire disparaître des carences passagères imputables aux conditions climatiques ou pédologiques, ou encore à des contraintes résultant de traitement aux pesticides.

Quand on veut déterminer le facteur de N_{min} dans les sols cultivées en betterave à sucre, la question de savoir s'il faut effectuer les prélèvements au début du printemps ou à l'époque des semis n'est pas tranchée. Il va de soi que les agriculteurs préfèrent l'automne puisque, par la suite, le prélèvement et le transport posent certains problèmes difficiles à surmonter en raison de l'accélération du cycle de l'azote dans les sols réchauffés. Comme l'obtention d'un rendement maximal en sucre pur est aujourd'hui l'objectif premier de la culture des betteraves, il importe au plus haut point de calculer avec plus de précision les apports d'engrais azotés et, dans bien des cas, de les réduire sensiblement.

Une bonne connaissance des nutriments contenus dans le sol, et des besoins réels des plantes est indispensable à une application correcte de P et de K. En République fédérale d'Allemagne, le système fondamental d'évaluation des essais de sols a donc été normalisé grâce à un système de classification qui reste le même, quelle que soit la méthode d'analyse utilisée. Mais la qualité de l'évaluation se ressent de l'insuffisance des essais sur le terrain dans certaines zones de production importantes. N-anmoins, les essais de sols aident à réduire les apports excessifs de P et de K dans certaines cultures, alors que l'enrichissement d' une certaine proportion d'autres sols reste nécessaire pour assurer de bons rendements. Si le sol a une teneur assez élevée en nutriments, il suffit, pour assurer une fertilisation d'entretien, de maintenir l' équilibre entre l'assimilation et les pertes de nutriments. Une simple analyse des plantes apporte parfois un complément d'information sur leur état nutritionnel.

Outre que le sol s'en trouve amendé, une distribution appropriée des engrais près des racines peut réduire, dans une certaine mesure, le vieillissement et la fixation inévitable des élé,emts fertilisants phosphatés. Le maīs, les betteraves et les pommes de terres sont des cultures en ligne qui se prêtent à ce genre de traitement, et certaines expériences ont permis d'obtenir des augmentations appréciables des rendements ou, tout au moins, de maintenir les rendements en réduisant l'apport d'emgrais. Par contre, des pulvérisations foliaires de phosphates d'ammonium n'ont eu que très exceptionellement des effets favorables.

En calculant les quantités d'engrais K à fournir, il faut songer que la diminution de la teneur en amidon des pommes de terre par excès de K peut être supérieure à la réduction du rendement quantitatif par manque de K. Contrairement à la plupart des sols minéraux, le risque de lessivage du K dans les sols légers et les tourbières n'est pas à négliger. Bien que cet élément n'ait pas une grande importance pour l'environnement, les pertes par lessivage qui pourraient se produire plaident en faveur d'un échelonnement approprié des apports de K au Printemps.

_nfin - et surtout peut-être- on sait que l'efficacité des principaux nutriments dépend aussi d'un apport suffisant d'oligo-éléments. Certains prétendent qu'il faudrait restituer ces éléments au sol de façon plus ou moins systématique, mais la nécessité de tels traitements n'est que rarement apparue. Les apports d'oligo-éléments devraient donc toujours être basés sur les résultats tangibles d'essais de sols et/ou de plantes. L'objectif principal de la chimie agricole moderne est d'améliorer l'utilisation des phyto-aliments et l'efficacité des engrais par un dosage, une application et des dates d'apport approprieés et de minimiser les pertes de nutriments qui sont inévitables dans les écosystèmes agricoles où se pratique la culture intensive.

PLANT PARAMETERS CONTROLLING THE EFFICIENCY OF NUTRIENT UPTAKE FROM THE SOIL

Dr. N.E. Nielsen, Associate Professor, Department of Soil Fertility and Plant Nutrition, Royal Veterinary and Agricultural University, Copenhagen, Denmark

Introduction

In the course of evolution Nature has provided a great number of plant genotypes adapted to different climate and/or Nutrient regimes. To that we can add the results obtained by plant breeders, who within a number of plant species have developed many high yielding plant cultivars, adapted to various climatic conditions and nutrient regimes. Diversity among cultivars within a plant species in nutrient uptake, translocation and/or utilization for dry matter production has been recognized for many years. The subject has been reviewed in several books, for example 1, 2, 3, 12.

For years, however, the main effort has been to fit the soil to the plant by application of fertilizers, and we have only recently tried to fit the plant to the soil by increasing the efficiency with which plants utilize soil as a source of nutrients. It is obvious though that success in the latter remains a persistent improvement, whereas fertilizer applications have to be repeated frequently partly because of losses of nutrients to the surrounding environment and/or to pools of nutrients in the soil unavailable for plants.

The aim of the present paper is to illustrate the interrelationship between growth and plant parameters controlling the efficiency of nutrient uptake from the soil, and to give the latitude of the variation of these parameters between some plant species and within maize and barley.

Aspects of the Interrelationship between Growth and Plant Parameters Controlling Nutrient Uptake

Key to main symbols

c — concentration in solution around the root, mole cm^{-3}

c_{min} — concentration in solution where $I_n = 0$, mole cm^{-3}

$\bar{I}_n$ — mean net inflow into the root, mole cm^{-1} sec^{-1}

$\bar{I}_{max}$ — mean maximal net inflow into the root, mole cm^{-1} sec^{-1}

K_m — Michaelis-Menten factor for mean net inflow into the root, mole cm^{-3} $K_m = c - c_{min}$ when $\bar{I}_n = \frac{1}{2}\bar{I}_{max}$

L — root length, cm

$L^* =$ — L/Y cm root per unit of plant weight

$Q =$ XY the quantity of nutrient in top and root of the crop
t time, day
Y dry matter (DM) production, tons ha^{-1}
X fraction of DM, which is nutrient

The data in Table 1 illustrate the levels of dry matter (DM) production in top and top + root, concentrations and contents of N, P and K during the growth period in a field experiment with spring barley (cv Welam). Grain yield was 7.5 tons ha^{-1}. Further details have been given by Nielsen[8]. The N, P and K accumulation during growth can be seen as well in Figure 1.

The quantity of N, P or K in the DM of the barley crop (Fig. 1) up to any time (t_m) can be expressed by the following equation:

$$Q_{t_m} = (XY)_{t_m} \quad (1$$

Uptake rate is then at any time

$$\frac{dQ}{dt} = \frac{d(XY)}{dt} = X\frac{dY}{dt} + Y\frac{dX}{dt} = \bar{I}_n L \quad (2$$

where dY/dt is the growth rate, dX/dt is the rate of changes of the concentration, $\bar{I}_n$ is mean net inflow of N, P or K into the crop and L is the root length. The variation of L during growth can be seen from Fig. 2.

The variations of $\bar{I}_n L$ of N, K and P are illustrated in Figures 3 and 4. The Figures 2, 3 and 4 indicate that $\bar{I}_n$ of N, K and P is very small during flowering and heading.

If $dY/dt \gg dX/dt$ Equation 2 can be reduced to

$$X\frac{dY}{dt}\frac{1}{Y} = \bar{I}_n L/Y = \bar{I}_n L^* \quad (3$$

The relative growth rate is defined by and constant under conditions in which the growth rate is an exponential function of time,

$$r_Y = \frac{dY}{dt}\frac{1}{Y}$$

and then

$$X\, r_Y \cong \bar{I}_n L^* \quad (4$$

Under conditions in which the rate determining step of nutrient uptake is located in the root it follows from Equations 2, 3 and 4 that the value of $\bar{I}_n L^*$ controls the growth rate (dY/dt) and the relative growth rate (r_Y). The plant factors controlling the mean net inflow ($\bar{I}_n$) of the nutrient per unit length of the root and root length (L^*) per unit weight of the crop would then control the efficiency by which the crop utilizes the soil as a source of nutrients. Further if $\bar{I}_n L^*$ has a finite value r_Y would be able to increase if X decreases. The concentration (X) can then be considered as an expression of the efficiency by which a crop utilizes the absorbed nutrient for dry matter production. Differences between plant cultivars in the plant factors controlling $\bar{I}_n$ and L are under genetic control, but may be altered when plants are grown under different environments. Thus under conditions in which uptake of a nutrient controls growth, Equations 2, 3 and 4 include the plant factors controlling the efficiency by which the crop utilizes absorbed nutrients for dry matter production and the factors controlling the efficiency by which the crop utilizes the soil and fertilizers as a source of nutrients.

Factors Affecting Mean Net Inflow ($\bar{I}_n$)

The efficiency by which plants utilize soil and fertilizers as a source of nutrients is affected by several plant factors: Radius, length, density and geometry of the root system, kinetic parameters of nutrient uptake, root exudates and the adaptability of the root system to symbiotic and non-symbiotic soil microorganisms.

Under conditions in which the rate determining step in uptake of a nutrient is located in the root, the relationship between $\bar{I}_n$ and the nutrient concentration c at the root surface can be expressed by Equation 5 as suggested by Nielsen 4, 5, 6:

$$\bar{I}_n = \bar{I}_{max} \frac{c - c_{min}}{c - c_{min} + K_m} \qquad (5$$

It follows from Equation 5 that $\bar{I}_n$ at a given c depends on the values of $\bar{I}_{max}$, K_m and c_{min}, and that plants having high L^*- (see Equation 4) and $\bar{I}_{max}$-values and small K_m- and c_{min}- values (Equation 5) during the main growth period would have the largest efficiency in phosphorus uptake from the soil. As described by Nielsen (7) **reliable methods exist for** estimating these plant parameters.

The Variability of L^*, I_{max}, K_m and c_{min} between some Plant Species and Cultivars of Barley and Maize.

A field study of phosphorus uptake by 30 barley cultivars grown at moderate phosphor deficiency showed, as illustrated in Figure 5, that barley cultivars differed considerably in their uptake of phosphorus[9]. Further the results in Table 2 show that the barley cultivars also varied much in grain yields under conditions of moderate phosphorus deficiency, whereas grain yields were almost equal on phosphorus fertilized Danish farms.[9, 13]

Based on data from this study and on a survey of 12 inbreds of maize, grown in water culture, some barley cultivars, inbreds and hybrids of maize and several plant species were selected for further study of the plant root parameters, governing the efficiency of phosphorus uptake. The values of L^*, $\bar{I}_{max}$, K_m and c_{min} in Tables 3, 4 and 5 are an extract of the data obtained in these studies. More detailed reports have been published 7, 10, 11. The data show a 2 to 8 fold variation in L^*, $\bar{I}_{max}$, K_m and c_{min}, which indicates that it should be possible to improve the efficiency of P uptake by selecting genotypes having a smaller c_{min} and/or K_m a higher I_{max} and/or L^* during the main growth period.

Figure 6 shows the predicted mean rate of phosphorus uptake per g DM ($\bar{I}_n L^*$), at varying phosphorus concentration (c) as expressed by

$$\bar{I}_n L^* = I_{max} L^* \frac{c - c_{min}}{c - c_{min} + K_m}$$

by use of observed values of L^*, $\bar{I}_{max}$, K_m and c_{min} (Table 4). The Figure illustrates how the benefit of the observed combination of L^*, $\bar{I}_{max}$, K_m and c_{min} varies when the phosphorus concentration increases at the root surface.

Predicted and Observed Phosphorus Uptake

In order to study the agreement between P uptake in the field and P uptake expected according to observed values of $\bar{I}_{max}$, K_m, c_{min} and L* in water culture, transport-kinetic models as described in 6, 7, 10, 11 can be used.

Figure 7 gives an example of the agreement between predicted and observed P uptake 11.

Conclusion

Root length (L), root length per unit weight of the plant (L*), mean-maximal net inflow of the nutrient (I_{max}), Michaelis-Menten factor for mean net inflow (K_m) and the minimum concentration (c_{min}) at which mean net inflow appears to be zero are plant factors (parameters) that greatly affect the efficiency by which plants utilize soil and fertilizer as sources of nutrients under conditions in which the rate-determining step of uptake is located in the root.

The rate ($\bar{I}_n L$) of N, P and K uptake vary much during growth due to variations in root length and mean net inflow. The dramatic decrease in mean net inflow during flowering and heading is remarkable and needs further study.

The latitude of variations in the above mentioned plant parameters between genotypes of barley and maize and between plant species is considerable. This indicates that it should be possible to improve the efficiency of phosphorus uptake by selecting and by plant breeding in our valuable crops for genotypes having a smaller c_{min} and K_m and/or higher $\bar{I}_{max}$, L and L* during the main growth period.

Selecting barley genotypes with a smaller period of mean net inflow depression during flowering and heading would improve phosphorus uptake as well.

The agreement between phosphorus uptake in the field and phosphorus uptake expected from $\bar{I}_{max}$-, K_m-, c_{min}- and L-values observed in water culture seems to justify the use of kinetic studies in water culture as a supplement to field experiments with the aim to characterize and select plants with a beneficial combination of kinetic parameters.

The results suggest that it should be feasible and practical to adapt plants to a considerable lower soil P-level.

TABLE 1

Dry matter production in top and top + root, concentrations and contents of N, P and K in top + root of barley grown under field conditions in which growth in all probability was controlled by light absorption, temperature and genotype only.

Days[1]	DM in top	DM in top + root[2]	Concentrations[3] as per cent of DM in top and roots N	K	P	Uptake in roots and top[4] of N	K	P
	tons ha^{-1}					<------- kg ha^{-1}		------>
14	0.15	0.56	3.38	2.57	0.25	19	14	1.4
23	o.68	1.27	4.23	4.24	0.32	54	54	4.1
35	3.43	4.63	3.02	3.95	0.24	140	183	10.9
42	5.45	6.95	2.56	3.58	0.22	178	249	15
49	7.37	9.07	1.96	3.07	0.25	178	278	23
56	10.0	12.0	1.80	2.31	0.19	216	277	23
64	11.3	13.8	1.67	1.95	0.17	230	269	23
78	13.8	16.6	1.60	1.60	0.16	266	265	27
99	15.0	17.4	1.48	1.14	0.14	258	199	25

1) Days after seedling emergence, 2) equal to Y, 3) equal to 100X, 4) equal to 1000XY = Q

Table 2

Grain yields of 6 barley varieties, grown at moderate phosphorus deficiency or in field trials on anish farms.

Barley cultivar	Low P level * in the soil	Average of danish field trials **
	hkg grain ha^{-1}	
SALKA	49	48
LOFA	44	47
RUPAL	41	48
NURENBERG	36	-
MONA	36	45
ZITA	30	47

* Selected results from field experiment with 30 barkey cultivars[9].

* Average yield in 1975 to 1979 of trials, conducted by the Danish Agricultural Advisory Centre[13].

TABLE 3

Meter of root per g of dry matter (DM) of the plant (L^*), mean maximum net influx ($\bar{I}_{max}$), Michaelis-Menten constant (K_m) and minimum concentration (c_{min}) for phosphorus (P) uptake by 35 days old barley plants, grown in water culture.[11]

Plant variety	L^* m root per g DM	$\bar{I}_{max}$ pmole P $cm^{-1}sec^{-1}$	K_m nmole cm^{-3}	c_{min} nmole cm^{-3}
SALKA	65	0.08	2.9	0.02
LOFA	77	0.08	4.1	0.04
RUPAL	46	0.10	3.6	0.04
NURENBERG	68	0.11	3.6	0.06
MONA	42	0.14	5.5	0.05
ZITA	57	0.12	4.7	0.03
CV in %[1)]	8.4	16	14	17

1)Coefficient of Vareance = 100 $s_{\bar{x}}/\bar{x}$

TABLE 4

Meter of roots per g of dry matter (DM) of the plant (L) mean maximum net inflow ($\bar{I}_{max}$), Michaelis-Menten factor (K_m) and minimum concentration (c_{min}) for P uptake by 20-22 days old maize plants, grown 14-16 days in water culture[10]

Maize genotype	L m root per g DM	$\bar{I}_{max}$ pmole P cm^{-1} sec^{-1}	Km nmole P cm^{-3}	c_{min} nmole P cm^{-3}
cl03	26	0.26	2.3	0.12
H60	20	0.42	2.9	0.12
H84	22	0.25	3.1	0.09
H99	25	0.32	4.2	0.09
W64A	39	0.16	2.6	0.07
Lsd.05	4.6	0.065	1.3	-
cl03 x W64A	26	0.13	0.6	0.06
H60 x W64A	28	0.15	1.3	0.06
H60 x cl03	22	0.23	1.5	0.04
H84 x H99	29	0.34	2.4	0.04
Pioneer 3369A	30	0.26	2.0	0.06
Lsd.05	4.0	0.13	0.44	0.07

TABLE 5

Meter of root per g of dry matter (DM) of the plant 25 and 35 days after germination (L^*), mean maximum net influx ($\bar{I}_{max}$), Michaelis-Menten constant (K_m) and minimum concentration c_{min} phosphorus (P) uptake by 6 dicotyledonous plant species grown in water culture, Schjørring and Nilsen (unpublished)

Plant species	L^* m root per g DM 25[1)]	35[1)]	$\bar{I}_{max}$ pmole P cm^{-1} sec^{-1}	K_m nmole P cm^{-3}	c_{min} nmole P cm^{-3}
BUCKWHEAT	159	65	0.10	3.5	0.017
PEA	74	46	0.12	2.6	0.028
MUSTARD	83	40	0.21	2.9	0.014
RAPE	93	59	0.12	4.7	0.011
LUPIN	11	15	0.41	4.5	0.082
BEET	85	71	0.11	2.7	0.018
CV i % [2)]	-	-	20	12	11
$LSD_{.5}$	-	-	0.10	1.3	0.0095

1) Days after germination 2) Coefficient of variance = 100 $s_{\bar{x}}/\bar{x}$

Figure 1. The relation between N, K and P uptake by barley and time

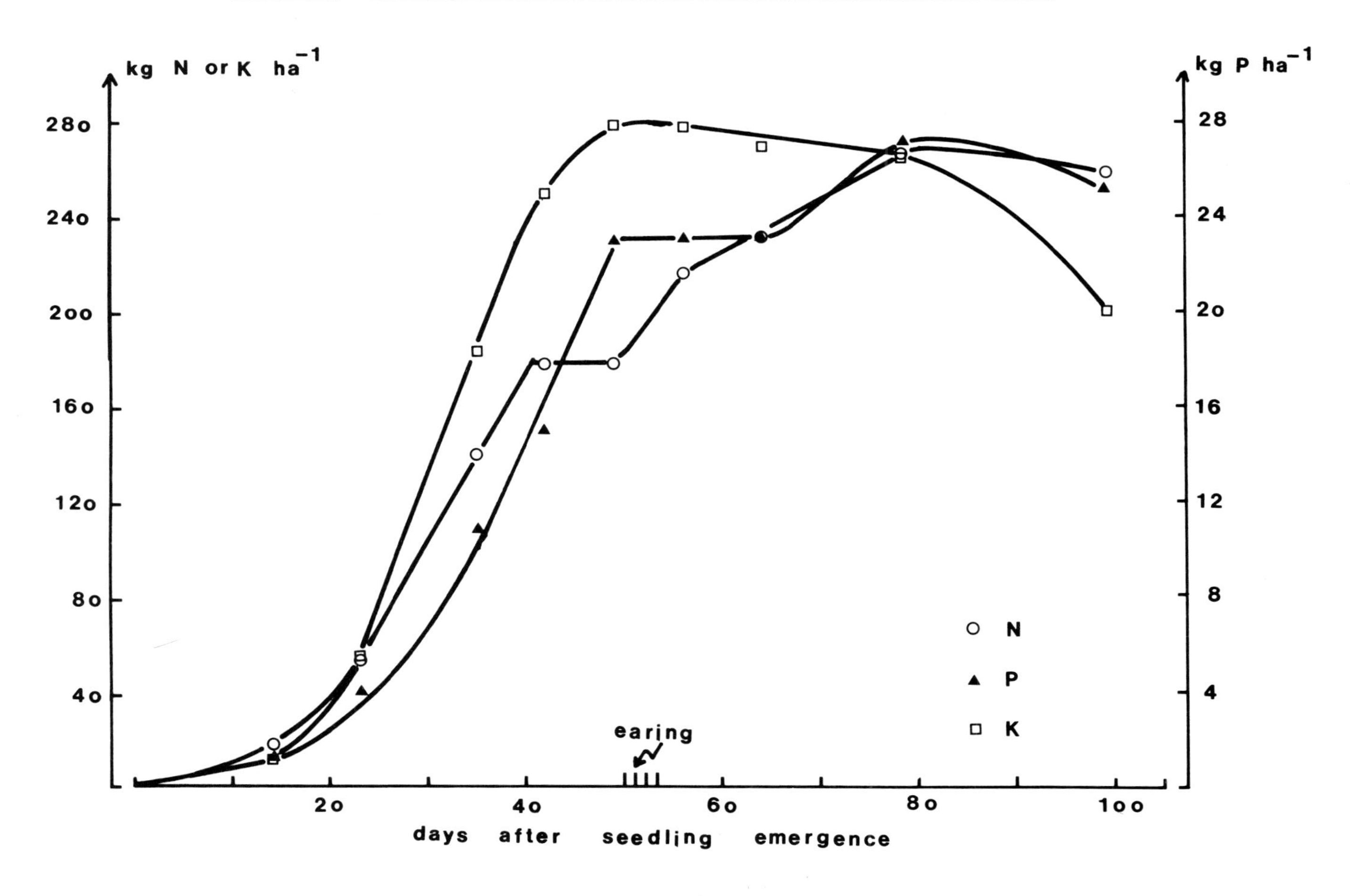

Figure 2. Root length in the plough layer (•) and to 1 metter of depth (o) in barley

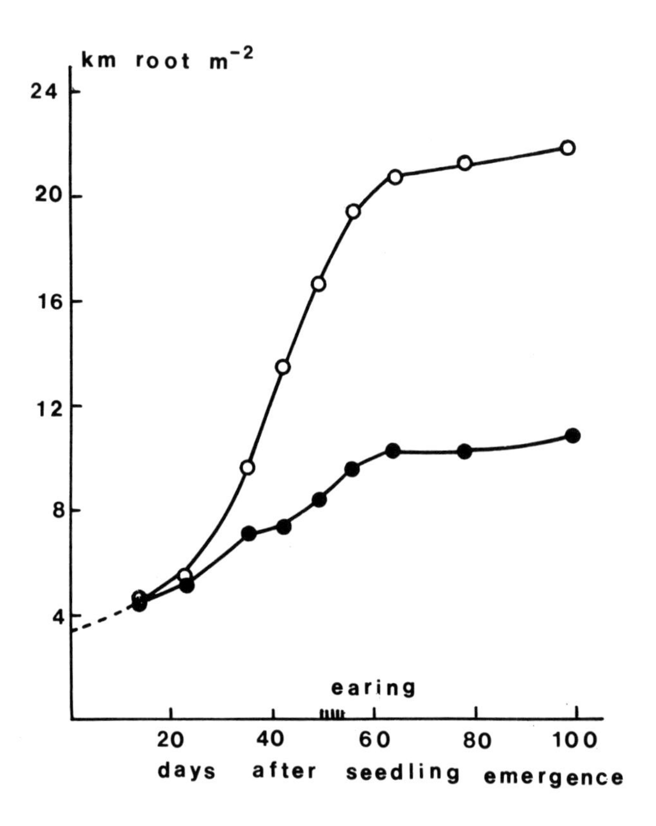

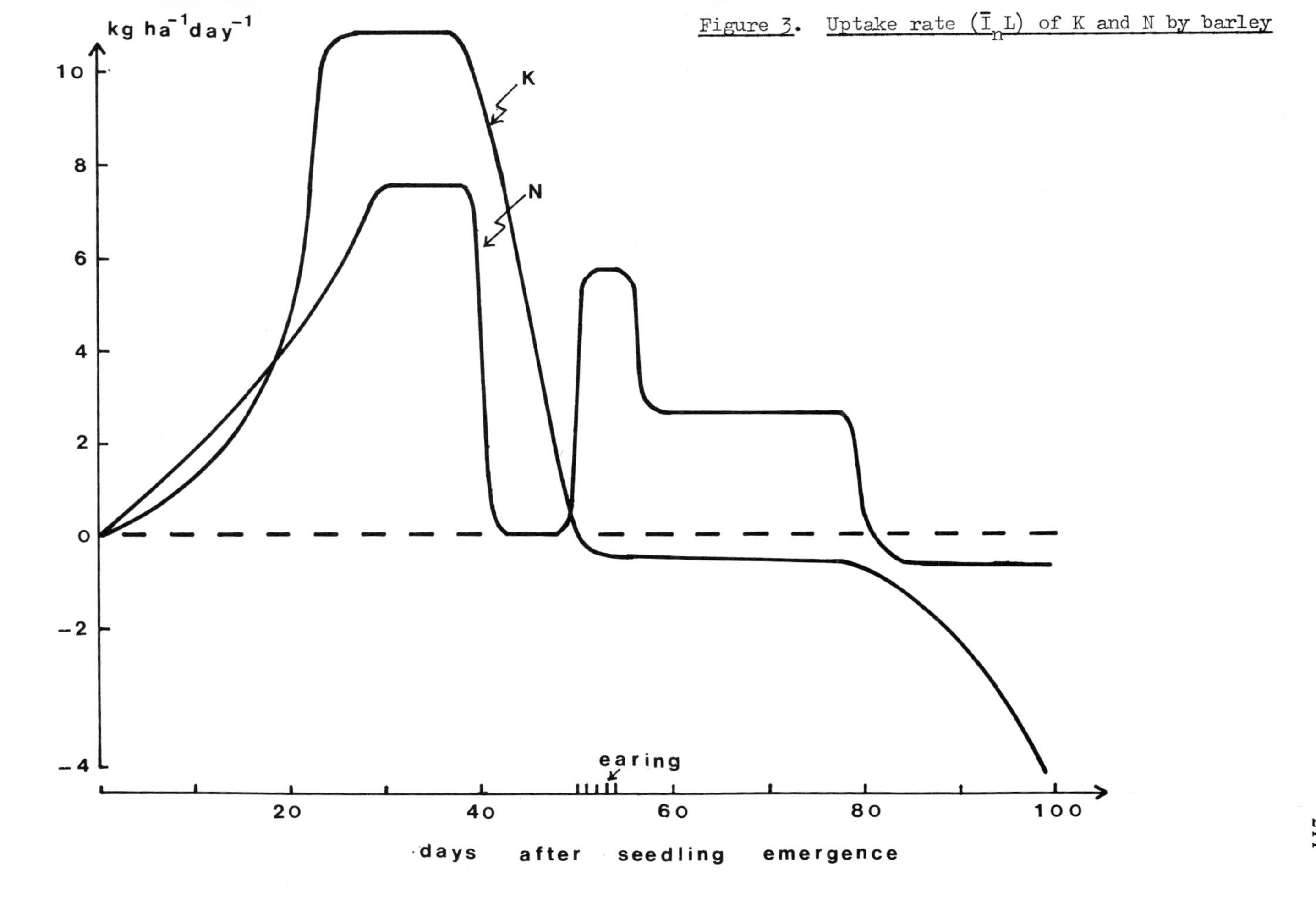

Figure 3. Uptake rate ($\bar{I}_n L$) of K and N by barley

Figure 4. Uptake rate ($\bar{I}_n L$) of P by barley

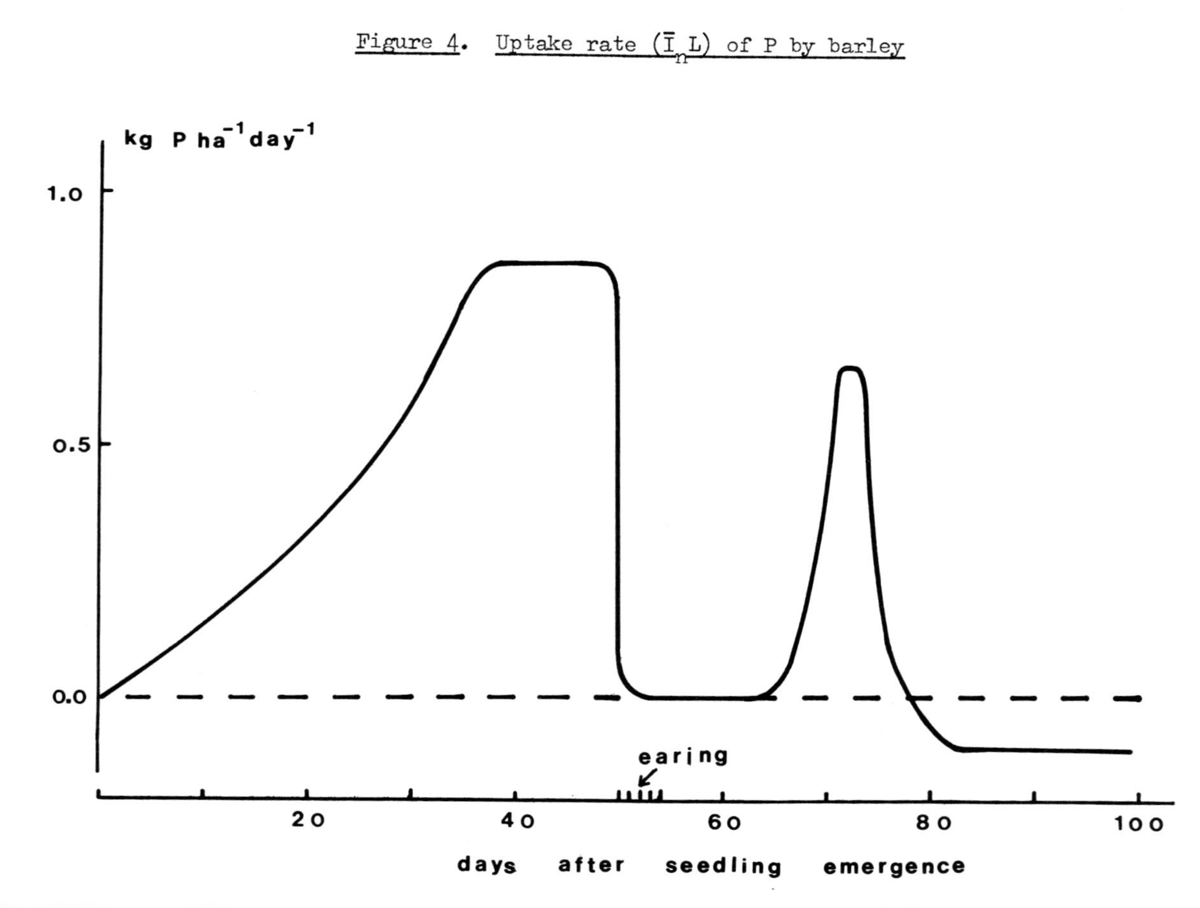

Figure 5. P uptake by the barley cultivars Salka and Zita during growth at moderate P deficiency, representing extremes among 30 barley cultivars

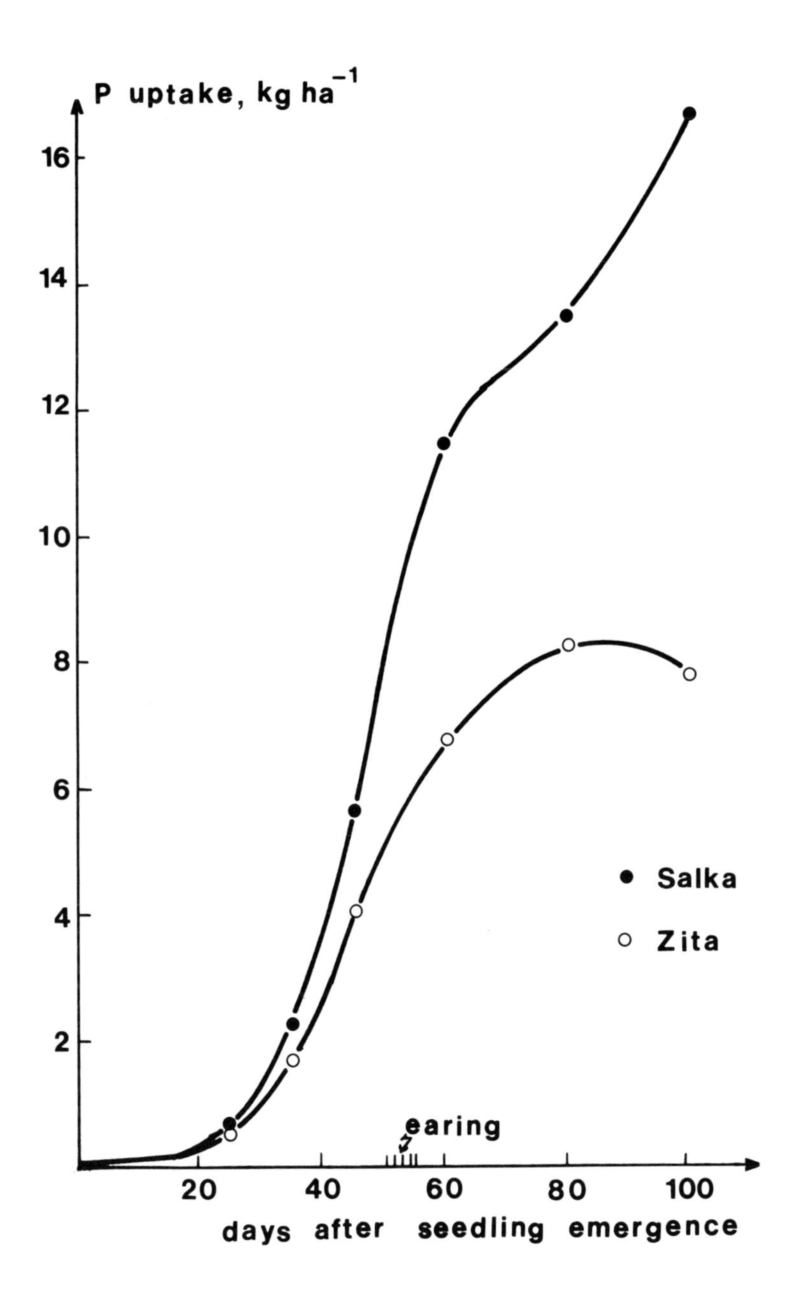

Figure 6. Expected uptake rate of P ($\bar{I}_n L^*$) per ton of dry matter by the maize hybrids C103 x W64A (A), H60 x W64A (B), H60 x C103 (C), H84 x H99 (D) and Pioneer (E) at varying P concentration using Eq. 5 and the values of L^*, $\bar{I}_{max}$, $\bar{K}_m$ and c min in Table 4.

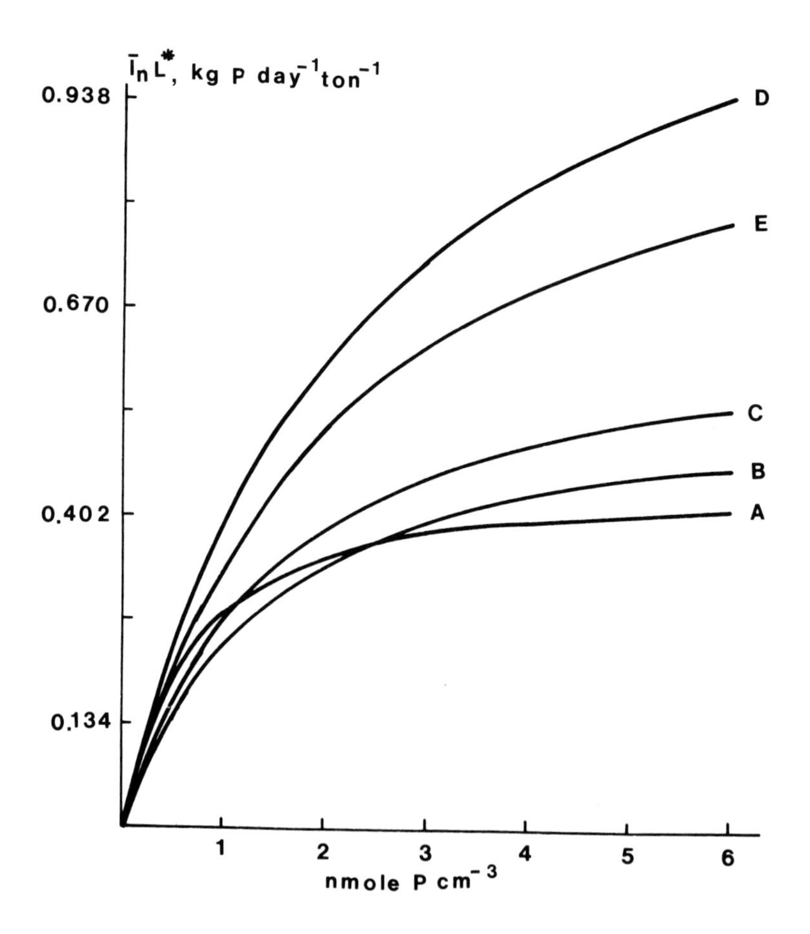

Figure 7. The relation between the observed P uptake in the field 60 days after seedling emergence and P uptake predicted from estimated values of L*, I_{max}, K_m and c_{min} of 6 barley cultivars, in water culture experiments

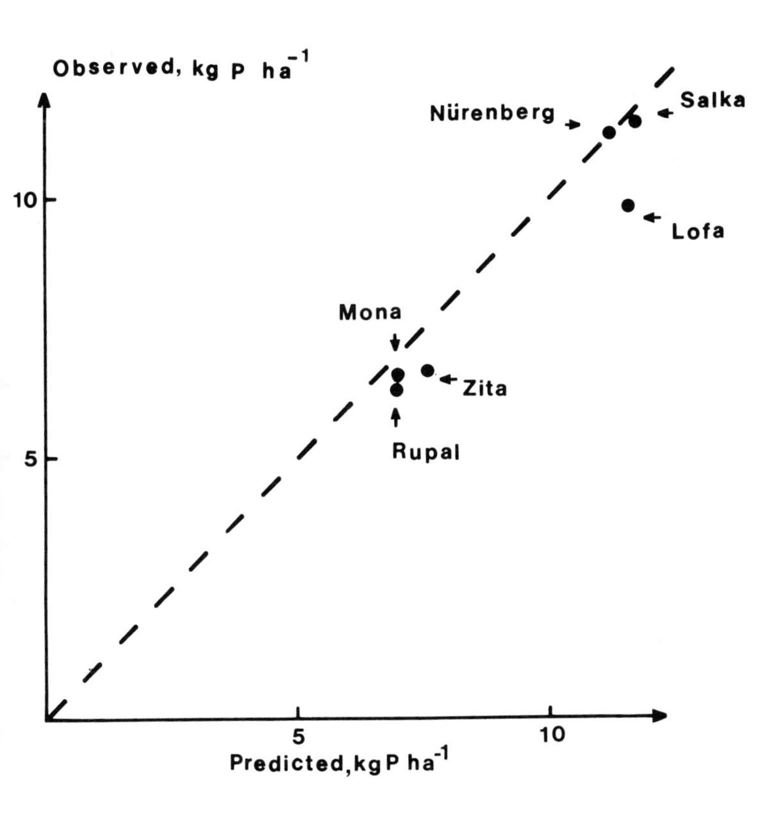

References

1 Christiansen, M.N.and Lewis, C.F. (ed) (1982. Breeding plants for less favorable environments. John Wiley & Sons. New York NY.

2 Epstein, E. (1972). Mineral nutrition of plants: Principl and perspectivies. John Wiley & Sons, New York.

3 Jung, G.A. (ed) (1978). Crop tolerance to suboptimal land conditions. Am. Soc. Agron. Madison Wl.

4 Nielsen, N.E. (1972). A transport kinetic concept of ion uptake from soil by plants. II. The concept and some theoretic ocnsiderations. Pl. Soil 37: 561-576.

5 Nielsen, N.E. (1976). A transport kinetic concept of ion uptake by plants. III. Test of the concept by results from water culture and pot experiments. Plant & Soil 4 659-677.

6 Nielsen, N.E. (1979). Plant factors determining the effic ency of nutrient uptake by plants. Acta Agri. Scand. 2 81-84.

7 Nielsen, N.E. (1979). Plant factors controlling the efficiency of nutrient uptake from soil and genetics. In Mineral nutrition of plants, vol. 1: 203-220. Proc. 1t int. symposium on plant nutrition, Varna, Bulgaria.

8 Nielsen, N.E. (1980). Forløbet af rodudvikling, næringssto optagelse og stofproduktion hos byg, dyrket på frugtbart morænelerjord. Rapport No. 1119, 46 pages from Dept. of Soil Fertility and Plant Nutrition. The Royal Veterinary and Agricultural University, Copenhagen.

9 Nielsen, N.E. (1981). Planteegenskaber (parametre), der påvirker effektiviteten af planters udnyttelse af jord som næringsstofkilde. I. Studier af forløbet af næringsstofoptagelsen hos 30 bygsorter ved moderat mangel på phosphor. Rapport No. 1122, 99 pages from Dept. of Soil Fertility and Plant Nutrition, The Royal Veterinary and Agricultural University, Copenhagen.

10 Nielsen, N.E. and Barber, S.A. (1978). Differences between genotypes of corn in the kinetics of phosphorus uptake. Agron. J. 70: 695-698.

11 Schjørring, J.K. and Nielsen, N.E. (1982). Planteegenskaber (parametre) der påvirker effektiviteten af plnaters udnyttelse af jord som næringsstofkilde. II. Bestemmelse af de transportkinetiske parametre for phosphoroptagelse hos 9 bygsorter, havre, rug og hvede. Rapport No. 1123 167 pages, from Dept. of Soil Fertility and Plante Nutrition, The Royal Veterinary and Agricultural University, Copehagen.

12 Wright, M.J. (ed) (1976). Plant adaptation to mineral stress in problem soils. Cornell University, Agric. Exp. Station, Ithaca NY.

13 Ullerup, B. (1979). Sorter og arter af korn og bælgsæd, In Planteavlsarbejdet i de landøkonomiske foreninger (ed. J. Olesen).

PARAMETRES VEGETAUX PERMETTANT DE CONTROLER L'EFFICACITE DE L'ABSORPTION DES NUTRIMENTS DANS LE SOL

M. N.E. Nielsen, Professeur adjoint, Département de la nutrition des plantes, Université royale des sciences vétérinaire et agricole, Copenhague, Danemark

RESUME

Quand on détermine le taux d'absorption des nutriments dans la racine, ce taux ($\tilde{I}_n L = \tilde{I}_{max} L$) peut s'exprimer par la formule ci-après :

$$\tilde{I}_n L = \tilde{I}max^L \frac{c-c\ min}{c-c\ min} + K_m$$

où

$\tilde{I}_n$ = l'apport net moyen dans la racine, mole cm^{-1} sec^{-1}

$\tilde{I}_{max}$ = l'apport maximal moyen dans la racine, mole cm^{-1} sec^{-1}

L = la longueur de la racine, cm

c = la concentration dans le sol à la surface des racines, mole cm^{-3}

c_{min} = la concentration dans le sol à la surface des racines, où $\tilde{I}_n = 0$, cm^{-3}

K_m = le facteur Michaelis-Menten pour l'apport net moyen à la racine, mole cm^{-3}

Des recherches sur l'orge cultivée en pleine terre ont montré que le taux d'absorption ($\tilde{I}_n L$) de N, P et K variait beaucoup au cours de la croissance, en raison de variations de $\tilde{I}$ et L. Pendant la floraison et l'épiaison, l'apport net moyen ($\tilde{I}_n$) de N et de P diminue de façon spectaculaire, observation tout à fait intéressante qui mérite d'être examinée de plus près. On a observé de grandes différences dans l'absorption de P ainsi que dans les rendements de cultivars d'orge soumis à une carence modérée en P.

Les études sur cinétique de l'absorption de P dans l'aquaculture ont montré que les paramètres végétaux L, $\tilde{I}_{max}$, K_m et c_{min} variaient considérablement selon les espèces végétales et aussi selon les espèces d'orge et de maïs. En outre, on a trouvé que l'absorption réelle de P en pleine terre correspondait à l'absorption de P prévue à partir des valeur $\tilde{I}_{max}$-, K_m -, c_{min} - et L observées dans l'aquaculture. Il ressort des données que la sélection et le développement de génotypes ayant un c_{min} et/ou K_m plus faibles et un $\tilde{I}$ et/ou L plus élevés permettraient d'obtenir des plantes qui tirent mieux parti du sol comme source de P.

D'après les résultats de ces recherches, l'adaptation de plantes à un sol à teneur beaucoup plus faible en P serait tout à fait possible.

APPROACHES AND METHODS FOR EVALUATING AND INCREASING THE CROP POTENTIAL OF SOILS

R,W. Swain, Agricultural Development and Advisory Service, Derby, United Kingdom

Introduction

Soils vary greatly due to differences of geology, climate, topography and vegetation. An assessment of the production potential of each of the different soil types is necessary if soils are to be fully utilized for food production.

The potential productivity of any soil type is therefore governed by the soil physical, chemical and biological properties, the topographical and climatic situations in which the soil occurs, integrated together with the technological management input of the land manager. One of the management inputs is the fertilizer policy adopted by the land manager.

The potential of soils can be assessed directly by experimentation, by growing a crop in the soil and measuring its yield. However, such results strictly apply only to the specific experimental site. Direct assessment is therefore of limited value due to limitations of resource input and the general potential of soils must be assessed by indirect methods. Indirect methods usually build on data obtained by direct assessment of specific sites and the extrapolation of these to the whole of soil unit occurring in a similar environmental location.

As mentioned, the potential productivity of a soil is governed by a range of interacting factors, some chemical, some physical and some biological. For the purpose of this meeting attention will be focussed on techniques used to evaluate some aspects of the chemical inputs to potential. Generally in commercial agriculture the major chemical inputs affecting productivity are nitrogen, phosphorus and potassium fertilizers, and the paper will focus on these inputs.

Agricultural development has been rapid over the past 40 years, with high yields being obtained as a result of better pest, disease and weed control, new varieties and the introduction of better farming systems. Part of this rapid development has been the recognition of the essential role of fertilizers in first maintaining and then increasing crop production.

In intensive agriculture the optimum of fertilizer is based on: the right amount; the right kind; applied at the right time; applied at the right place (7).

Information on the yield response of crops obtained as a result of applying different kinds and rates of nutrient, at different times, is essential if the productivity potential of soils is to be realized. Such yield information must be specifically related to known soil units if it is to be used as a basis for making commercial fertilizer recommendations.

In England and Wales the basic soil unit recognized by the Soil Survey of England and Wales is the soil series (2). In the establishment of a soil series, account is taken of such features as depth, structure, texture, drainage and to a lesser extent nutrient and organic matter contents, all of which are the characteristics which influence the fundamental soil properties of importance to the plant. Accordingly, the Agricultural Development and Advisory Service of the Ministry of Agriculture, Fisheries and Food recognizes this soil unit as the basis for advice on fertilizer policy. Recommendations have been based either specifically on soil series or on groups of soils derived from similar parent materials in similar parent materials in similar environmental situations (14).

In this paper a number of different techniques that have been used by the Agricultural Development and Advisory Service of the Ministry of Agriculture, Fisheries and Food for characterizing the productivity potential of soils, and the way in which fertilizer inputs can be affected by different soils, are reviewed.

Productivity Surveys

Yield Surveys

When a comprehensive survey of soil mapping units is made, quantitative data is desirable and may be obtained by surveys of existing yields or practices from field experiments and from laboratory studies. Surveys of crop yields are helpful in determining the levels of yield of various crops which can be expected from differing soil units (e.g. soil series). Such surveys are useful in assessing the level of productivity that can be expected on that particular soil, but they are time-consuming to carry out and need to be repeated at frequent intervals because of the effect of changes in management practice on crop yields. However, they enable the productivity of different soil series to be assessed relative to one another. Unless major changes in agricultural practice occur, the relative productivity of different soil series is likely to remain fairly constant.

It is possible, of course, to speed up the carrying out of such surveys by obtaining estimates of yield direct from farmers rather than by measuring them in fields (Table 1). Farmers vary considerably in their ability to provide such information and if reliance is placed on the results, there is no real alternative but to take the yield from selected areas in fields on the selected soils being studied (6). Certain crops (for example, sugar beet and hops) lend themselves to this type of study, as accurate yields are recorded by the farmer for marketing purposes.

Table 1

Yield of Sugar Beet in 1949 (tonnes/ha of washed beet)

Soil Series	Yield (t/ha)
Cranimore	1.24
Newport	1.34
Bridgnorth	1.39
Cotham	1.45

Descriptions of each of the soil series are omitted for the sake of brevity. Details can be found in Soils of the West Midlands (13).

Care needs to be taken with such surveys of yield, as yields may be recorded at different management levels. Such information is representative of yields obtained in commercial farming. However, due to the considerable variation in the type and standard of management techniques, much replication is needed to obtain yields truly representative of the actual yields obtained from the different soil types rather than yields obtained as a result of differing management standards. Only data from soils managed at a high standard of management should be considered. Crop yields can be affected by such factors as the traditional sowing date for a crop in the area which does not necessarily have any correlation with the potential productivity of the soil.

Yield Estimates

Yield estimates should ideally be carried out at two management levels: (a) the most common commerical practice and (b) the best commercial practice in the area. Ideally, they are made from data collected for a period of 10 years (or longer where rainfall is unreliable) from farm records, interviews, questionnaires, experimental results and general observations. Every effort should be made to obtain reliable estimates of mean yield and, if possible, variability for the soil types considered. These are known as benchmark yields and average yields from other soils are estimated by analogy as being similar to, slightly better than these benchmark soils. In a survey in the Midlands of England (6) a preliminary attempt to obtain yield data was made in 1960 using two widespread soil series, the Bromyard and Munslow series (13). A large random sample of farmers whose holdings included substantial areas of either series was approached for information on crop yield and management practice and samples taken from a large number of representative fields. A number of practical difficulties were encountered (only a limited number of farmers kept accurate yield data). Data could only be effectively collected for recent years and for crops which were sold to a merchant on a weight basis. The data obtained (Table 2) form a survey of this type would represent the average standard of management in the area. At the same time that this random yield survey was carried out, data was collected for a Ministry of Agriculture, Fisheries and Food Experimental Husbandry Farm in the Midlands on the Bromyard soil series. It can be seen that under experimental conditions managed to a high standard considerably higher yields of crops were obtained than under average management (Table 3).

Table 2

Survey of Crop Yields (t/ha) - 1957-1959

	Bromyard Soil Series	Munslow Soil Series
Winter wheat	3.53	3.93
Spring wheat	3.21	3.19
Barley	3.43	3.60
Spring oats	2.95	3.15
Winter oats	3.01	3.13
Potatoes	25.6	18.6

Table 3

Comparison of Survey Yields and Yields from Experimental Husbandry Farm (12-year average) - 1948-1960

Crop	Survey Yield	Experimental Farm Yield
Winter wheat (t/ha)	3.53	4.70
Barley (t/ha)	3.43	3.85
Potatoes (t/ha)	25.6	31.4

Field Experimentation

Experimental work is essential to obtain detailed information on various aspects of the productivity of soils. Typically such experiments include replicated treatments carried out on a relatively small number of sites. Due to the limitation of number of sites, care in the siting of such experiments is essential. Experiments must be sited on uniform areas of soil which are representative of the whole of the soil series under study and preferably the sites should be comparable in respect of the main important environmental factors. Experiments must be continued for a sufficiently long period of time to include the effects of a range of climatic variations, often 8-10 years if a suitable period is a suitable period in British conditions. Data from extreme climatic seasons should be treated with care or excluded from the meaned data; for example, the drought year of 1976 produced abnormally low optima for fertilizer nitrogen on a series of winter wheat experiments.

Table 4

Optimum Nitrogen Applications (kg/ha) for Winter Wheat

Year	Optimum Nitrogen (kg/ha)
1973-75	125
1976	5
1977	135
1978	175
1979	160

Comparison of Paired Situations

One way of overcoming the within-season variations between the potential soils due to effects of differing climate is to carry out experiments within single fields where a number of distinct soil series occur. This approach also minimizes differences due to different standards of management, past history, etc. It is, however, difficult to find suitable sites where two or more typical profiles representative of the contrasting soil series are developed. Comparisons made in a single season are of limited validity as the differences between yields on soil series are likely to vary in amount, and sign, from year to year. Experiments therefore need to be carried out for a minimum of three to five years. Experiments of this type were conducted in south-east England in conjunction with an assessment of the area according to the criteria for land use capability classification (4). During the three-year study period (12) highest productivity was consistently associated with the potentially most productive soil series (Dunnington Heath - Grade 1) and the lowest productivity with the poorest soils (Whimple and Worcester - Grade 3).

Table 5

Yields of Winter Wheat from Soils Occurring in the Same Field
(Mean Yields 1977-79)

Soil Series	Mean Yield (t/ha)
Dunnington Heath	8.52
Whimple	7.18
Worcester	6.80

Detailed descriptions of the soil series can be obtained from publications of the Soil Survey of England and Wales (Dunnington Heath - Reference 16; Whimple and Worcester - Reference 8).

The techniques discussed so far provide limited information as they only provide comparisons in the productivity of different soils under conditions of current agricultural inputs. The relative productivities established by these techniques are, however, likely to be maintained, provided similar cropping patterns are maintained, as productivity is increased with increasing inputs. Other techniques exert greater control over inputs and are needed to assess the true potential of soils.

Benchmark Plots and Complementary Studies

These can be defined as "ideal" plots, in which crops are managed under optimum conditions (21). Optimum management includes:

1. Hand cultivation, allowing all cultivations and planting to be done at optimum time without causing soil physical damage.

2. Elimination of major and minor element nutrient limitations.

3. Control of pest, disease and weed.

The crop yields thus measured reflect the integrated influence of the "uncontrollable" soil and environmental influences and can be considered to reflect the true potential productivity of the soils being studied. The ability to realize this potential will often, however, be governed by factors outside the scope of this meeting, namely the physical and not the chemical aspects of the soil. This can be demonstrated by reference to experiments in the Midlands of England (15) on a range of 6 soil series common in that area (18). Reference is made only to two of the 4 crops grown in the rotation (Table 6), as these illustrate the relative differences in the yield obtained for the different soil series under the idealized management of the benchmark plot and under the high standard of commercial management from fields in the surrounding area (complementary fields).

Table 6

Mean Yields from Benchmark Plots and Complementary Fields (1968-1972)

Soil Series	Winter Wheat		Sugar Beet	
	Benchmark (kg/plot)	Complementary Field (t/ha)	Benchmark (kg/plot)	Complementary Field (t/ha)
Dunnington Heath	4.73	5.91	11.85	36.1
Banbury	4.66	5.84	10.41	49.4
Cottam	4.78	5.19	12.19	39.4
Worcester	3.38	6.42	10.79	44.4
Evesham	4.83	5.49	12.93	-
Ragdale	4.83	5.15	12.68	47.9

Fertilizer Experiments

Numerous fertilizer experiments have been carried out over the past 30 years to determine the optimum nitrogen, phosphorus and potassium rates needed to achieve optimum yields. These experiments have investigated the specific needs of individual crops, have compared the fertilizer responses obtained on different soil types and have tested the value of different methods of soil analysis in predicting crop responses to fertilizer. The major test crop used in England and Wales to compare responses between soils, and to evaluate analytical methods, has been potatoes, as this is a commonly-grown crop which is responsive to applied nutrients. In each of the 4 main series of potato fertilizer experiments (3, 5, 10, 20) response data has been related to specific soil series, as well as to soil analysis, thus enabling any soil series, soil analysis interaction to be defined.

In each of these series of experiments nitrogen, phosphorus and potassium fertilizers were applied in factorial combination on to well-managed crops grown on specific soil types. The resultant yield data was correlated independently with a number of soil chemicals (phosphorus and potassium levels) and physical (e.g. texture, depth) parameters, and with information on past cropping and management (e.g. ploughing depth, placement method). The conclusions drawn from these experiments reinforced the basic assumptions used in England and Wales for making optimum fertilizer recommendations.

The responsiveness of crops to applied phosphate was mainly related to soil series, soil texture, soil phosphorus level and the depth of freely-drained soil. Responses to potassium were related to soil type, soil potassium level and ploughing depth.

The effect of depth of freely-drained soil on response to phosphate (the response increasing as the depth of freely-drained soil decreased) (5) was, however, not supported in later experimental work.

Correlations between soil series and the response to fertilizer was established (5). However, due to the number of soil series in the country (over 1,000), correlations with other soil parameters were sought. Grouping by texture (Table 7) achieved considerable success in distinguishing between responses to nitrogen and potassium, but this was probably a reflection of the inherently different levels of chemical fertility in the contrasting soil types rather than any differences in physical parameters.

Table 7

Mean Response, by Texture, of Potatoes to Nitrogen, Phosphorus and Potassium Fertilizers (t/ha)

Texture	N3-N1	P2-PO	K2-KO
Sands and sandy loams	0.70	1.03	1.34
Silty loams and clay loams	-0.11	1.35	0.17

In these earlier experiments the amount of nitrogen, phosphorus and potassium fertilizer used was small compared to current usage. As the quantities of these nutrients applied increased in later experiments, the interaction between soil texture diminished and at the rates used in the present-day experiments (250 kg/ha N; 500 kg/ha P_2O_5; 400 kg/ha K_2O) responses across texture groups were uniform. The sole factor used to determine the input of phosphorus and potassium to obtain maximum productivity from soils is now deemed to be the level of available phosphorus and potassium in the topsoil. The response to phosphorus for crops grown on soils with a low phosphorus reserve is larger than for those on soils well supplied with phosphorus, as is the response per kg of applied phosphate (3) (Table 8). Similar relationships were established (20) for potassium (Table 9).

Table 8

Responses to Phosphate Fertilizers in Relation to Soil Phosphate Content

Extractable Soil P (mg/l)	Yield Increase to Optimum Phosphate Application (t/ha)	Response Rate kg/kg P_2O_5
Less than 15	8.5	61
16-25	8.0	27
26-35	5.5	16
Greater than 35	2.5	7

Table 9

Responses to Potassium Fertilizer in Relation to Soil Potassium Content

Extractable Soil Potassium (mg/l)	Response (t/ha)	
	150 -70 kg/ha K_2O	225 -150 kg/ha K_2O
Less than 150	1.33	1.26
Greater than 151	-0.05	-0.05

The optimum use of nitrogen is the key to maximum productivity and soil analytical methods which have been tried over many years in England and Wales have in most cases failed to provide any guide to the optimum nitrogen needed to obtain maximum productivity (19). The optimum nitrogen input for winter wheat under English and Welsh conditions has recently been reviewed (17)., and it was concluded that the optimum nitrogen was related to soil texture grouping, as well as to residual soil nitrogen and seasonal factors. Such texture groupings not only affected the amount of nitrogen needed for optimum productivity, but also affected the optimum timing of nitrogen application.

Fertilizer experiments of this type have formed the basis of current fertilizer recommendations in the United Kingdom. The optimum yields from these experiments can be used to assess the potential of soils and optimum fertilizer inputs.

Fertilizer experiments of this sort, however, have the defect that not all the input factors are maximized (i.e. they are subject to variation in the level of soil physical management) and in order to provide data for all crops they are very labour-intensive. For example, it would be impractical to carry out such trials to assess the optimum fertilizer inputs to realize the potential of each soil type for each of the 20-25 vegetable crops grown in the United Kingdom. To short-cut this, Greenwood and his co-workers at the National Vegetable Research Station (11) have developed models to assess fertilizer optima. These models clearly establish that although the fertilizer optima for crops differ considerably, the responsiveness of one crop relative to another is similar on a range of soils. Based on this assumption, if the relative productivity of soils can be established for one crop, this relativity would hold true for other crops if the soils were under optimum management.

Maximum Yield Experiments

The concept of these experiments is similar to the benchmark plots. All inputs are designed to enhance the chances of obtaining maximum theoretical yield - namely the yield limited only by conditions of incoming solar radiation and atmospheric carbon dioxide concentration. Some of these experiments (colloquially called blueprint experiments) show that potato yields can be significantly increased over average yields (9), but that the contribution to these yield increases from enhanced fertilizer application is relatively small (1).

Table 10

Potato Yields (t/ha), National Averages Compared to Blueprint Studies

	1971	1972	1973	1974	1975	1976	1977	1978
Average	31	30	33	34	22	21	30	37
Blueprint	90	75	85	88	68	68	67	85

The greatest response to additional fertilizers was for phosphorus fertilizer (560 kg/ha P_2O_5 compared to 440 kg/ha P_2O_5) and was 8 t/ha in 1974. On soils with good reserves of available soil nutrients, as was the case on these blueprint studies, current fertilizer recommendations (14) are not a limiting factor to the productivity of soils.

Modelling to Improve Productivity

Currently the Agricultural Research Service in England and Wales is involved in developing a series of models aimed at simulating crop growth. The models (or sub-models) developed at Rothamsted Experimental Station and the National Vegetable Research Station are subject to joint field evaluation by Agricultural Research Service and Agricultural Development and Advisory Service staff. Data obtained from the experiments discussed earlier in this paper are used to provide input to the models and to validate specific steps.

Summary

The techniques used by the Ministry of Agriculture, Fisheries and Food over the past 30 years to assess crop production potentials of soils have been discussed. The problems associated with each type of technique have been mentioned and the importance of optimizing all inputs to ensure that actual productivity is as close to potential productivity as possible has been stressed.

Increasing the production potential of predominantly arable soils by the manipulation of fertilizer inputs alone is no longer possible, as the majority of such soils in England and Wales are already well supplied with nutrient reserves. In grassland situations, however, there may well be scope to increase production potential by increasing soil nutrient reserves.

Major increases in the crop production potential of soils is dependent upon further improvements in knowledge of the management of the soil physical environment.

References

1. Anderson, G.D., Hewgill, D.: ADAS/ARC Symposium, "Maximising Yield of Crops", pp. 139-150, HMSO (1978).

2. Anon.: Soil Survey Research Board Report 1. Soil Survey of Great Britain (1950).

3. Archer, F.C., Victor, A., and Boyd, D.A.: Expt. Husb. 31 pp. 72-79 (1976).

4. Bibby, J.S., Mackney, D.: Soil Survey Technical Monograph 1, "Land Use Capability Classification" (1969).

5. Boyd, D.A., Dermott, W.: J. Agric. Sci., 63, pp. 249-259 (1964).

6. Burnham, C.P., Dermott, W.: Report of the Welsh Soils Discussion Group 5, pp. 17-45 (1964).

7. Cooke, G.W.: Fertilising for Maximum Yield. Pub.: Crosby, Lockwood, Staples (1976).

8. Cope, D.W.: Soils of Gloucestershire, 1 (Norton). Soil Survey Record No. 13 (1973).

9. Evans, S.A., Neild, J.R.A.: J. Agric. Sci. 97, pp. 391-396 (1981).

10. Farrar, K., Boyd, D.A.: Expt. Husb. 31, pp. 64-71 (1976).

11. Greenwood, D.J., Cleaver, T.J., Turner, K., Hunt, J., Niendorf, K.B., Loquens, M.H.: J. Agric. Sci. 95, pp. 441-456, 457-469, 471-485 (1980).

12. Isgar, C.J.: Personal communication (1980).

13. Mackney, D., Burnham, C.P.: Soil Survey Bulletin 2. Soils of the West Midlands (1964).

14. MAFF Bulletin 209, "Fertiliser Recommendations" (1973) and later revision GF1 (1979).

15. NAAS. Land Capability Project. Report on Field Experiments, East Midland Region, MAFF, Shardlow, Derby (1968-1972).

16. Robson, J.D., George, H.: Soils in Nottinghamshire, 1 (Ollerton), Soil Survey Record No. 8 (1971).

17. Sylvester-Bradley, R., Dampney, P.M.R. (1982), in publication.

18. Thomasson, A.J.: Memoirs of the Soil Survey of England and Wales, "Soils of the Melton Mowbray District" (1971).

19. Tinker, P.B., Addiscott, T.M. (1982), in publication.

20. Webber, J., Boyd., D.A., Victor, A.: Expt. Husb. 31, pp. 80-90 (1976).

21. Wilkinson, B.: In MAFF Tech. Bulletin 30. pp. 23-34 (1974).

APPROCHES ET METHODES UTILISEES POUR EVALUER ET ACCROITRE LE POTENTIEL DE PRODUCTION DES SOLS

R.W. Swain, Expert régional des sols,
Agricultural Development and Advisory Service,
Derby, Royaume-Uni

RESUME

Au cours des quarante dernières années, le potentiel de production agricole a augmenté grâce à l'utilisation de variétés nouvelles, de meilleures méthodes de lutte phytosanitaire et de désherbage, ainsi qu'à la mise au point de façons culturales plus rationelles. Cet accroissement de production n'aurait toutefois pu être obtenu sans une utilisation plus efficace des engrais. Nombre de ces facteurs qui contribuent à améliorer le rendement ont une interaction avec l'apport de nutriments et ce n'est qu'en exploitant ces interactions que le potentiel de production agricole pourra à l'avenir être augmenté.

On a utilisé jusqu'ici tout un éventail de techniques pour évaluer le potentiel de production des sols et pour essayer d'améliorer l'efficacité des emgrais épandus. Toutes les méthodes comportent la collecte de données sur le rendement des cultures ayant une importance agronomique sur des sites spécifiques. Pour que ces informations aient une utilité générale et permettent de faire des recommandations concernant les engrais, il faut extrapoler et calculer des données équivalents pour de plus grandes surfaces, à partit des données recueillies pour ces sites.

Trois grands types de techniques ont été utilisés :

1. Enquêtes de productivité

Des enquêtes peuvent être faites pour déterminer le niveau de rendement qui peut être escompté sur différentes unités de sol portant les principales cultures. Toutefois l'interprétation des enquêtes de productivité demande un soin particulier à moins que toutes les données aient été recueillies dans des exploitations très bien gérées.

2. Expérimentation sur le terrain

a. Comparaisons de situations appariées

Des données sont recueillies pour des unités de dols différents soumises à un régime d'exploitation identique (sols d'une même parcelle).

Ces techniques ne permettent que des comparaisons limitées car on ne rencontre pas souvent des unités différentes les unes à côté des autres. Il arrive aussi fréquemment que des unités de sols ne soient pas vraiment représentatives des unités de sols.

b. Parcelles de référence

De petites parcelles sont soumises à une exploitation intensive, dans des conditions optimales, afin de déterminer le potentiel maximal d'un sol dans des conditions idéales. Toutefois, dans la pratique, il peut y avoir des problèmes de gestion des sols qui ren dent peu rentable l'exploitation à l'échelle commercia le du potentiel de production des sols.

c. Etudes du rendement maximal

On calcule un rendement théorique pour une superficie donnée et tous les facteurs de production nécessaires pour un système de production en culture intensive, en vue d'éliminer toute limitation au rendement.

d. Expérience d'utilisation d'engrais

Ces expériences, faites avec des cultures marchandes, peuvent servir à évaluer les différentes méthodes d'analyse des sols, à comparer la réaction des engrais suivant les sols et à déterminer le niveau optimal d'engrais nécessaire.

Des recherches ont été faites récemment pour voir dans quels cas les apports d'engrais peuvent être ramenés en deçà des niveaux recommandés traditionellement ou pour définir des cas où il n'est pas nécessaire dans l'immédiat d'utiliser des engrais.

Toutes ces méthodes ont un défaut : les séries de données sur le rendement sont recueillies dans des lieux différents, ou, par conséquent, le climat est différent. Le seul moyen de surmonter cet obstacle consiste soit à créer des climats artificiels sur les sols soit de transporter des échantillons de sols dans un environnement normalisé.

Du point de vue commercial, les enseignements tirés de ces expériences servent à définir des politiques en matière d'utilisation d'engrais pour une certaine culture ou, ce qui est préférable, pour une rotation culturale.

Mais l'information détaillée ainsi obtenue n'est pas toujours exploitée à fond dans la pratique commerciale.

INTEGRATED PLANT NUTRITION SYSTEMS

R.N. Roy and H. Braun
Fertilizer and Plant Nutrition Service
Land and Water Development Division
FAO, Rome

INTRODUCTION

To match the food requirements of increasing population, the developing countries are left with no alternatives than to intensify their agricultural systems rapidly to increase production. Any system of intensive cropping drains from the soil very heavily the available plant nutrients and, therefore, increased and judicious use of mineral fertilizers is the key factor in the systems aiming at an intensification of crop production. It is generally recognized that in an input package, fertilizer contributes for 50 per cent to yield increases. It is also estimated that to produce the food required, developing countries as a group will have to increase their consumption of fertilizers three to fourfold by the year 2000. However, rising costs and heavy demand for fossil energy by other sectors of economy will be a serious constraint to reach this target. Therefore, the highest possible efficiency in the use of fertilizers as well as maximum use of available alternative renewable sources of plant nutrients like organic materials and biological nitrogen fixation will need to be ensured. The concept of integrating all sources of plant nutrients into a productive agricultural system has therefore received increasing attention during the recent years.

CONCEPT

The basic concept underlying the principle of Integrated Plant Nutrition Systems (IPNS) is the maintenance of soil fertility, sustaining increased agricultural productivity and improving farmers' profitability through the judicious and efficient use of mineral fertilizers, organic manures and biologically fixed nitrogen.

The approach is not new since the simultaneous and complementary use of mineral fertilizers and organic materials has been practised for many years in many parts of the world. Efficiency oriented research has since brought about new technologies and methods in the production and use of mineral fertilizers, in the recycling of organic materials and in the development of biological nitrogen fixation. At the same time, soil fertility conserving and enhancing cropping practices and systems have been developed and are still being further developed. What is needed is the realistic action for the practical implementation of the approach inasmuch as it has not been applied already.

GE.83-40033

VARIOUS COMPONENTS AND THEIR PERSPECTIVE IMPORTANCE

Various major sources of plant nutrients are soil, mineral fertilizers, organic matters and atmospheric nitrogen fixed by micro-organisms and carried through precipitation. The main aim of the integrated approach is to tap all the sources in a judicious way and ensure their efficient use.

Soil sources:

The nutrient supplying capacity of the soil is well known. Due to continuous and intensive cultivation, the supplying capacity of soil is getting limited and therefore, they are becoming deficient in some or other nutrients. To enhance the soil nutrient supply the following should receive greater attention:

- appropriate soil management and conservation practices to reduce losses of nutrients,

- amelioration of problem soils mobilizing unavailable nutrients,

- appropriate crop varieties, cultural practices and cropping systems maximizing utilization of available nutrients,

- other practices, like inoculation with insoluble phosphate dissolving bacteria and fungi, which have shown promise in mobilizing unavailable soil phosphorus and making it available to the plants during their growth.

Mineral fertilizers:

Major role in plant nutrition played by mineral fertilizers for sustaining and increasing agricultural production needs no emphasis.

With a view to energy and economic considerations, increased efficiency in their use is of utmost importance. At a time when we are posed with the problem of feeding increasing population in developing countries and the meagre level of mineral fertilizers being actually used at farm level, any approach of further reducing the dose of mineral fertilizers and supplementing with alternative sources should be advocated with great caution and depending on current level of its use, The direction should be to maximise agricultural production per unit area and unit time by optimizing its use efficiency through the complementary use of organic and other alternative sources of plant nutrients. Any additional nutrients applied through other sources should be accounted for making up the gap between the recommended and actual levels of fertilizer application.

The FAO Fertilizer Programme in Africa and Asia is fully geared to increasing fertilizer use efficiency through the following:

- scheduling recommendations based on a cropping system rather than for a single crop in the system (FAO organized an Expert Consultation recently on Fertilizer Use under Multiple Cropping Systems and salient relevant recommendations are given in Annex I);

- by improving all other production factors and eliminating limiting factors, including secondary and micronutrients;

- minimizing losses in the field through appropriate time and methods of application;

- minimizing losses in the transport chain; and

- use of appropriate products including supergranule and coated urea, direct use of locally available phosphate rocks, etc.

Organic sources:

The organic manures are the valuable by-products of farming and allied industries, derived from plant and animal resources. The available organic resources can be classified in their order of importance as follows:

- cattle-shed wastes like dung, urine and litter (farmyard manure);

- crop-wastes/residues like sugarcane trash, stubbles, weeds, straws and spoilt fodder;

- human habitation wastes like night soil, urine, town refuge, sewage sludge and sullage;

- slaughter-house wastes, animal carcasses and by-products such as blood, meat, bones, fishery wastes, leather and wool wastes, etc.;

- poultry litter;

- sheep and goat-droppings;

- by-products of agriculture-based industries such as: oilcakes, wastes from fruit and vegetable processing, bagasse and press-mud from sugar factories, sawdust, tobacco wastes and seeds, rice husk and bran, tea-waste and cotton-dust from textile industries;

- forest-litter;

- wastes from marine algae and seaweeds;

- miscellaneous products such as water hyacinth, tank silt, etc.

It is estimated that about 130 million tonnes of plant nutrients are theoretically available in this form, although the quantity actually usable are much lower. Problems in their use are: low content of nutrients, slow release of the nutrients due to slow rate of mineralization, transportation difficulty and cost owing to their bulky nature, and widespread use as fuel and feed for cattle due to unavailability of alternate sources.

The nutrients present in animal dung, crop residues and other organic materials can be recycled in soil either by composting, direct incorporation of organic residues in soil or by mulching.

Rural composting: Though improved technology is now available, yet in most cases it is not followed by the farmers. It is therefore important to motivate farmers not to waste the farm residues but to conserve and compost them in correct ways, like, to select an appropriate place for composting, chopping the crop residues, adding fungal cultures (Aspergillus sp., Penicillium sp., etc.) or fresh dung slurry for accelerating decomposition, adding a starter dose of nitrogen (0.25 to 0.5 per cent) to lower the C/N ratio and enriching with low grade rock phosphate (1 to 2 per cent) to improve the quality and to avoid loss of valuable ammonia through volatilization.

Mechanical composting: Establishing compost plants in the urban areas to process the refuge for agricultural purposes has been successful in many developed countries. However, this has been of limited success in developing countries due to higher cost of production and transportation of a low grade nutrient source. Experience has shown that reduction of civil works and mechanization can help in considerably reducing the capital cost. The cost of production of compost should therefore be reduced by only essential mechanization and by reducing its bulkiness and by enrichment so as to increase the plant nutrient content per unit of biomass.

Bio-gas technology: An obstacle to greater use of organic materials, particularly animal waste, as plant nutrients is their widespread use as fuel. All their plant nutrient value is lost through burning, but can be remedied if the animal wastes (or other suitable wastes) are used to produce methane (biogas) by the anaerobic fermentation process. The methane can be used for cooking, lighting and running engines and the digested slurry can be used directly with irrigation water, composted with farm residues or sun-dried and used as manure. However, the removal of several constraints like the still high cost of the digesters, the lack of sound infrastructure for installation, operation and servicing are prerequisites for large-scale adoption by the farmers.

Incorporation of crop residues and mulching: Crop residues are important renewable scattered organic sources and are readily available to farmers. When composting cannot be practised, they could be directly applied to the field. Their effect on improving soil properties, conserving soil moisture and controlling weeds are well recognized. However, their availability is very often constrained as they are used by farmers as a source of fuel and feed for the cattle. While using wide C/N ratio materials, care should be taken to supplement with nitrogen and phosphorus. Otherwise crop growth will suffer due to their deficiency caused by microbial immobilization during the initial period of decomposition.

Sewage/sullage: It is equally important to recycle liquid wastes and use profitably for agricultural purposes. However, much further progress is needed in the development of suitable infrastructures including engineering technologies for sewage treatment and measures to check health hazards. According to a recent report of the Association of German (FRG) Agricultural Experimental and Research Institutes (LUFA), out of 306 samples of sewage sludge tested, 40 per cent samples were designated unfit for agricultural use on account of their high heavy metal content (especially in zinc and copper).

FAO's role in organic recycling assistance programmes has made considerable impact in the Asia region and similar activities are now being extended in the Africa and Latin America regions.

Biological sources:

Legumes contribute to soil fertility directly through their unique ability to fix atmospheric molecular nitrogen in association with rhizobia. There are two modes of nitrogen fixation that are of considerable importance, one is the recycling of nitrogen fixed by select leguminous plants/trees through their incorporation in the soil as green manures thus making the nutrients in it, particularly nitrogen, available to the succeeding crop. The other is the nitrogen fixation through some symbiotic and non-symbiotic micro-organisms and making it available to the associated field crop.

Green manuring: Raising of quick growing leguminous plants and burying them after 45 to 60 days has been practised by the farmers for a long time. A leguminous green manured crop contributes about 30-40 kg. N/ha for the succeeding crop. In the late fifties and sixties, with easy availability of mineral nitrogenous fertilizers, the farmers found it cheaper and easier to buy nitrogen than to grow a green manure crop. However, with the present limited availability and high prices of fertilizers, green manuring can effectively contribute to economize nitrogen fertilizers. However, factors like availability of seeds of the right type of green manure crops, engaging the land for such purpose for at least two months and availability of water for its growth and decomposition will dictate its adoption under different agro-ecological situations. The practice has a higher chance for adoption by the farmer when part of the crop can be used for food or forage. For these reasons, the concept of "Alley Cropping", the combination of leguminous trees and field crops, seems to be a better alternative.

Fig. 1 Some Examples of Planting Patterns of Green Manure Crops in Multiple Cropping Systems in China

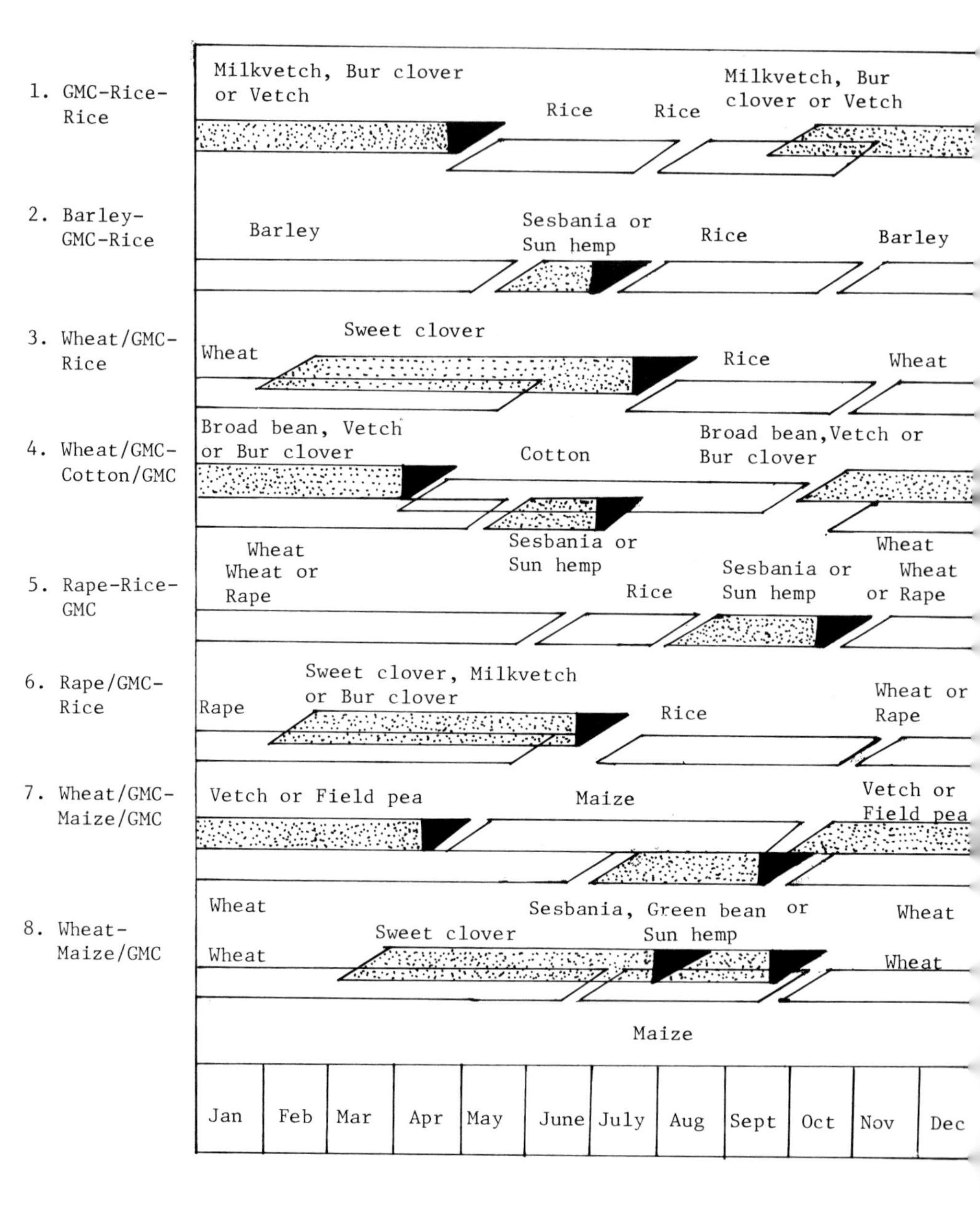

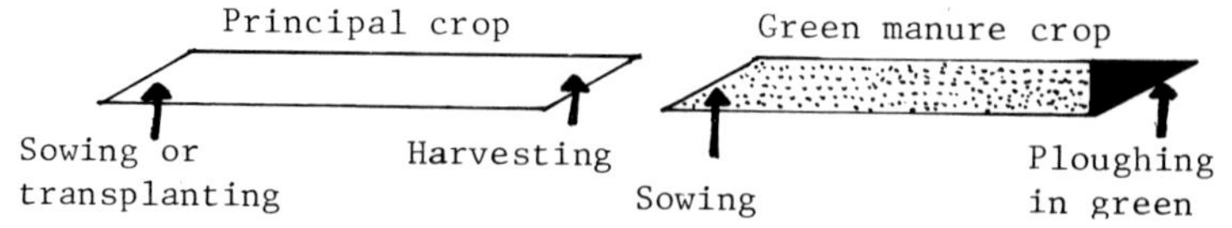

In some parts of China green manuring is widely followed. Some examples of their successfully growing green manure crops in intensive multiple cropping systems are given in figure 1.

Rhizobium inoculants: Enough is known to generate optimisms about prospects of enhancing the efficiency of Rhizobium - legume symbiosis and to expand other associations to a considerable extent with a view to their large-scale adoption by farmers.

A legume in the cropping system if suitably inoculated and supplied with 25-30 kg. P_2O_5/ha can meet about 80 per cent of their own needs for nitrogen through fixation. Additionally, it may show a residual effect to the extent of 20-25 kg. N/ha on succeeding crop. When grown in an intercropping system they may also provide some nitrogen to the main crop.

Transfer of available knowledge from research to the farmer is urgently needed. In pursuance of this, work on Biological Nitrogen Fixation (Symbiotic) has been considerably strengthened in FAO and field activities, including trials, demonstration, training, inoculant production support, etc. have been started in Asia and the Pacific, Near East, Africa and Latin America regions.

Blue Green Algae and Azolla: Considerable interest has recently been generated in the use of Blue Green Algae and Azolla (an aquatic fern which harbours in its leaves a nitrogen fixing blue-green algae, Anabaena azollae as a Symbiont) for nitrogen fixation in water-logged rice fields. It is estimated that at the farm level they can contribute to about 25-30 kg. N/ha.

In the case of Azolla, application of phosphorus to maintain a certain minimum concentration in the solution, the control of insect pests, etc. are essential for the proper growth of the fern. These and availability of water and required amount of culture may represent constraints, to its wider application.

In the case of Blue Green Algae (BGA) considerable variation in the amount of nitrogen fixed has been observed. Competition by native strains, the beneficial effect of BGA in the presence of applied mineral nitrogenous fertilizers, storage and transportation of the culture often posed limitations to its wider adoption.

An assessment of the cost-benefit ratio of this technology in the over-all rice production system is still necessary.

FAO has been actively engaged, specially in the Asia region, in supporting and promoting Azolla and BGA technology.

Other micro-organisms: The beneficial effects of Azotobacter sp., Azospirillum, Mycorrhizae, etc. are also gaining importance. However, much more is yet to be known about them before their use is advocated to the farmers.

PRACTICAL APPLICATION OF THE INTEGRATED PLANT NUTRITION APPROACH

In recent years as a result of increasing mineral fertilizer prices, the concept of integrated plant nutrition has become an important topic for discussions at various forums. However, many ideas emerging from such deliberations lack practicality for its implementation at microlevel and are bogged down with macrolevel planning, infrastructural developments, organizational issues and so on.

It is not that farmers are not using whatever sources of plant nutrients are available to them. What is needed is a rational-relatistic-scientifically backed and economically viable practice. To make some headway in this direction, only those components which are within the reach of small farmers and well proven need to be integrated at the first instance. Others needing heavy infrastructural and associated developments like mechanical composting, biogas technology, sewage sludge etc. should be subsequently inducted.

Though more scientific information on the complementary and supplementary role of mineral fertilizers, organic materials and biological nitrogen fixation in crop production for different agro-ecological zones is needed, following is a simplified action oriented broad outline of research-cum-demonstration trials in farmers' fields which have been initiated in about 17 countries in Asia and Africa within the framework of the ongoing FAO Fertilizer Programme.

Operational Model:

- A bench mark survey in the form of a status report to asses the state of knowledge on plant nutrition and actual availability of farm residues and other organic sources which are not currently used and can be used effectively for agricultural production;

- Selecting one or two major multiple cropping systems (including one grain of forage legume) depending on the agro-ecological conditions, produce markets, dietary preferences, etc.;

- Scheduling nutrient application rates for the entire cropping system based on locally available information, experience of the FAO Fertilizer Programme and recommendations emanated from the recently held FAO Expert Consultation on the subject (Annex I);

- N, P and K should be always applied to that crop which makes best use of thye nutrient in question. The following crop may be able to use the residual effect left over from the previous crop. Such considerations are important for increasing the efficiency of mineral fertilizers;

- To mobilize more organic materials to the farm lands, farmers would be educated and encouraged in planting quick growing trees in common lands and along the border of the farm lands for fuelwood purpose and thereby reducing their dependence on cattle dung for fuel;

- Farmers would be motivated and demonstrated to make good composts by using the right technology from the easily available farm wastes, agricultural wastes and other organic sources. The composts and FYM would be applied in the best season;

- Depending on the type of organic materials and quantities applied a rough assessment of the quantities of major nutrients, e.g. N, P and K added to be made. Though some amount of secondary and micronutrients would be added, but for the sake of simplification could be ignored for the time being;

- Where the situation permits, alley-cropping with quick growing leguminous trees like Leucaena leucocephala would be introduced and in successful situations an adjustment of the N dose for the accompanying crop to the extent of 40-60 kg./ha would be made. If a green manure crop (legume) is taken, an adjustment of 30-40 kg. N/ha would be made;

- A legume crop (grain or fodder) would be introduced in the cropping systems. It would be suitably inoculated with efficient Rhizobium strains. Contribution of 20-25 kg. N/ha by the legumes to the succeeding crop would be considered in the adjustment of the N dose;

- In the rice based cropping systems efforts would be made to introduce effective strains of Azolla and Blue Green Algae, where these are easily available. A contribution of 25-30 kg. N/ha by Azolla or BGA to rice would be taken into account in the adjustment of the fertilizer dose for rice;

- The contribution of nutrients added through the above sources would be deducted from the doses recommended for the cropping system;

- Soil testing would be done at the beginning and repeated at the end of the year. This would enable a monitoring of the soil nutrient status against the crop yield performance and lead to necessary adjustments in the fertilizer schedule at least after two cropping sequences;

- All practices leading to increasing efficiency of the mineral fertilizers, soil amelioration and management, and improving all other production factors would be followed;

- The result of an economic evaluation of the above integrated system would be one of the guiding principles for the consideration of its success.

An Example for Nutrients Scheduling

Step I:	Soil Testing for estimating initial nutrient levels			
Step II:	Cropping System:	Wheat	Grain Legume	Rice
Step III:	Nutrient Recommendation: ($N+P_2O_5+K_2O$ kg/ha)	120+60+60	20+30+0	120+0+60
Step III:	Contribution from organic manures: (2 tons/ha each for wheat and rice)	10+6+10	-	10+6+10
Step IV:	Rhizobium inoculation:	-	In addition to meeting own requirement 20 kg N would be available to succeeding rice crop	20+0+0
Step V:	Inoculation with Azolla or BGA:	-	-	25+0+0
Step VI:	Requirement of mineral fertilizers:	110+54+50	20+30+0	90+0+50 (only O.M. added) 75+20+60 (only Azolla or BGA) 65+14+50 (both O.M. and Azolla or BGA)
Step VII:	Actual amount of mineral fertilizers to be added when complementary effect of organics and mineral fertilizers and increased efficiency of mineral fertilizers are taken into account (approx. 15 per cent and final figure rounded off):	90+45+40	20+25+0	75+0+40 (O.M.) 65+15+50 (Azolla/BGA) 55+10+40 (O.M. and Azolla/BGA)

Step VIII: Soil testing after the harvest of the last crop in each year to monitor fertility status and effecting necessary adjustments in mineral fertilizer dose against the crop yield performance.

Step IX: Economics of the system approach.

The above operational guidelines are very general and only indicative. Models for each country would be based on the agro-ecological condition, cropping systems, available plant nutrient resources, and infrastructural, organizational, research and developmental support.

It is hoped that by the time sufficient experience is gained and the approach would be ready for wider adoption, parallel developmental activities for easy availability of suitable Rhizobium inoculants, Azolla and Blue Green Algae would take place through the various ongoing FAO operated and national developmental projects.

CONCLUSIONS:

Instead of concentrating on the fertilization of a single crop as this is still done by most research workers, extensionist and farmers, the concept of integrated plant nutrition takes into consideration the cropping and farming system as a whole. This approach will result in the most efficient use of all plant nutrients available to the farmer from organic as well as mineral sources.

In the future, plant nutrition must be seen as an integrated system and as a part of the farming system, and not as an isolated factor, only then the maximum yields can be obtained to feed the growing world population.

Table 1
Gross Estimates of Primary Nutrients Supplied Annually to the World's 1414 million Hectares of Annual and Permanent Crops.

Plant Nutrient Source	N			P_2O_5			K_2O			Primary nutrients		
	kg/ha	Total 10^6 tons	% of Total	kg/ha	Total 10^6 tons	% of Total	kg/ha	Total 10^6 tons	% of Total	kg/ha	Total 10^6 tons	% of Total
Soil release	30	42	34	15	21	38	47	66	66	92	86	46
Inorganic fertilizers	39	56	44	21	30	54	19	27	27	79	113	40
Organic manures	4	6	5	3	4	8	5	7	7	12	17	6
Biological N fixation	9	13	10	0	0	0	0	0	0	9	13	5
Atmospheric deposition	6	9	7	0	0	0	0	0	0	6	9	3
Total	88	126	100	39	55	100	71	100	100	198	281	100

Source: P.A. Sanchez and J.J. Nicholaides, III, Report of the TAC Consultation, AGD/TAC: IAR/82/7 (FAO, 1982)

ANNEX

FAO EXPERT CONSULTATION ON FERTILIZER USE UNDER MULTIPLE CROPPING SYSTEMS

(held in New Delhi, India, February 1982)

Recommendations
(Relevant portions only)

I. Technology for Immediate Transfer

1. Rice based cropping systems

A. Irrigated rice

A.1 Rice-wheat sequential system:

For alluvial soils in Indian sub-continent N to be applied to both crops, P be applied to wheat and K and Zn be applied to rice.

A.2 Rice-rice-mungbean or soybean sequential system:

N to be applied to both the rice crops, while P to be applied only to one of them (preferably to second one, dry season) together with potassium, S and Zn (based on soil test).

A.3 Rice-Jute sequential system:

N to both crops, P, K, S and Zn, if needed, to be applied to Jute.

B. Rainfed rice

B.1 Rice-chickpea, rice-lentil, rice-horsegram, rice-niger, rice-mustard, rice-linseed, rice-groundnut and rice-soybean sequential systems.

Nitrogen, P and any other nutrients, if required, to be applied to rice crop only. If moisture conditions are favourable it is recommended to apply 20 kg/ha of P_2O_5 to the sequential legume crop.

B.2 Rice + pigeonpea, rice + maize, rice + cassava, rice + *Leucaena leucocephala* and rice + kenaf intercropping systems:

Nitrogen, P and K to be applied to rice crop only. Zinc and Fe to be applied to rice when needed. Iron should be applied as foliar spray. (B1 = bunded; B2 = non-bunded).

2. Maize based cropping systems

A. Humid Tropics

A.1 Maize - cowpea sequential system:

A.2 Maize + cassava, maize + groundnut and maize + Phaseolus beans intercropping systems:

A.3 Maize + gram/cowpea alley cropping with *Leucaena leucocephala*:

B. Sub-humid tropics

B.1 Maize + pigeonpea, maize + soybean, maize + cowpea and maize + chickpea/safflower (for deep Vertisol areas with plant extractable 200 mm water/m depth) intercropping systems:

In maize + legume intercropping systems, N to be applied to maize only, and P be applied to maize + legume crops. Potassium, S and Zn to be applied to maize as and when needed.

3. Sorghum-based cropping systems for Semi-Arid Tropics

A. Sorghum + pigeonpea, sorghum + mungbean, sorghum + cowpea and sorghum + groundnuts intercropping systems:

B. Sorghum - yam and sorghum - chickpea/safflower sequential systems:

Nitrogen, P, K, S and Zn to be applied to sorghum only.

4. Cassava based cropping system for Humid Tropics

A. Cassava + maize/beans intercropping systems:

Fertilizers to be applied to either crop according to its importance in the region.

5. Inclusion of leguminous green manure or forage legume prior to irrigated rice crop can contribute 30-40 kg N/ha.

6. Inclusion of grain legumes such as mungbean or cowpea in the cropping systems can contribute 20-25 kg N/ha.

7. Inclusion of blue green algae/Azolla in irrigated rice crop can contribute 20-25 kg N/ha.

8. Leucaena sown at 4 m spacing can contribute, from top prunings incorporated in the soil, up to 60 kg N/ha to the companion crop.

9. Fertilizer applications should be based on local experience and on the corresponding soil tests. When formulating N rate, due consideration should be given to the contributions from the associated leguminous crops grown in the system.

SYSTEMES INTEGRES DE NUTRITION DE PLANTES

R.N. Roy et H. Braun
Service des engrais et de la nutrition des plantes,
Division de la mise en valeur de la terre et des eaux
FAO, Rome, Italie

RESUME

La politique de la FAO en matière de nutrition des plantes est parfaitement résumée dans la Déclaration que le Directeur général de la FAO a faite à la Conférence des Nations Unies sur les sources d'énergie nouvelles et renouvelables (Nairobi, août 1981). Le Directeur général y soulignait la nécessité pour les pays en développement d'utiliser beaucoup plus les énergies commerciales pour accélérer le rythme de production des cultures vivières. Il recommandait qu'on donne la priorité à l'agriculture dans l'utilisation des ressources énergétiques dont disposaient les pays en développement et soulignait aussi que, pour des raisons d'économie, il fallait utiliser les énergies commerciales, dont les engrais, beaucoup plus efficacement et qu'un effort particulier devrait être fait pour développer l'utilisation des sources d'énergie nouvelles et renouvables.

C'est pourquoi on prête une plus grande attention à ce qu'on appelle le "système intégré de nutrition des plantes" qui vise essentiellement à conserver leur fertilité aux sols, à accroître la productivité agricole et à augmenter les bénéfices des exploitants par une utilisation judicieuse et efficace des engrais minéraux, des fumures organiques et de l'azote fixée par des moyens biologiques.

Les auteurs ont fait une analyse critique des éléments composant le système, passent en revue les activités de la FAO visant à promouvoir son adoption et exposent concrètement le Programme Engrais de la FAO.

MAXIMIZING THE EFFICIENCY OF MINERAL FERTILIZERS

Mr. H. Braun and Mr. R.N. Roy
Fertilizer and Plant Nutrition Service
Land and Water Development Division
FAO, Rome

INTRODUCTION

While in 1950 developing countries as a group were self sufficient in grains, in 1980 they had to import 94 million tons of cereals. To match the food requirements of their ever increasing population in the year 2000 with production, it is estimated that 28 per cent of the required increase in production could still come from a further increase of the cultivated area, and that the remaining 72 per cent must come from higher yields and cropping intensity.

Nearly 75 per cent of the food production increases since 1950 have been due to increasing yields per hectare. The use of mineral fertilizers has been the most important technological factor, contributing about 50 per cent of these yield increases. The aggregate use of fertilizers in developing countries, unfortunately, is low. Currently, they use only about 17 per cent of the world's mineral fertilizers to produce 28 per cent of the world's cereal grain, yet farm 60 per cent of of the world's land planted to cereal and contain 73 per cent of the world's population. To achieve the goal of meeting their food requirements it would be necessary to increase fertilizer consumption both vertically and horizontally. It is estimated that developing countries as a group will therefore have to increase their use of fertilizers three-to-four fold by the year 2000.

This projection, however, has to be viewed in the context of limited energy supplies for production and distribution of fertilizers. The gap between production and consumption is widening and has to be met with costly imports. Uneven distribution and limited supply of raw materials including petroleum products have led to increasing the costs of fertilizers and, for some time, even their availability. In addition, inflation and problems with the availability of foreign currency are serious constraints to the economic advance of many developing countries, including the advancement of their agricultural production.

One of the consequences of these events is the need to rationalize plant nutrition and the use of fertilizers. The elements of rational use are: increased efficiency of the mineral fertilizers and prevention of losses; maximum use of available alternative renewable organic sources of plant nutrients; and development of the use of the possibility offere by certain plants and micro-organisms to biologically fix nitrogen from the atmosphere and to mobilize unavailable soil nutrients.

To restrict to the scope of the paper, the element of increasing efficiency of mineral fertilizers, particularly in the field, is discusse in detail. Among the various pathways of fertilizer losses during produc storage, transportation, handling, distribution, use, etc., the major losses take place in the field. Increasing use efficiency in the field will not only increase farmers return per unit of fertilizer use but also will economize non-renewable sources of energy, and minimize probable deterioration of environmental quality under the conditions of intensive agriculture.

NUTRIENT RECOVERIES AND PATHWAYS OF LOSSES

The utilization efficiency of fertilizers in farmers' fields, though variable under different cropping conditions, is generally low for severa reasons. In the case of nitrogen, the percentage utilization varies from less than 30 in flooded (low land) rice to about 50-60 in irrigated crops grown in dry seasons. As regards phosphates, only about 15-20 per cent of applied P is utilized by the first crop, with some residual P being available for the succeeding crops. While utilization efficiency of applied potassium is fairly high (80-90 per cent), several management factors may result in a lower figure.

Nitrogen: Mechanisms of N losses from soil are well established, and excellent reviews on the subject are available. From the agronomic point of view, the following appear to be of practical significance.

(i) leaching in light soils and in areas of heavy precipitation or intensive irrigation;

(ii) volatilization as ammonia from surface applied urea and, to some extent, ammonium containing fertilizers. Some workers even found these losses to be higher under submerged than aerated conditions; and

(iii) denitrification in submerged soils. Although denitrification may take place in localized anaerobic pockets in aerated soils, the process achieves significance in submerged soils. The soils and areas worst affected by this process are those subjected to alternate submergence and drying.

Other pathways of losses are through surface run-off, seepage, fixation as non-exchangeable ammonia and immobilization by soil micro-organisms. A schematic representation of the nitrogen cycle in agro-ecosystems is given in Fig. 1.

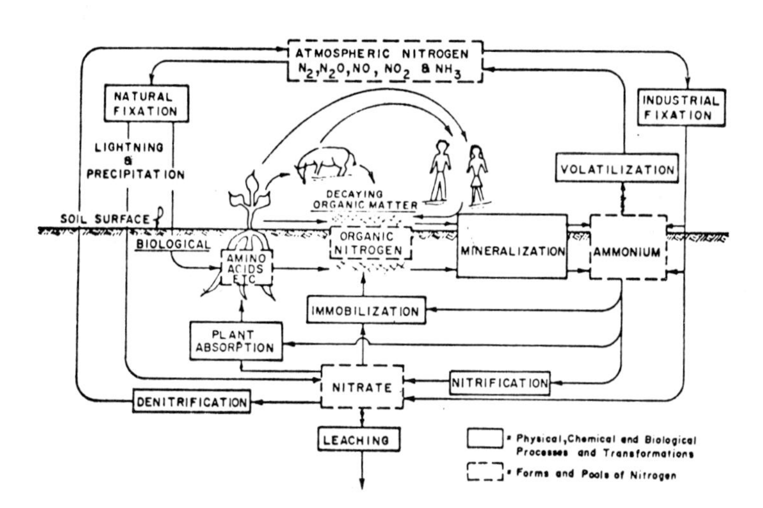

Fig.1 Schematic representation of the nitrogen cycle in agro-ecosystems (Source: P.S.C. Rao et al, Plant and Soil, 67(1-3), page 35-43, 1982)

Phosphorus: Broadly speaking, real losses of phosphorus occur chiefly by erosion (surface run-off, wind erosion) which involves soil loss per se, although to some extent losses of P can also occur by leaching (percolation). In a strict sense, however, so far as the growing plant is concerned nutrients either positionally displaced, laterally or vertically, and not within the reach of the plant root can also be viewed as a loss, although it may not be a loss to the succeeding crop if that is a deep rooted one or has profuse lateral extension of roots.

Leaching losses of phosphorus are of very small magnitude but they do occur. Since by definition leaching means the movement of solutes from one zone to another in the soil by percolating water, it may involve either transport of nutrient from the soil layer used by plant roots into other layers inaccessible to plant roots or into the ground water where they find their way into rivers, lakes and sea. In the latter case it is a total loss (real). Leaching depends upon: (i) solubility and concentration of P in soil solution, (ii) amount of rainfall or irrigation water, (iii) soil type-depth, texture, structure, hydraulic conductivity, P fixing capacity, etc., (iv) cropping-type of root system, capacity to take up nutrients, duration of crops, rate of growth, etc., (v) solubility of fertilizer materials.

Losses of phosphorus by soil erosion are generally nonselective in that all forms of P may be lost while leaching losses would involve more of water soluble (available) forms and therefore, they are selective.

The apparent loss involves the amount that is fixed in an unavailable form to the plant by chemical, physico-chemical or biological processes. In soils of low available phosphorus content and high P fixing capacity such as those of very low pH with high concentration of aluminium and iron hydroxides, or soils having high calcium carbonate content, the fertilizer phosphorus is quickly converted to insoluble forms and suffers partial inactivation, resulting in the formation of a series of crystalline and amorphous compounds of varying solubility. However, neither these transformation products nor the native soil phosphate fractions are static quantities, but they undergo changes depending upon temperature, moisture, organic matter and microbial activity in the soil, fertilizer and above all cropping and rhizosphare effect. It is now widely recognize that the so-called phosphate fixation in soil is actually only a time limited immobilization of the nutrient as there are evidences of good residual effect and the soil-fertilizer P reaction products are not entirely unavailable to the crop. What has not been reasonably understood is the conditions necessary to render them available and the factors influencing the availability.

Potassium: Losses of potassium mainly occur through leaching and soil erosion. If the soil has a significant base exchange capacity, then a part of applied potassium is adsorbed in the soil and can be completely recovered by subsequent crops. The main source of waste in such soils is that plants often take up far more potassium than they need to grow at the maximum possible rate. If the soils have a low base exchange capacity then they cannot retain the potassium and like nitrate, it is readily leached. Organic soils; acid, coarse textured soils; and acid soils that do not contain illites are particularly susceptible to leaching. Besides, soil management practices that may be conducive to downward nutrient movement may cause the avoidable losses.

Erosion of surface soils may also cause an appreciable loss of available potassium particularly in soils where sub-soil layers are poor in potassium.

ENHANCING FERTILIZER USE EFFICIENCY THROUGH MANIPULATION OF AGRO-TECHNIQUES

Innumerable factors exert influence over crop performance, nutrient availability and nutrient uptake and these are not mutually exclusive. Table 1 illustrates the type of results obtained in N recovery by varying agronomic and other crop management parameters.

Table 1 - Some estimates of differences in the recovery of added N by crop due to controllable factors

No.	Factor	Comparison	Per cent added N found in crop	Test crop
1	VARIETY	Local	58	Maize
		Hybrid	88	Maize
2	RATE OF N	28 kg/ha	57	Rapeseed
		56 kg/ha	44	Rapeseed
3	OTHER ELEMENTS	No P_2O_5	26	Sorghum
		90 Kg P_2O_5/ha	50	Sorghum
4	N SOURCE	Urea	47	Maize
		Calcium ammonium nitrate	59	Maize
		Ammonium Sulphate	49	Maize
5	NITRIFICATION INHIBITOR	Without "N Serve"	37	Paddy
		With "N Serve"	54	Paddy
6	METHOD OF N APPLICATION	Broadcast	30	Paddy
		Placement	41	Paddy
7	TIME OF N APPLICATION	All basal	36	Paddy
		2 splits	48	Paddy
8	WATER MANAGEMENT	Flooded	27	Paddy
		Mid-term drainage	22	Paddy
9	PLANTING DATE	16 October	60*	Rapeseed
		4 November	44*	Rapeseed
10	WEED CONTROL	Weedy	37	Paddy
		Weed free	79	Paddy
11	ROW SPACING	15 cm.	86	Paddy
		30 cm.	75	Paddy

* Total uptake in kg/ha.

Source: Compilation from various Indian literature.

Pioneering work on nutrient recovery, pathways of losses and efficient fertilization practices through the use of isotopes have been carried by the joint FAO/IAEA division during the last 15 years within the framework of its collaborative research programmes with a large number of countries. These results have led to framing precise fertilization practices aiming at enhancing use efficiency.

Some of the important agro-techniques which could considerably enhance fertilizer use efficiency are briefly discussed here.

Genetic:

Highly developed plant root systems and the genetic capability of plant varieties to absorb and utilize higher quantities of available nutrients will lead to enhancing the use efficiency. Another way of utilizing plant nutrients more efficiently would be the use of germplasms tolerant to suboptimal soil and climatic conditions, especially aluminium, drought and salt tolerance.

Edaphic:

There are several edaphic factors which exert major influences on plant nutrient efficiency. The plants take up the nutrients and water through their roots. For their uptake by the plants, the nutrients must be dissolved in water and located close to the root to which they can be transported by mass flow or diffusion. The development of the root system in the soil is greatly affected by soil moisture regime and other related factors like soil temperature, soil aeration and soil strength. Mulching, optimum irrigation, adequate drainage, etc. are some practical means to suitably modify soil temperature and other edaphic environment for improving utilization of applied nutrients.

Soil texture, nature of clay minerals and reaction of the soil have considerable influence on the extent of losses of the added nutrients. Appropriate management practices tailored to the specific soil situations would increase the nutrient use efficiency. Some of them have been elaborated under management practices.

Fertilizer Management:

Considerable research efforts are being made in evolving situation specific fertilizer management practices to improve its use efficiency.

Broadly the various approaches that are being tried to minimize nutrient losses and to increase fertilizer use efficiency are: identification of crops and soils where specific fertilizer material would be most suitable; manipulation of application techniques including split application, placement, foliar application, etc.; manipulation of particle size, use of coating materials and chemicals, including those indigenously available so as to reduce the dissolution rate of the applied material and bio-chemical processes in soil; fertilizer application for cropping systems rather than for individual crops grown in sequence; and balanced application of fertilizers.

Nitrogen:

Source: In general there is no difference in the efficacy of various types of nitrogenous fertilizers. However, differences are observed under certain soil conditions and for some crops. Normally under flooded paddy soils, performance of nitrate containing fertilizers is poor as it is subjected to losses easily due to leaching and denitrification. Under saline-sodic conditions ammonium sulphate has generally performed better compared to calcium ammonium nitrate (CAN) and urea. To make these primary sources of fertilizers more efficient, various modifications like manipulation of granule size, coating with inert materials and adding chemicals with nitrification inhibitory properties have been attempted. Suitability of these modified types of fertilizers are discussed under application techniques.

Application techniques: Some of the approaches tried to minimize losses of applied nitrogen are as follows:

(a) Manipulation of application techniques like placement in the reduced zone in submerged soil, placement in moist zone under dryland conditions; split application at times commensurate with crop needs based on its growth habit, duration; foliar application; etc.;

(b) Use of large sized fertilizer granules (super granules), coating the fertilizer with various materials so as to reduce the dissolution rate;

(c) Use of chemicals which would slow down the process of nitrification and hydrolysis.

Split application: A large number of experiments have been conducted to determine the optimum timing of nitrogen application to different crops and it is observed that for most of the crops two to three split applications are better than a single application at the time of planting (Fig. 2).

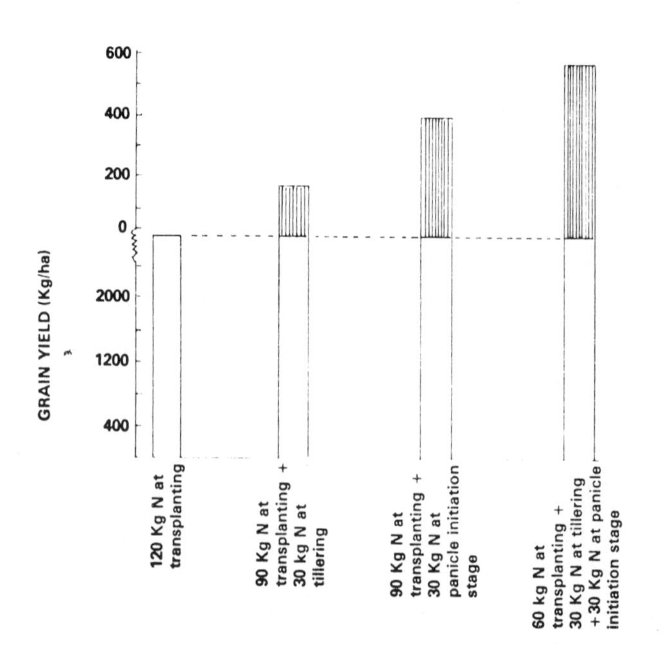

Fig. 2 Effect of time of N application on grain yield of dwarf rice variety
(Source: Ten Have, H., All India Coordinated Rice Improvement Project Training Manual, pp. 134-148, 1971)

Application of fertilizers in various splits is based on the theory that fertilizer when applied at the most appropriate time of crop growth would be absorbed by the crop with better efficiency. Timing and dosage of fertilizer will depend on the N-supplying capacity of the soil, the morphological development of the crop, crop duration and season.

Placement: Loss of nitrogen due to volatilization and denitrification in submerged soil is quite substantial when the fertilizer is applied on surface of the soil. Its losses could be really serious when fertilizer like urea is surface applied in heavier doses on light textured alkaline soils. Workers have reported losses between 0 to 40 per cent.

One practical way of controlling nitrogen losses and thereby increasing fertilizer use efficiency could be to place the urea below the soil surface. In this technique the guiding principle is to place the urea deep in the reduced zone of flooded rice soils so as to reduce denitrification and volatilization. The beneficial effect of deep placement of nitrogenous fertilizers has been well established.

Work of IRRI and elsewhere have reported that about 68 per cent of the fertilizer nitrogen was recovered when it was placed 10 cm deep in the soil whereas the recovery was only 28 per cent when the fertilizer was broadcast and incorporated by harrowing. Even mixing of fertilizer with top 10 cm soil was better than broadcasting.

Incubating urea with moist soil (1 : 6 ratio) for one to two days before its application in the field facilitates the ammonia to be absorbed by soil colloids and reduces leaching losses.

In dryland areas the efficiency of added fertilizer nitrogen can be improved if the fertilizer is placed in the moist zone of soil and below the seeds. Where such placement is not possible for want of suitable machinery, drilling low doses of fertilizers have been found to be equally good.

Point placement appears to be the most effective method of N fertilizer placement in puddled soils. Point placement was developed in 1945 by the Japanese, who conserved N fertilizer by placing it into balls of mud which were inserted by hand 10 to 12 cm into the soil at a rate of one for every four hills; pellets of a mud/fertilizer mixture were developed for the same purpose in India. However, since 1 ha requires 62,500 mud balls or pellets, this method is labour intensive and, though excellent yield responses have been obtained from it, the method is not economical.

Point placement can be achieved more efficiently through the use of large (1-3 g) discrete particles of fertilizer such as the urea super-granules or the briquettes of ammonium bicarbonate developed in China. The Chinese produce the briquettes at the village level and have also developed simple applicators which are used to place the fertilizer into the submerged soil.

Urea supergranules have been evaluated extensively in recently formed agronomic networks. Of 226 experiments, 42 per cent showed significantly better rice response to urea supergranules than to broadcast application of prilled urea; most of the rest showed a slight advantage or equal response. When the advantage of supergranule use was averaged over 106 trials of the INSFFER (International Network on Soil Fertility and Fertilizer Evaluation for Rice) data, a return of $4 for every extra dollar spent on supergranules was obtained, based on a wage rate of $0.70/day; use of a cheap mechanical applicator would improve this return. This average benefit would be greatly increased if it were possible to predict confidently in which agroclimatic zones and in which soils the supergranules would work best.

Interpretation of the site factors affecting the response to supergranules in the INSFFER data shows that supergranules work best at sites where the soil has a high CEC. This effect of CEC may be related to the susceptibility to leaching losses of supergranule-N in soils with a high percolation rate. Furthermore, more urea-N may diffuse to the floodwater from the deep-placement site in soils with a low CEC. Urea supergranules may be particularly useful in rainfed areas where split applications are impractical due to poor water control.

While urea supergranules (USG), in general, in most of the trials out-yielded broadcast and split applications, this material should now be evaluated widely in farmers' fields to determine the practical implications of this new technology. FAO's Fertilizer Programme has, as usual, pioneered in this direction and a large number of trials with USG were laid in 1982 in rice growing countries of Asia and Africa and are being continued and extended in 1983. Additionally, simple and inexpensive hand drawn USG applicators, devised in China and IRRI, are also being tried in these countries. Hopefully, meaningful results would be available towards the end of 1983 for transferring this technology to the farmers on a wider scale.

Foliar application: While it is not a substitute for soil application, it can certainly be considered as a supplement to soil application under specific situations.

Foliar application has been found beneficial under the following conditions:

(a) When soil conditions are not congenial, e.g. very sandy, highly alkaline, acidic, or water-logged;

(b) When a quick recovery from nitrogen deficiency is required;

(c) In dry farming areas where moisture in the soil is insufficient for root absorption of nutrients; and

(d) When spraying does not involve an additional operation or expenses as with crops requiring repeated spraying of insecticides and fungicides for pest and disease control.

From the mass of data available, it can be concluded that as a general practice, foliar application of nitrogen (urea) may not be recommended because of high cost of equipment and labour and technical know-how involved. However, where the loss of nitrogen by broadcast application would be high, such as on light permeable soils under rainfed conditions, or when the crop is grown under deep standing water or other adverse conditions like alkali soils, foliar application can advantageously supplement soil application.

Slow-release fertilizers: The slow-release concept relies on delaying the availability of soluble N to the plant until the plant has a strong root system which can compete with the loss mechanisms and biological immobilization for the fertilizer N. If the release rate can be tailored to the needs of the plant, the tillers, panicles, spikelets and grains will develop in the most efficient way to ensure high yields. Less labour is required for applying slow-release fertilizer than for split application or supergranules and, more importantly in many countries, less technical skill is needed by the farmer. Furthermore, a residual effect of slow-release fertilizers on subsequent crops can be expected.

These fertilizers can be broadly classified into two groups: (1) chemical compounds with mainly urea-aldehyde condensation products, inherently slow to extremely slow rates of dissolution, e.g. urea-form, oxamide, isobutylidene diurea (IBDU) and (2) coated fertilizers having a moisture barrier on the prills/granules of urea or any other conventional fertilizers, e.g. sulphur-coated urea (SCU), lac-coated urea, silicate-polymer-coated urea, shellac coated urea and neem-cake (*Azadirachta indica*) coated urea (1 kg coaltar + 2 lit. Kerosene treated with 100 kg urea, 20 kg neem-cake added and thoroughly mixed).

Sulphur-coated urea (SCU) has probably been the most widely tested slow-release fertilizer. Early trials showed that SCU was particularly suitable for intermittently flooded rice, supposedly because the urea is not wastefully nitrified and denitrified during the first wetting and drying cycles. Subsequent wide-scale testing has shown that SCU is also a very effective fertilizer for continuously flooded rice, producing a significantly better response than split application of urea. The slow-release concept may also be combined with deep placement by coating supergranules which can be placed at 8 to 10 cm in the soil. Sulphur coated supergranules proved extremely effective. However, their varying release rate suggests further development work on the coating process.

No doubt high costs of most of the slow release nitrogen fertilizers would come in the way of their large scale usage in developing countries. Therefore coating with cheap local materials like neem-cake would hold much promise under such situations.

Biological inhibitors: They are used to block particular transformations of N which lead to losses of fertilizer N. It is therefore essential to know which loss mechanism must be blocked before choosing an inhibitor. Inhibitors presently available are nitrification inhibitors and urease inhibitors.

A number of synthetic nitrification inhibitors, such as N-serve or Nitrapyrin (2-chloro-6-(trichloromethyl)-pyridine), AM (2-amino-4-chloro-6-methyl-pyrimidine), ST (2-sulfanilamide thiazole), have been tested and found to be efficient. One of the major problems with the use of nitrapyrin (N-Serve) for rice is that this inhibitor volatilises unless it is mixed with the N fertilizer immediately before application. Furthermore, inhibitors degrade rapidly at high temperatures or diffuse away from the fertilizer reaction zone. Another problem which is more difficult to resolve, is that nitrification-denitrification may not be a major loss mechanism in some soils. Until the conditions under which these losses are important can be pinpointed, the use of nitrification inhibitors to improve N fertilizer efficiency will be a gamble.

Besides these synthetic chemicals, some indigenous materials such as extracts of neem (*Azadirachta indica*) and *karanj* (*Pongamia glabra*) have also been found to retard nitrification. Neem extract and cake has been widely tested and found useful except on very light soils. Recently *Citrullus colosynthis* has also been reported to be possessing nitrification retardation properties.

Urease inhibitors block the hydrolysis of urea and have been proposed as a means of controlling ammonia volatilization losses from soils. Recent research with phenylphosphorodiamidate (PPD) shows that this compound inhibits the hydrolysis of urea and reduces acqueous ammonia concentration in floodwater, thus reducing the potential for ammonia loss. However, urease inhibitors should not be proposed for areas with poor water control, since runoff losses of urea could become more serious. There is a real need for research to find cheap indigenous materials with the property to inhibit urease. Some workers have proposed the use of polyphenols from black tea cake.

Main problem in the large scale use of chemicals to retard nitrification is their present high cost. Even in the countries of their manufacture, these are being used only for cash crops and pastures. Their extensive use in developing countries, therefore, would be prohibitive. From this point of view, the supergranules or briquettes and the use of indigenous materials such as neem-cake would be most suitable.

Phosphorus:

The relative poor utilization of P by individual crops and fixation - immobilization of the applied phosphate in soil are some of the factors which have prompted attention of scientists and farmers towards its efficient management.

Various techniques which have been tried so far are directed towards (i) management of phosphates in a cropping system, (ii) P fertilization in low land paddy, (iii) identification of phosphate carriers which would be most efficient under a given crop-soil system, and (iv) various methods of application for increased efficiency.

Management of P in a Cropping System: It has been recognized for some time that for efficient use of fertilizers, fertilizer recommendations should take into account the cropping system as a whole rather than individual crops. This aspect is particularly important in case of phosphorus where the percentage utilization of P by the crop to which it is applied is rather low and where there is considerable residual effect.

It has also been observed that the root activity and soil versus fertilizer phosphorus feeding capacities of different crops vary. These two phenomena, viz. the residual effect of P and the differential capacities of plants to utilize soil and fertilizer P, have been taken advantage of in formulating fertilizer P recommendations for cropping systems.

From the bulk of the long term field experimental data, it might be inferred that phosphate application is preferable in dry season crop (wheat) in maize-wheat, sorghum-wheat and pearl millet-wheat rotations. In the case of rice-wheat rotation, it has been reported that there was little residual effect on wheat of the phosphorus applied to the preceding rice crop and fertilizer phosphorus application to wheat only taking advantage of the residual effect on rice is advocated. This is suggested for three reasons: (i) wheat removes higher amount of fertilizer phosphorus than rice; (ii) wheat cannot utilize the residual phosphorus in the form of Fe-P, which is the major transformation product of phosphorus after rice; and (iii) rice can utilize Fe-P besides Al-P.

Another aspect to be taken into consideration is that the phosphate utilizing capacity of different crops vary. Mention may be made of a finding where it has been observed that wheat derived 70.2 per cent of its phosphorus from fertilizer while maize and pearl millet derived only 63.8 and 33.5 per cent respectively from the same source. This behaviour is closely linked with the relative uptake ability from different soil depths depending upon the root activity.

There is, therefore, a great scope to rationalize the application of fertilizer phosphorus. This can be achieved by and large through its application to only one crop depending upon the nature of the crop. Exceptions to this will be in cases of soils deficient in available phosphorus.

Management of P for Low Land Paddy: Soil submergence creates a favourable situation where insoluble phosphorus may also be solubilized. This is due to the transformation of native soil P under submerged conditions which leads to considerable increase in its availability. The increase in the available P (Bray P_1, and Olsen P) is mainly due to the contribution of reductant soluble P. When citric acid soluble phosphates and insoluble phosphate are applied in upland soils, their efficiency is lower in comparison to their application in submerged soils.

Water soluble P may not give good response for low land paddy due to the fact that reductant soluble P, which is not available to the crop under upland conditions, gets converted to available form. Insoluble sources of P (like rock phosphate) will also not give response if it is applied after flooding as the soil pH will become nearly neutral which is not conducive to the solubilization of rock phosphate. Rock phosphate should, therefore, be applied before flooding to get the maximum benefit.

<u>Efficiencies of Different Sources of Fertilizer Phosphorus:</u> A variety of phosphatic fertilizer materials is produced and used. Generally, the P content in these fertilizers is in either wholly water soluble or partially citrate soluble or citrate insoluble form. Based on the research results the following broad conclusions can be drawn:

(a) Fertilizers containing P in wholly water soluble form, such as in single and triple superphosphates, ammonium phosphates, etc., are particularly suitable in areas where the soils are neutral to alkaline in reaction and where the growing period of the crop is relatively short e.g. cereals.

(b) Partially water soluble (up to 30 per cent WSP) or non water soluble phosphates are as good as water soluble sources in acid soils. In neutral soils, water solubility of around 50 per cent seems to be sufficient.

(c) There is considerable scope for direct application of suitable types of rock phosphates as a phosphatic fertilizer in the cultivation of low land rice and legumes and in acid soils. For increasing its efficiency the following measures have been suggested:

(i) Application of rockphosphate sufficiently in advance so as to facilitate its dissolution;

(ii) Partial acidulation of rockphosphate before its application or by adding a small portion of water soluble phosphorus with it for meeting crop's immediate requirement;

(iii) Increasing its fineness to increase the surface area and thereby reactivity;

(iv) Mixing with organic manures like dung manures, compost, activated sludge, etc.

Rockphosphates when applied to the soil may not show immediate benefits but certainly do so over a period. Depending upon the source of origin, rockphosphates vary in their chemical composition and solubility.

<u>Methods of Application:</u> The immediate and long term benefits from applications of phosphate vary enormously with the soil, the chemical and physical form of the fertilizer and the crop. Some insight into the causes of this variability is provided by considering two important principles. They are:

(i) that applied phosphate reacts with the soil constituents to form compounds that are almost totally insoluble and become even more so with time;

(ii) that much of the root surface needs to adsorb phosphate in the early stages of growth, but not in the later ones, if high growth rates are to be achieved.

The rate of immobilization of applied phosphate by the processes in (i) can be slowed down by applying it as granules or placing it as granules or placing it in narrow bands within the soil. On the other hand, practices such as these which "concentrate" the phosphate in very small regions of the soil restrict phosphate adsorption by the plant roots as this is encouraged by dispersion of phosphate around the entire root system.

The best compromise between the practices needed to satisfy the two principles vary greatly from soil to soil and crop to crop and with types of fertilizer used.

In general, band placement of P below the seed is beneficial compared to its broadcast application. This advantage is more pronounced in unirrigated crops. Water soluble phosphatic materials are more efficient when granulated and band placed to minimize fixation, while reverse is the case in the case of partially water soluble and insoluble P containing materials.

FAO/IAEA joint division through its isotope aided collaborative research programme carried out on different soils, for different rice varieties and under different climatic conditions in a number of countries concluded that in lowland rice, phosphatic fertilizer applied either broadcast on the surface or mixed with surface soil was more effective than other methods like fertilizer applied near the rice cluster 10 cm under the soil surface or applied between rows 10 to 20 cm under soil surface.

In high P fixing soils dipping rice seedlings in slurry of superphosphate and fertile soil or compost (1:1 to 1:5 and water added to make a paste) before transplanting has given encouraging results in China and India. A saving in fertilizer dose to the extent of 40 to 60 per cent has been claimed.

Time of Application: Accepted practice is to apply entire amount at the time of planting. However, experiments with rice carried out in IRRI shows that P can even be applied later, though not later than the vigorous tillering stage. FAO/IAEA joint division from its isotope aided collaborative trials in seven countries have concluded that P applied two weeks before the differentiation of panicle of the rice plant is as effective as that applied at transplanting. From these results it can be concluded that under situation of late availability of P fertilizers, farmers should not skip its application but can gainfully apply much later than the transplanting time.

Potassium:

Generally the efficiency of applied potassium is sufficiently high (about 80 per cent) and therefore, not much work has been done regarding increasing its utilization efficiency. For potassium, so far the standard practice has been to apply the entire quantity together with the phosphate as basal dressing because only a neglible quantity of applied potassium is lost from the soil by leaching.

Some recent observations, however, have shown that under certain situations split application of potash has an edge over application of entire quantity as a basal dose. Potassium application in two or three splits may be superior to single basal dressing depending on the texture of soil and clay minerals. Split application is more beneficial for soil containing kaolinitic and illitic clay minerals and also for light to medium textured soils.

Some workers have stated that maximum potassium absorption occurred during two periods in rice varieties, one between 40-50 days and the other between 70-80 days after transplanting. They recommended that fertilization practice should take this into account and in potassium responsive soils, split application may be economical by minimizing losses due to luxury consumption and leaching.

From the work reported by various workers it would appear that under certain soil and cropping situations like sandy soils having low CEC, alkaline soil, late maturing varieties of crops, and in light soils under high rainfall areas split application of potassium may be advantageous.

One important point that emerges is that even if farmers miss the basal application of potassium they may go in for top-dressing without the yield being affected adversely.

Balanced Fertilization:

Balanced fertilization, or more precisely, adequate fertilization resulting in the supply of nutrients (from fertilizers and soil) in a well balanced ratio is one of the prerequisites for efficient utilization of fertilizer nutrients. The continued high application of only one element such as nitrogen disturbs the nutrient balance and leads to the depletion of the soil of other nutrients as well as to poor utilization of the fertilizer nitrogen.

Crop responses to the application of secondary and micronutrients have been found spectacular in many countries. In all these countries balanced application of major nutrients with the inclusion of deficient secondary and micronutrient elements has generally shown a phenomenal increase in fertilizer use efficiency.

Fertilizer use efficiency could be greatly increased when they are applied in conjunction with organic manures. Organic manures not only improve the soil physical properties enhancing fertilizer use efficiency but also reduce losses of applied nutrients.

Other Production Factors:

It is quite clear that plants will not be able to yield to their production potential making optimum use of applied fertilizers when all other production factors are not as close as possible to the optimum. Some of the most important factors are quality seeds of appropriate varieties and the right cropping practices such as observation of the right time of sowing/planting; depth of planting; recommended crop density; weeds, pest and disease control; water management; appropriate post harvest technology; etc. For the sake of length of the paper only water management and weed control are discussed here in detail.

Water Management: Soil moisture has a considerable impact on response of fertilizers and the efficient use of added plant nutrients. Soil moisture can influence response of fertilizers in two ways. First is through the availability and intake of nutrients and secondly through the utilization of absorbed plant nutrients in plant growth and development. An observation of figure 3 will clearly show that, with a given dose of fertilizer, the grain yield is much higher under irrigated conditions than under unirrigated conditions. The response in terms of kilogram grain per kilogram nitrogen applied is also much higher for the irrigated wheat in comparison to unirrigated one, with the successive increases in doses up to comparable levels.

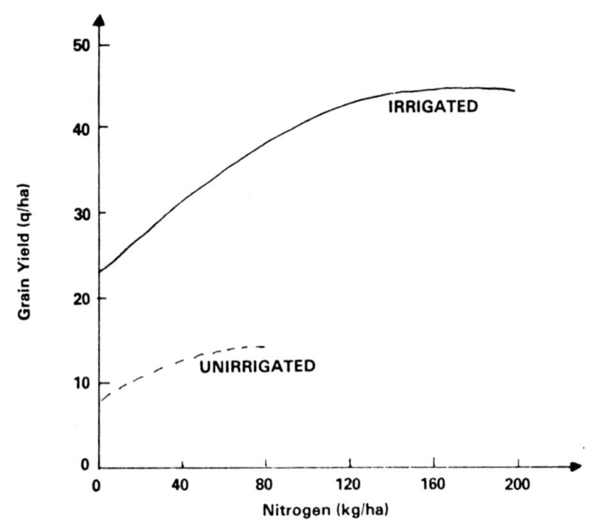

Figure 3: Response of Irrigated and Unirrigated Wheat to Nitrogen Application

The soil water availability plays a very important role in the recovery of plant nutrients. For instance, nitrogen recovery ranges between 10-75 per cent for rice, 44-64 per cent for wheat, 25-28 per cent for maize and 26-32 per cent for sorghum. A comparison of these recoveries for different crops which are grown under varying soil-moisture systems will illustrate this point. The primary impact of proper water management on fertilizer use efficiency is to reduce losses like leaching of fertilizer nutrient from the soil and to increase its uptake and utilization by crops. However, water management practices are highly location and time specific and would need to be developed locally for a given soil-crop-climate system.

Weed Control: Weeds take a heavy toll of the applied plant nutrients (table 2), soil moisture and compete with crop plants for space and sunlight.

Table 2 - Nutrients removed (kg/ha) by weeds growing in association with different field crops

Nutrients	Crops				
	Maize	Rice	Cotton	Wheat	Potato
Nitrogen	64.7	60.0	51.4	100.8	63.9
Potassium (K_2O)	-	99.8	67.2	180.3	-

One of the ways to improve the fertilizer use efficiency is to cut down/eliminate the nutrient mining potential of weeds through effective weed control so that the applied fertilizer remains at the disposal of the crop plants. This point is well illustrated by the following experimental data from wheat crop in a trial conducted for the control of *Phalaris minor* Retz. in irrigated wheat in India (table 3).

Table 3 - Effect of weed control treatments on grain yield and efficiency of applied N

Treatment	Time of application	Grain yield (kg/ha) (4 yrs av.)	Mean per cent increase over control	Nitrogen efficiency (kg grain/ kg of N)
1. Application of weedicide (1.875 kg/ha)	Post-emergence (30 to 35 days after sowing)	5 197	59.4	41.7
2. Two hoeings	At 4 and 6 weeks after sowing	3 910	19.9	31.3
3. Control (no weeding)		3 260	-	26.1

Even if a modest average increase of 5-10 per cent in utilization efficiency of nutrients could be achieved, it would mean a considerable saving in fertilizer bill and would boost the input/output price relationship in favour of the farmers.

THE ROLE OF FAO FERTILIZER PROGRAMME

Since its inception the declared objective of the FAO Fertilizer Programme is to improve crop production and farmers income through the efficient use of fertilizer.

For 22 years the field projects of the Fertilizer Programme have extended their scope to include all other production factors related to fertilizers including pilot schemes for the distribution of fertilizer and other inputs, credit and enlarged training components and recently the concept of integrated nutrient supply for cropping systems as a whole. Activities covered more than 50 developing countries in three Regions of the world. More than 300 000 trials and demonstrations on efficient use of fertilizers and related inputs have been carried out in the farmers fields. This wealth of information is stored in the FAO Fertilizer Response Data Bank for further use by agronomists, planners and policy makers.

The success of the Fertilizer Programme in reaching the small-scale farming community has encouraged international financing agencies to make use of the Programme's experience both in dealing with small-scale farmer's credit for agricultural inputs and for developing lines of credit for fertilizers supplies in the form of Programme Loans.

The services rendered in these developing countries by the Fertilizer Programme during the last two decades have contributed substantially to stabilizing and increasing crop production and farmer's income. The Programme is fully geared to meet the new challenges of the years ahead helping to feed ever increasing populations.

CONCLUSIONS

The task of achieving the food production target by the turn of the century is undoubtedly colossal. However, if past experience is any indication, there is no doubt that the target can be achieved and the use of fertilizer will continue to play an important role in any strategy that is adopted for achieving the desired objectives. To economize on non-renewable energy sources, to improve the farmers' benefit/cost ratio and to saveguard from the probable deterioration of environmental quality, mineral fertilizers must be used in the correct way, integrated with alternative renewable sources, to maximize their use efficiency.

UTILISATION OPTIMALE DES ENGRAIS MINERAUX

H. Braun et R.N. Roy
Service des engrais et de la nutrition des plantes,
Division de la mise en valeur des terres et des eaux,
FAO, Rome, Italie

RESUME

De 1961 à 1981, la population mondiale est passée de 2 986 millions à quelque 4 442 millions d'habitants, soit un accroissement de 49 % environ. Au cours de la même période, la superficie occupée par les cultures de labour et les cultures permanentes est passée de 1 379 millions d'hectares à 1 462 millions d'hectares, soit une augmentation de 6 %. Parallèlement, la consommation d'engrais s'est notablement accrue, passant de 30,10 millions de tonnes à 125,54 millions de tonnes de nutriments, ce qui représente une progression de 317 %.

Les pays en développement comptent pour 70 % des 6 % d'accroissement des terres arables et pour 27 % des 317 % d'augmentation enregistrés dans l'utilisation des engrais. Ces pays, pris en tant que groupe, qui en 1950 étaient autosuffisants en céréales ont du en importer 70 millions de tonnes en 1978.

On estime que 28 % de l'augmentation de la production nécessaire pour que la production corresponde aux besoins alimentaires de la population des pays en développement en l'an 2000 pourraient encore être obtenus par une nouvelle extension des terres cultivées, les 72 % restants devant être obtenus par l'amélioration des rendements et l'intensification des cultures. On pense que dans les pays en développement la superficie de terre cultivée par habitant tombera de 0,9 hectare au milieu des années 70 à 0,5 hectare de terre potentiellement arable en 2000. On attribue à l'utilisation d'engrais plus de 50 % de l'accroissement des rendements réalisé jusqu'ici. Enfin, on estime que pour satisfaire à leurs besoins alimentaires, les pays en développement en tant que groupe devront tripler ou quadrupler leur consommation d'engrais d'ici à l'an 2000.

Au cours des années 50 et 60, l'agriculture s'est plus ou moins régulièrement développée dans le monde, à des rythmes divers selon les régions. Ces deux décennies ont également été marquées par une prise de conscience généralisée de l'accroissement de la population mondiale et de ses conséquences et par l'abondance d'énergie à bon marché, notamment de vecteurs d'énergie tels que les engrais.

Toutefois, dans les années 70, il est apparu avec de plus en plus d'évidence que dans de nombreux pays l'augmentation de la production agricole ne pouvait suivre le rythme d'accroissement de la population.

La situation a été aggravée par ce qu'on est convenu d'appeler la crise de l'énergie, avec les conséquences qu'elle a eues sur le coût des engrais et même, pendant quelque temps, sur leur disponibilité. De surcroît, l'inflation et les problèmes de liquidités en devises ont commencé à entraver gravement le progrès économique de nombreux pays en développement, notamment l'expansion de leur production agricole.

Pour toutes ces raisons, il est devenu nécessaire de rationaliser la nutrition des plantes et l'utilisation des engrais; ainsi, il faut désormais viser à maintenir et, éventuellement à augmenter, les économies dans l'utilisation des engrais tant au niveau de l'exploitant qu'à celui du pays. Il faut aussi viser à économiser l'énergie provenant de sources non renouvelables.

Le rendement d'utilisation d'engrais dans les exploitations de la plupart des pays en développement des régions tropicales et subtropicales varie en fonction de la diversité des conditions de culture, mais il demeure généralement faible pour plusieurs raisons. Par exemple, le taux d'utilisation de l'azote varie entre moins de 30 % pour la culture de riz aquatique (bas-fonds) et 50 ou 60 % environ pour les cultures irriguées de saison sèche. Pour les phosphates, 15 à 20 % seulement du phosphore est utilisé dans la première récolte, des phosphates résiduels demeurant dans le sol pour les récoltes ultérieures. Le rendement d'utilisation du potassium appliqué est assez élevé (80 à 90 %) mais plusieurs facteurs liés à l'exploitation peuvent le réduire.

Les causes les plus courantes de pertes sont l'entraînement par lessivage, la volatilisation, le ruissellement, la transformation de l'engrais en composés chimiques inassimilables par la plante en raison des caractéristiques du sol et des conditions de travail, mais aussi la médiocrité du système radiculaire et l'incapacité génétique de certaines variétés à absorber et à utiliser de plus fortes quantités d'éléments nutritifs.

De très importantes recherches sont en cours pour établir des pratiques d'utilisation des engrais appropriées à chaque cas - comme l'identification des cultures et des sols où tel ou tel engrais serait le mieux approprié, la modification des techniques d'épandage et de la granulométrie, l'utilisation de matières de revêtement et de produits chimiques pour réduire le taux de dissolution et les transformations biochimiques de l'engrais dans le sol, l'application des engrais à des systèmes de cultures et non à cultures particulières successives, l'application équilibrée du point de vue des interactions synergiques, et les pratiques d'exploitation connexes telles que la gestion des ressources en eau, la lutte phytosanitaire, la lutte contre les adventices, etc. - de façon à accroître l'efficacité de l'utilisation des engrais minéraux et à améliorer le ratio apports/production pour les exploitants. Les auteurs du document exposent quelques mesures importantes qui doivent être prises ainsi que leurs possibilités d'application concrète.

FOOD SECURITY AND ECOLOGY IN CONFLICT?

Pragmatic solutions to the problem in Switzerland

Professor Dr.J. von Aj, Federal Department of
Agriculture, Bern, and University of Fribourg, Switzerland

1. Conflicts between food security and ecology: the plains

Switzerland's concern about its food security is well founded. The man/land ratio is extremely small: 0.31 ha of agricultural area and 0.059 ha of tillage area per head of population. Only Belgium, Japan and the Netherlands are as low in the western world. The overall effect of this situation is an extremely low degree of self-sufficiency for food (approximately 50 per cent in terms of calories) and energy (20 per cent in round figures) (Figure 1).

Good agricultural land in the lowlands of the country is continuously disappearing for non-agricultural uses, due to economic development and some population growth. Land becomes more and more the limiting factor for the nation's further development and self-sufficiency. No surprise, therefore that it can be stated quite pointedly that food security (in a sustainable context) takes priority over ecology in national economic policy. Since agricultural area per head of the population is small (and still shrinking), land saving technology has to be applied if food production is to be maintained at present levels, or, to be increased in an emergency situation.

Today, land saving technology is offered in the form of agricultural inputs, especially in the form of chemicals, like fertilizers and pesticides, or as machines and other means of agricultural mechanization. There are studies which show that land saving, or in other words, input-increasing agricultural techniques, can burden the environment beyond support capacity (Publications about Switzerland: Keller, E.R., 1979; Bovay, E., 1980; Vez, A., 1980). The observations derive mainly from individual farms or from certain localities. They are warnings that past trends in the application of chemical and other man-made inputs cannot continue indefinitely. But still, for Switzerland an input-intensive agricultural land use, especially in the plains, is vital.

There is little, or no room for an ecologically motivated reduction of inputs *per se*. Such a policy would only mean a lower degree of self-sufficiency in periods of possible food shortages, and lower income for the farmers. Environmental problems have to be solved by measures which take threshold values of support capacities into account.

2. Conflicts between agricultural production and ecology? Mountain areas

Approximately 50 per cent of the agricultural area of the country and about two thirds of the national territory lie in the mountains. One fourth of the population lives there; between 10 and 20 per cent of food requirements could be provided by the mountainous regions according to our national food emergency planning (Kohlas, J., 1981).

A survey conducted in 1981 (Von Ah, J., 1982) showed that maximum carrying capacities for agricultural inputs, especially fertilizer, have not been reached. Only local problems might exist because ignorance prevails about location specific capacities.

1. Conflicts between food security and ecology: the plains

Switzerland's concern about its food security is well founded. The man/land ratio is extremely small: 0.31 ha of agricultural area and 0.059 ha of tillage area per head of population. Only Belgium, Japan and the Netherlands are as low in the western world. The over-all effect of this situation is an extremely low degree of self-sufficiency for food (approximately 50 per cent in terms of calories) and energy (20 per cent in round figures) (Figure 1).

Good agricultural land in the lowlands of the country is continuously disappearing for non-agricultural uses, due to economic development and some population growth. Land becomes more and more the limiting factor for the nation's further development and self-sufficiency. No surprise, therefore, that it can be stated quite pointedly that food security (in a sustainable context) takes priority over ecology in national economic policy. Since agricultural area per head of the population is small (and still shrinking), land saving technology has to be applied if food production is to be maintained at present levels, or, to be increased in an emergency situation.

Today, land saving technology is offered in the form of agricultural inputs, especially in the form of chemicals, like fertilizers and pesticides, or as machines and other means of agricultural mechanization. There are studies which show that land saving, or in other words, input-increasing agricultural techniques, can burden the environment beyond support capacity (Publications about Switzerland: Keller, E.R., 1979; Bovay, E., 1980; Vez, A., 1980). The observations derive mainly from individual farms or from certain localities. They are warnings that past trends in the application of chemical and other man-made inputs cannot continue indefinitely. But still, for Switzerland an input-intensive agricultural land use, especially in the plains, is vital.

There is little, or no room for an ecologically motivated reduction of inputs *per se*. Such a policy would only mean a lower degree of self-sufficiency in periods of possible food shortages, and lower income for the farmers. Environmental problems have to be solved by measures which take threshold values of support capacities into account.

2. Conflicts between agricultural production and ecology? Mountain areas

Approximately 50 per cent of the agricultural area of the country and about two thirds of the national territory lie in the mountains. One fourth of the population lives there; between 10 and 20 per cent of food requirements could be provided by the mountainous regions according to our national food emergency planning (Kohlas, J., 1981).

A survey conducted in 1981 (von Ah, J., 1982) showed that maximum carrying capacities for agricultural inputs, especially fertilizer, have not been reached. Only local problems might exist because ignorance prevails about location specific capacities.

On the other hand, there is strong evidence that uncontrolled abandonment of agricultural land use, and non-agricultural activities like tourism, can be very destabilizing for the ecosystems (non-agricultural land-use is not discussed in this paper).

- In some more detail the situation can be summarized as follows (for sources see quoted literature and acknowledgments at the end of the paper).

- Fertilizer application is low; ecologically only nitrogen could be a problem (Nösberger, J., 1976; Hofer, H., 1980).

- Pesticides and herbicides are applied in very small quantities, if at all.

- Animal density, with some exceptions, is low (dairy and beef cows, pigs, poultry).

- Intensive crop production (maize, sugar beets, rape seed) is hardly found in the mountains; potatoes and grain are produced on rather small fields.

- Soil damage by heavy farm machinery is rarely observed only in spring (Ott, A., 1979).

- Overgrazing is possible on steep slopes; it goes with improper management (Charles, M.J.-P., 1979).

These findings were confirmed by specialists and the Swiss literature consulted. The publications very seldom refer to negative side effects of today's agricultural technology which is practised in the mountain regions of the country.

On the other hand, two findings of a different nature seem to be highly significant for our concern about food security and stable ecosystems:

1. Highly positive effects of modern pasture management.

2. Destabilizing effects of uncontrolled land abandonment.

Modern methods of pasture management allow in several parts of Switzerland an increase in area productivity: yields of fodder and of animal products rise. Agricultural area was decreased at the same time and turned into forests. In a test region studied, the gain in forest area was 44 per cent (Stadler, F. et al., 1980; Bloetzer, G., 1981). It must be emphasized, however, that such results are highly region, location, even micro-locality specific, like (almost) everything in the agricultural ecosystems.

In contrast, uncontrolled land abandonment (back to nature without human interference) can be extremely destabilizing in mountain ecosystems. Growth of brushes, soil degradation, soil erosion etc. are the consequences. Such a development can have very adverse effects on the food and feed production potential, but also on tourism, due to increased hazards for landslides and avalanches. The situation in Switzerland, Austria, France and Federal Republic of Germany has been analysed for some years (Aulitzky, H., 1974; Bierhals, E. et al., 1976; Faudry, D. et al., 1977; Scherrer, H.U. et al., 1978; Julen St., 1981). New data are expected from a Swiss national research programme on "Socio-Economic Development and Ecological Capacity in Mountain Regions" (described in Messerli, P. et al., 1980). Thus destabilization in the mountainous areas is not a problem of modern agricultural technology but rather of a too extensive or non-existing land use.

Farmers cultivate and preserve the ecosystem which has to yield a surplus in food and feed. In the mountain areas of Switzerland, modern agricultural technology is an excellent means for stabilizing the ecosystems. Possible conflicts between ecological stability and agriculture are marginal problems or non-existent. Furthermore, mountain areas have a still unknown potential for food and wood production which could be utilized by proper management. National self-sufficiency could thereby be increased.

3. Minimum data requirements for pragmatic solutions to the problem

About minimum data requirements some suggestions are proposed which might be applicable beyond Swiss conditions.

1. Agriculture has the unique quality of being a highly location-specific human activity. This very relevant phenomenon concerns the natural conditions (soils, topography, climate, altitude) as well as the man-made organizations and institutions. Both factors are important for a realistic evaluation of the problems, possible control mechanisms, and action. Sets of conclusions and recommendations must, therefore, be fitted to the agro-climatic and socio-economic conditions of specific locations (Bösch, M., 1981).

2. Ecologists seem to put too little effort in defining their objectives in operational terms on the relevant scale for action (national, regional, local) (Bittig, B., 1980). Sweeping generalizations, offered for at least 10 years by now, will bring no progress in the solution of (possibly) pressing problems. Although holistic approaches would be ideal, they are still very limited, if not sometimes utopian. Mostly due to limits of the human mind and psyche, only partial and pragmatic solutions seem possible in problem perception, knowledge and information, problem solutions and last but not least, in political packages and action over time (von Ah, J., 1981).

3. A standard phrase in literature about ecology-related subjects reads: "In the absence of a coherent theory ...". This indicates that pragmatic problem-solving holds the best, if not only promise for progress. From experience as an administrator I plead for minimum data, because I always find that the support capacity of decision makers in politics and in administration is rather limited. There are time constraints but also limits for acting on long reports in specialized jargon. On all levels of decision making, only a small fraction of one per cent of all the information offered is utilized. The real problem becomes, therefore, to find the relevant piece of information at the right moment.

4. Improved methods of communication have to be developed and learned. Information must be intelligible to all levels of comprehension of its potential users. This requires science specialists, politicians, administrators and "ordinary" people with an open mind, a generalistic outlook and great patience for communication.

5. Perhaps we should in the future have the courage to accept and promote

   - "common sense" rather than scientific approaches (in a formalized, quantitative, rational sense);

   - more reliance on less abstract analytical problem-solving, listening still more to local people and their perception of problems and of solutions.

   This kind of approach might be somewhat frustrating scientifically, I dare say however, it has not worked too badly in Switzerland in the past.

SELECTED REFERENCES

von Ah, J., Rural Development and Ecological Issues in Conflict, in Proceedings of the International Workshop on "The University and Rural Resource Development" (Bäckaskog, Sweden, 23-30 June 1981), The Swedish University of Agricultural Sciences, Uppsala 1981.

von Ah, J., Landwirtschaft und Oekologie - ein Widerspruch? in Jubiläumsschrift 100 Jahre Bundesamt für Landwirtschaft, Bern 1982.

Aulitzky, H., Endangered Alpine Regions and Disaster Prevention Measures, Council of Europe, Nature and Environment Series No. 6, Strasbourg 1974.

Bierhals, E. et al., Brachflächen in der Landwirtschaft: Vegetationsentwicklung, Auswirkungen auf Landschaftshaushalt und Landschaftserlebnis, Pflegeverfahren, KTBL-Schrift 195, Landwirtschaftsverlag GMbH, Münster-Hiltrup 1976.

Bittig, B., Zielkonflikte zwischen Oekologie und Oekonomie, in Dokumente und Informationen zur Schweiz. Orts-, Regional- und Landesplanung, (DISP No. 59/60), Zürich 1980.

Bloetzer, G., Beziehungen zwischen Landwirtschaft und Forstwirtschaft, Blätter für Agrarrecht, Bern 1981.

Bösch, M., Oekologische Kriterien zur Beurteilung von Entwicklungsprojekten, Nationales Forschungsprogramm "Regionalprobleme in der Schweiz", Arbeitsbericht No. 20, Bern 1981.

Bovay, E., Ecologie et production agricole, Schweiz. landw. Forschung, Verlag Benteli, Bern 1980 (Bibliography 54 titles).

Charles, M.J.-P., Possibilité et limites de l'utilisation extensive des terres en friche, Schweiz. landw. Forschung, Verlag Benteli, Bern 1979.

Faudry, D., Tauveron, A., Désertification de l'espace montagnard, Centre Techn. du Génie Rur. des Eaux et des Forêts, Grenoble 1977.

Hofer, H., Führt die heutige Düngungspraxis zu einer Umweltgefährdung?, Schweiz. landw. Monatshefte, Verlag Benteli, Bern 1980.

Julen, St., Dauerbrachland in einem touristisch stark frequentierten Gebiet, Geographisches Institut der Universität, Bern 1981.

Keller, E.R., Future Perspectives of Different Agricultural Methods, paper presented at the University of Helsinki, Department of Plant Husbandry, 17 September 1979 (mimeo).

Kohlas, J., Die aktuelle Ernährungsplanung der Schweiz für Krisenzeiten, in von Ah, J., Egli, G., Kohlas, J., Sicherung der Ernährung des Schweizervolkes in Krisenzeiten, Oekonomische Kolloquien 10, Universitätsverlag Freiburg, 1981.

Messerli, P., Mattig, F., Zeiter, H.P., Aerni, K., Socio-Economic Development and Ecological Capacity in a Mountainous Region: A Study of the Aletsch-Region (Switzerland), Geography in Switzerland, A collection of Papers offered to the 24th Internat. Geographical Congress, Tokyo, Japan, August 1980. Geographica Helvetia, 1980 Vol. 35, No. 5.

Nösberger, J., Ueberlegungen zum gegenwärtigen Stand und zur künftigen Entwicklung der Düngung, Schweiz. landw. Monatshefte, Verlag Benteli, Bern 1976.

Ott, A., Stand und Zielvorstellungen für die Mechanisierung der Berglandwirtschaft, Report No. 8 of the Swiss Federal Research Station for Farm Management and Agricultural Engineering, Tänikon 1979.

Scherrer, H.U., Surber, E., Behandlung von Brachland in der Schweiz Swiss Federal Institute for Forestry Research, Birmensdorf 1978.

Stadler, F., Nösberger, J., Guyer, H., Pflanzenbestände und futterbauliche Nutzungsplanung für eine umfassende Wald-Weideordnung, Schweiz. landw. Forschung, Verlag Benteli, Bern 1980.

Vez, A., Werden unsere Böden noch richtig bearbeitet? Schweiz. landwirtschaftliche Monatshefte, No. 12, Verlag Benteli, Bern 1980.

ACKNOWLEDGMENTS

The author profited greatly from discussions with the following experts:

University of Berne, Geographical Institute: Prof. B. Messerli; Dr. P. Messerli; Dr. Pfister; Dr. Winiger.

Swiss Federal Department of Agriculture: J. Häfliger; F. Helbling,

Direktor E. Bovay (Swiss Federal Research Station for Agricultural Chemistry and Hygiene of Environment); J. Dettwiler (Bundesamt für Umweltschutz); Dr. Th. Maissen; Prof. J. Nösberger (Institut für Pflanzenbau der ETH, Zürich); Dr. J. Weber; Dr. Zeh (Bundesamt für Raumplanung).

1 Figure

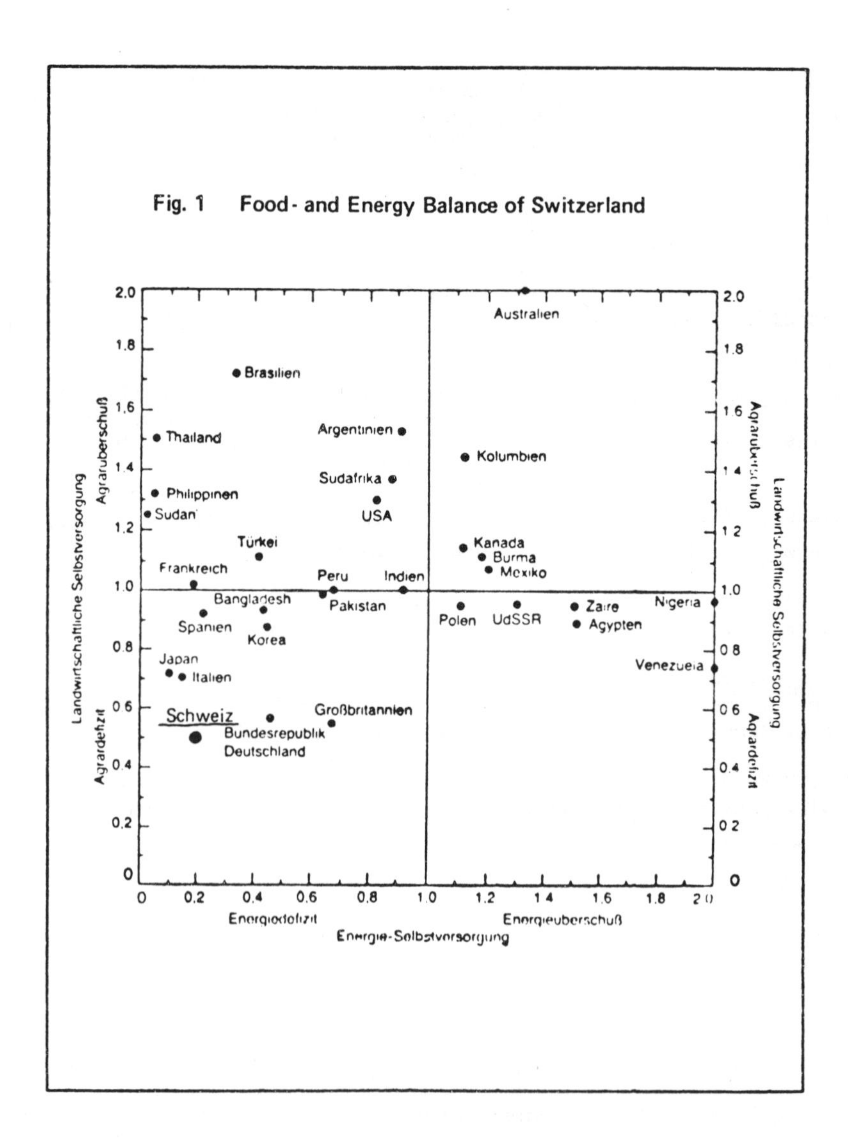

Adapted from Weltbank, Finanzierung und Entwicklung, No. 4, Dez. 1980

MAXIMALISATION DE L'EFFICACITE DES FUMURES POTASSIQUES ET RECHERCHE DE L'OPTIMUM DES TENEURS EN POTASSIUM DU SOL

J-P. Ryser,
Station fédérale de recherches agronomiques
de Changins
Nyon, Suisse

Introduction

Lors de la mise au point des directives pour les fumures des grandes cultures, une attention particulière a été consacrée au potassium afin de tenir compte de la dynamique de cet élément dans le sol. Les difficultés rencontrées à la préparation du document (Reckenholz, Liebefeld et Changins 1972; Commission romande des fumures 1974) ainsi que les cas particuliers enregistrés dans le cadre de la vulgarisation ou d'enquête nous ont incité à étudier le seuil optimal de potassium pour différents types de sols.

Forme du potassium dans le sol

A ce jour, nous connaissons trois états importants de la disponibilité du potassium des sols :

- le potassium extrait par l'eau faiblement acidulée; que nous appelons arbitrairement potassium assimilable selon DIRKS et SCHEFFER 1930;
- le potassium "échangeable" correspond à la garniture de cations retenus par attraction électrostatique autour des colloïdes électro-négatifs. Ces cations peuvent facilement être échangés;
- le potassium interne où l'on distingue des fractions importantes: le potassium intermédiaire rétrogradé dans certains minéraux argileux et, la fraction la plus importante, représentant 80 à 95 % du total (FNIE, 1976), le potassium des roches mères non encore dégradées (QUEMENER, 1976).

L'analyse du potassium du sol

Une analyse de terre est une extraction des éléments du sol. Ces éléments seront libérés facilement s'ils sont solubilisés dans l'eau du sol, moins facilement s'ils sont absorbés sur le complexe argilo-humique et très difficilement s'ils s'agit de constituants rétrogradés ou insolubles. Selon l'agent d'extraction utilisé, le résultat révélera une réserve plus ou moins importante dont la forme plus ou moins accessible pour la plante. Si le dosage porte sur le potassium total contenu dans un sol, il sera de 6 à 130 t/ha pour 4000 t de terre. Si la détermination se limite au potassium échangeable, on trouve de 60 à 2400 kg/ha de potassium. Dans la solution du sol, il n'y a en réalité que 3 à 30 kg/ha de potassium ionisé. Cette fraction représente le potassium directement assimilable par la plante. Cette forme de réserve ne pour une partie des besoins de la culture. Les échanges avec le complexe argilo-humique permettront un renouvellement du potassium de la solution du sol. L'agronome s'occupant d'analyses de sol se trouve constamment devant le dilemme suivant :

- utiliser un agent d'extraction agressif et trouver une réserve du sol 10 à 20 fois supérieure au besoin de la culture sans savoir si ces éléments en réserve seront accessibles à la plante;
- utiliser l'eau comme agent d'extraction et trouver une teneur extrêmement basse, de l'ordre de quelques kg, sans savoir si les réserves et les micro-organismes du sol seront à même d'approvisionner la solution du sol en fonction des besoins de la culture;
- utiliser un agent d'extraction intermédiaire, relativement proche de l'eau, ne dosant pas de réserves importantes mais inutiles, c'est-à-dire se rapprochant de la fraction facilement extractible par la plante, par exemple : l'eau saturée de gaz carbonique.

L'analyse du potassium du sol doit être accompagnée d'autres valeurs permettant de tenir compte de l'influence du type de sol sur la disponibilité du potassium pour la plante.

Analyses de sol et exportations par les plantes

L'exploitation en vases de végétation pendant 10 ans en rotation de culture sans apport de potassium démontre la disparité existant entre le potassium du sol déterminé par différentes méthodes d'extraction et celui exporté par les plantes (tableau 1).

Tableau 1

K EXPORTE PAR 10 ANS DE CULTURES EN VASE DE VEGETATION COMPARE A CELUI EXTRAIT PAR DIFFERENTS AGENTS ET AU K TOTAL DU SOL, Exprimé en g par vase

Provenance des sols	Potassium du sol					Exporté par 10 ans de cultures
	Total	Extrait par l'eau saturée de CO_2 1)	Echangeable selon MEHLICH 2)	Extrait par le double l'actate de calcium 3)	Extrait par l'actate d'ammonium 4)	
Treycovagnes	26,6	0,61	0,93	1,88	1,85	5,54
Missy	99,4	0,11	0,27	1,05	1,17	5,42
Vouvry	118,4	0,09	0,14	0,50	0,50	3,24
Moudon	81,3	0,21	0,29	1,24	1,33	2,17
Founex	91,5	0,02	0,12	0,42	0,50	2,86
La Rippe	43,2	0,15	0,22	0,66	0,92	2,17
Pailly	81,9	0,07	0,14	0,61	0,61	2,44

1) Selon DIRKS et SCHEFFER

2) Echangé par $BaCl_2$

3) DL

4) AL

COURBE DU K RELATIF DE L'ORGE SOL DE LA RIPPE 1980

$$K\ relatif = \frac{K\ assimilable \times 100}{K\ exporté}$$

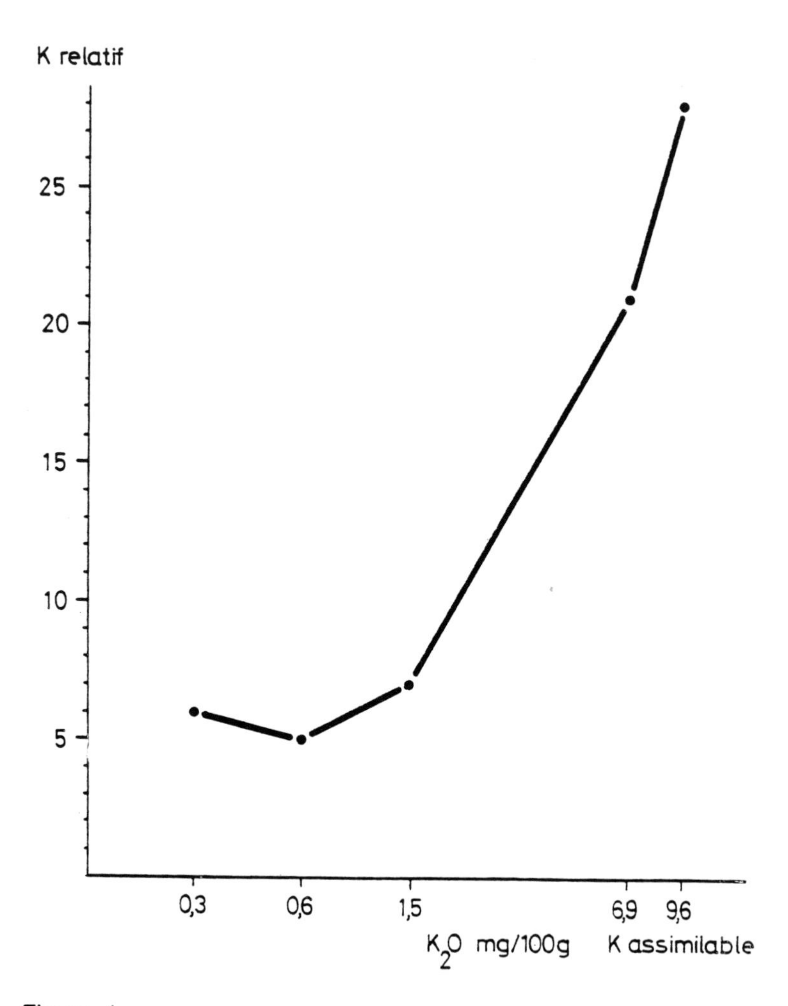

Figure 1

Essai de fumure à long terme

L'interprétation des essais de fumure est en général basée sur les quantités de potassium appliquées. La conclusion des essais défini la dose de potassium nécessaire et suffisante pour assurer la culture. Dans la plupart des cas, cette dose est nettement supérieure aux exportations. Avec ces apports potassium, la fertilité potassique des sols à faible capacité d'échange des cations s'élève alors que celle des sols à forte capacité d'échange des cations s'élève alors que celle des sols à forte capacité d'échange des cations ne se modifie pas (tableau 2). Cette dernière situation peut être gênante si dans le barême de l'état de fertilité potassique de ce sol les normes pour qualifier le sol de satisfaisant sont trop élevées.

Relation entre le potassium assimilable et l'absorption du potassium par les cultures

L'expérimentation conduite durant 10 ans en rotation de culture selon trois traitements bien distincts :

- pas d'apport de potassium (extensif)
- compensation des exportations en potassium (normal)
- forte dose de potassium (intensif)

nous a permis d'apprécier les seuils de potassium assimilable (extrait selon DIRKS et SCHEFFER) nécessaire et suffisant pour assurer la culture. Dans la pratique les directives de fertilisation exigent en général que la fertilité du sol soit déterminée. Selon l'appréciation de cette fertilité la dose de potassium à appliquer est diminuée ou renforcée. Cette dose, quantité appelée en général norme correspond au potassium nécessaire à la croissance de la culture.

Il nous a paru important de déterminer le seuil critique de potassium extrait selon DIRKS et SCHEFFER sans qu'une fertilisation ultérieure intervienne.

Depuis 1980 les terres expérimentées ont reçu une fertilisation potassique en doses croissantes à 5 niveaux, au moins 2 mois avant la mise en place de la culture. Le potassium assimilable extrait selon DIRKS et SCHEFFER est déterminé à la mise en place de la culture. Cette technique permet de définir le niveau de potassium assimilable à partir duquel la culture n'augmente plus son rendement de manière significative avec un taux de potassium convenable dans le produit récolté.

Tableau 2. Résultats des analyses du potassium extrait par l'eau saturé de CO_2, effectuées à la fin de chaque culture.
Exprimés en mg K_2O pour 100 g de terre.

Provenance	CEC [1] en méq. %	Fumure	Année de contrôle		
			1968	1974	1978
Missy	33,3	0	0,5	0,6	0,3
		normale	0,7	2,0	1,0
		forte	0,7	2,4	1,9
Founex	25,3	0	0,3	0,4	0,2
		normale	0,3	0,7	0,4
		forte	0,3	0,9	0,8
Moudon		0	0,7	0,5	0,3
	11,3	normale	0,7	7,8	1,1
		forte	1,5	12,0	15,0

1) CEC = capacité d'échange des cations selon MEHLICH en méq pour 100 g

Lorsque le sol reçoit un engrais potassique sa fertilité en potassium assimilable est modifiée. Cette modification est différente selon le type de sol. Les sols à forte capacité d'échange des cations réagissent faiblement alors que les sols à faible CEC sont très sensibles aux apports d'engrais. La réaction des sols humifères est à comparer aux sols légers, bien que leur CEC soit très élevée, Le potassium adsorbé sur l'humus est plus disponible que celui qui est retenu sur les argiles (tableau 3), la différence du potassium assimilable 2 mois après l'incorporation de l'engrais, sans culture est en relation étroite avec la capacité d'échange des cations dans la mesure ou la saturation du complexe peut être réalisée (tableau 3).

Potassium relatif et potassium assimilable selon DIRKS et SCHEFFER

Le traitement extensif, sans apport de potassium pendant toute la période expérimentale, permet de mettre en relation le potassium assimilable du sol avec le potassium exporté par la plante.
Nous appellerons cette fraction le potassium relatif.

$$\text{potassium relatif} = \frac{\text{potassium assimilable x 100}}{\text{potassium exporté}}$$

Le fait d'exprimer le potassium assimilable du sol en pourcent de celui absorbé par la culture (potassium relatif), permet de déterminer le potentiel fertilisant du sol par rapport à une culture.

Selon le schéma expérimental de 1980, à chaque traitement correspond un niveau de potassium assimilable selon DIRKS et SCHEFFER mesuré avant la culture. Par le fait qu'aucune fumure potassique n'a été appliquée, nous pouvons déterminer le niveau de potassium assimilable suffisant pour cette culture et ce type de sol. Le potassium assimilable nécessaire et suffisant est celui mis en évidence dans la figure 1 pour la terre de La Rippe. Pour les autres sols, le ou les valeurs soulignées (tableau 4) situent la zone du potassium relatif suffisant.

Le potassium relatif mis en évidence pour la culture d'orge de 1980 permet de définir les valeurs de potassium assimilable selon DIRKS et SCHEFFER. Pour les sols de Vouvry et de Pailly, les valeurs du potassium assimilables ont dû être estimées à cause d'une carence en phosphore, confirmée par les analyses de la récolte (tableau 5).

Les taux de potassium assimilable selon DIRKS et SCHEFFER, suffisants pour la culture d'orge dans les différents types de sol sont consignés au

Tableau 3 INFLUENCE DE LA FUMURE POTASSIQUE SUR LE K ASSIMILABLE DU SOL

Fumure en g K_2O / vase		0	0,8	1,6	2,4	3,2
		K assimilable après 2 mois (en mg %)				
Provenance	CEC en méq % 1)					
Treycovagnes	122,7	0,8	1,8	4,8	9,8	20
Missy	33,3	0,4	0,7	1,4	2,1	2,9
Vouvry	12,0	0,5	0,8	1,7	5,8	19
Moudon	11,3	0,3	1,6	4,8	11	21
Founex	25,3	0,2	0,3	0,7	1,1	1,4
La Rippe	32,0	0,3	0,7	1,9	5,2	10
Pailly	12,0	0,4	1,0	3,2	9,9	13
Corrélation de l'évolution		0,62	0,69	0,92	0,81	
de K assimilable et de			0,67		0,95	
la CEC				0,86		
				0,96		
				0,88		
					0,96	

1) CEC = capacité d'échange des cations

Tableau 4

POTASSIUM RELATIF DE LA CULTURE D'ORGE 1980

Provenance	Niveaux de fertilité potassique [1)]				
	I	II	III	IV	V
Treycovagnes	19	13	10 [2)]	17	19
Missy	4	5	6 [2)]	6	7
Vouvry	3	4	6 [2)]	29 [2)]	37
Moudon	13	17	13 [2)]	48	68
Founex	4	3	3 [2)]	4	4
La Rippe	6	6 [2)]	7	21	28
Pailly	13	10	9	19 [2)]	25

1) Les niveaux de fertilité potassique sont classés dans l'ordre croissant.

2) Les valeurs soulignées déterminent la zone de potassium relatif suffisant.

tableau 6. Les résultats obtenus ci-dessus ne sont pas étonnants puisqu'une différenciation des niveaux de potassium assimilable a été prévue par les auteurs de la méthode d'extraction, tant pour les cultures que pour les types de sols (THUN et al., 1955). Ainsi ces auteurs proposent pour le blé, l'avoine, le seigle,l'orge et la pomme de terre un niveau satisfaisant fixé à 1,5 mg k_2O alors que pour la betterave il est à 2 mg K_2O pour 100 g de terre. Une différenciation en fonction des types de sol est également suggérée dans ce même article.

Interprétation de l'analyse du potassium assimilable du sol selon DIRKS et SCHEFFER

L'interprétation de l'analyse du potassium assimilable du sol selon DIRKS et SCHEFFER peut être améliorée. Cette amélioration est possible dans la mesure où les seuils d'interprétation de la fertilité potassique sont déterminés pour chaque type de sol. La classification des types de sol selon leurs définitions pédologiques ou selon leurs granulométries peut être remplacée par une détermination de la capacité d'échange des cations. Pour être plus précis et afin de mieux tenir compte du poids de sol utile, le potassium assimilable et la capacité d'échange des cations sont corrigés en fonction du squelette du sol, refus au tamis 2 mm. L'importance de la capacité d'échange des cations par rapport au pouvoir de fixation du potassium par le sol a été mis en évidence en France et en Angleterre (LOUE, 1977,ADDISCOTT, 1970).

L'importance du type de sol défini par sa teneur en argile a été mis en évidence par certains services agronomiques (QUEMENER, 1976). Nous constatons que les valeurs limites du potassium assimilable du sol obtenues par calcul à partir du potassium relatif sont en relation avec la capacité d'échange des cations. Par valeurs limites, nous entendons la plage de valeurs dans laquelle la culture ne souffre pas de carence et ne fait pas de consommation de luxe.

Pour les sols minéraux à forte capacité d'échange des cations, ces valeurs seront basses alors que pour les sols minéraux à faible capacité d'échange des cations, elles seront élevées. Par rapport aux valeurs publiées dans les directives de fumures (RECKENHOLZ, LIEBEFELD et CHANGINS, 1972; COMMISSION ROMANDE DES FUMURES, 1974), le seuil du potassium assimilable selon DIRKS et SCHEFFER, considéré comme normal, peut être diminué pour tous les types de sols.

Tableau 5

POTASSIUM ET PHOSPHORE EXPORTES PAR L'ORGE MAZURKA 1980

Niveau de fertilité K	I		II		III		IV		V	
	Taux de potassium et de phosphore de la M.S. en %									
Provenance	P	K	P	K	P	K	P	K	P	K
Treycovagnes	0,32	0,44	0,29	0,44	0,33	0,57	0,29	1,14	0,28	1,23
Missy	0,20	0,44	0,22	0,53	0,28	0,81	0,25	1,04	0,25	1,02
Vouvry	0,18*	0,75	0,19*	0,69	0,23	1,12	0,23	1,29	0,22	1,39
Moudon	0,31	0,40	0,32	0,36	0,31	0,56	0,28	1,13	0,29	1,12
Founex	0,20	0,40	0,20	0,47	0,28	0,72	0,27	0,81	0,27	0,93
La Rippe	0,25	0,34	0,25	0,46	0,31	0,75	0,29	1,15	0,30	1,18
Pailly	0,19*	0,42	0,19*	0,48	0,21	0,80	0,23	1,16	0,22	1,23

*) Seuil de carence en phosphore d'après BERGMANN et NEUBERT (1976).

Tableau 6

Potassium assimilable défini par le potassium relatif de l'orge 1980

Provenance	K assimilable selon DIRKS et SCHEFFER mg K_2O /100 g de terre	
	résultats	références
Treycovagnes humifère	1,3 - 5,6	3 - 6
Missy	0,5 - 1,0	1,3 - 2
Vouvry	2,0	2 - 4
Moudon	2,0 - 3,0	3 - 6
Founex	0,3 - 0,7	1,3 - 2
La Rippe	1,0 - 1,5	2 - 4
Pailly	1,0 - 1,2	3 - 6

La culture joue un rôle important dans l'interprétation du potassium assimilable. Certaines cultures sont capables d'absorber du potassium peu disponible du sol (K^+interfoliaire des minéraux argileux, K^+ peu ou non-échangeable). Il s'agit en particulier du ray-grass, du blé et de l'orge (STEFFENS et MENGEL, 1979; KELLER, 1960). D'autres cultures ont peu d'aptitude d'absorption du potassium peu disponible; par exemple le maïs, le trèfle et la tomate. Le potassium relatif obtenu en rotation pour les trois traitements expérimentés, classe les cultures selon leur faculté d'absorption du potassium assimilable du sol. Le ray-grass, le blé et l'orge ont des valeurs de potassium relatif nettement plus basses que le dactyle, le trèfle et le sudan.

Le taux de potassium assimilable considéré comme normal pour une parcelle en rotation de culture, sera défini par la culture ayant l'exigence en potassium la plus élevée. Dans les sols difficiles, riches en argiles, on évitera l'implantation de cultures à faible pouvoir d'absorption du potassium peu disponible. On réservera ces terrains pour la prairie, l'orge ou le blé.

Bibliographie

ADDISCOTT, T.M. 1970. A note on resolving soil cation exchange capacity into "mineral" and "organic" fractions. J. agric. Sci., Camb. 75 : 365-367.

COMMISSION ROMANDE DES FUMURES. 1974. Nouvelles directives de fumure. Rev. suisse d'agr. 6 : 189-195.

DIRKS, B. und SCHEFFER, F. 1930. Der Kohlensäure - Bikarbonatauszug und der Wasserauszug als Grundlage zur Ermittlung der Phosphatbedürftigkeit der Böden. Landw. Jb. 71 : 73-90.

FNIE. 1976. La Fertilisation. (ed.) Fédération Nationale de l'Industrie des Engrais. Paris. 71 pp.

KELLER, P. 1960. Kationenaustausch an abgetöteten Pflanzenwurzeln. diss. EPFZ (éd.) KELLER, P.G. Winterthur. 70 pp.

LOUE, A. 1977. La fertilisation potassique des sols à fort pouvoir fixateur. Dossier K_2O, mars 1977. No 7, 24 pp.

QUEMENER, J. 1976. Analyse du potassium dans les sols. Dossier k_2O au service de l'agriculture No 4. 26 pp.

RECKENHOLZ, LIEBEFELD et CHANGINS, 1972. Düngungsrichtlinien für Acker- und Futterbau. Mitt. Schweiz. landw. 20 : 33-48.

STERRENS, D., und MENGEL, K. 1979. Das Aneignungsvermögen von Lolium perenne im Vergleich zu Trifolium pratense für Zwischenschichtkalium der Tomminerale. Landw. Forsch. Sonderheft 36 : 120–127.

THUN, R. HERMANN, R., KNICKMANN, E. 1955. Die Unterscuchung von Böden. Methodenbuch. Band 13. Aufl. 1955. (éd.) NEUMANN. Berlin, 271 pp.

MAXIMIZING THE EFFICIENCY OF POTASH FERTILIZERS AND RESEARCH INTO THE OPTIMUM POTASSIUM CONTENT OF THE SOIL

J-P. Ryser, Station fédérale de recherches agronomiques de Changins, Nyon, Switzerland

SUMMARY

The objective of this study is to improve the interpretation of the analyses of assimilable potassium in the soil. Potassium was extracted from the soil using water saturated with CO_2. Seven types of soil from the canton of Vaud, were cultivated over a ten year period with crop rotation. Plants were grown in containers. Three potassium levels were used: extensive (none): normal (enough to cover exportation): and intensive (more than enough to cover exportation).

As well as potassium, other soil parameters were also measured: particle size, cation exchange capacity of fine soil, and mineral content following destruction of organic matter. Clay types were determined by x-ray diffraction. Normal assimilable potassium and potassium exported by the crop must be known in order to determine relative potassium.

$$\text{Relative potassium} = \frac{\text{assimilable potassium x 100}}{\text{exported potassium}}$$

Relative potassium is high when the soil is low in potassium. This can be explained by the fact that the crop is heavily dependent on the potassium content of the soil. Relative potassium is also high when the soil is rich in potassium due to luxury consumption by the crop. The lowest point on the relative potassium curve for a certain crop and certain type of soil, corresponds to a satisfactory level of assimilable potassium. To determine the level of potassium one must know the cation exchange capacity of the soil. Soils having a high cation exchange capacity are low in assimilable potassium and values show very little variation.

The capacity of the plant to absorb potassium is also important. Ryegrass, barley and wheat absorb potassium very easily as opposed to clover, sudangrass and tomatoe.

Our values for assimilable potassium were low compared to those listed in the fertilization advisory leaflets for 1972 and 1974. In soils from Founex (heavy) and Moudon (light), we found respectively 0.3 - 0.7 and 2 - 3 mg K_2O/100 g of soil, whereas the advised rates for K_2O were respectively 1.3 - 2.0 and 3 - 6 mg/100 g of soil.

NITROGEN FERTILIZATION AND ITS PROFITABILITY IN THE LIGHT OF THE CHANGED PRICE/COST SITUATION IN THE FEDERAL REPUBLIC OF GERMANY

Dr. H. Nieder, Fachverband Stickstoffindustrie e.V.,
Düsseldorf, Federal Republic of Germany

1. Introduction

During the period 1970/71 to 1980/81, total costs paid by agriculture in the Federal Republic of Germany for the purpose of agricultural production rose from 16.11 billion DM to 31.70 billion DM. The largest increases occurred in disbursements for energy and those means of production which are particularly energy-dependent. 4.74 billion DM paid in 1980/81 for fertilizers mean that approximately 15% of the above mentioned total costs were accounted for by mineral fertilizers. Expenditure for nitrogen fertilizers amounted to 2.61 billion (8.2% of input). In the group of the so-called main nutrients, nitrogen is, therefore, playing the leading part. Since 1970/71, the amount paid for nitrogen fertilizers by agriculture has more than doubled. At the time, they represented an expenditure of 1.18 billion DM (7.3% of total input).

The large price increase marked by nitrogen fertilizers is due to their dependency on energy and the surge in inergy costs. Graph 1 taking 1970 as a basis shows that by 1981 the petrol price index had risen by approximately 1,000%. During the same period, prices for calcium ammonium nitrate and NPK fertilizer 13 + 13 + 21 which may be more or less considered the "leading products", were up 92% and 95%, respectively.

In the presence of higher disbursements for the means of agricultural production, agricultural product prices have not been proportionally adjusted, with all the consequences this situation has for farm incomes. During the last 10 years, producer prices for grain, e.g. increased nomially by only 29%. The situation developed somewhat more favourably for sugar beet which rose by approximately 46%. During the period 1970/71 to 1980/81, the relative over-all change in the producer price index for plant products apart from specialty crops amounted to + 71%. Taking, however, 1976 prices as a basis, one arrives at a decrease of 11%.

Various authors (LANGBEHN et al., 1981; 1/ STEFFEN, 1981 2/) draw the unanimous conclusion that in spite of markedly increased yield performances in market farming, changed background conditions in agriculture have brought about considerable deteriorations in the yield: cost ratio and cross margins as well as in the resulting exploitation of yield determination factors. This becomes particularly clear by adjusting these data to the yearly increases in the cost of living.

To begin with on the individual farm, but in the end in agriculture as a whole this unfavourable development suggests cuts on the cost side. Agricultural policy perspectives do not point to any medium-term changes in farm incomes, and farmers are also disconcerted by the fact that ecological problems in connection with their means of production are increasingly under discussion. This being the situation, it is all the more important to supply the individual farmer with guidance data helping him to orientate the special production intensity of his farm. Recommendations of this kind can only aim at an optimalization of the farm expenditure: farm income ratio.

2. Determination of mineral fertilizer consumption

The consumption of mineral fertilizers is not only determined by economic conditions. It is true that fertilizer prices, the liquidity of farmers, the prices for other means of production and for agricultural products are highly decisive but in addition there are other determining factors which are directly related to production techniques, as e.g. site quality, acreage size and the availability of farmyard manure. Finally, the farmer's level of education and the guidance he receives from extension workers have to be quoted as so-called social determining factors.

For the period 1950 to 1970, POPKEN (1974) 3/ established that the flexibility of fertilizer demand was in the first place dependent on farm incomes and on the liquidity of farmers, respectively. This

---

1/ LANGBEHN, C., HOGREVE, H., PETERSEN, V.: Einfluss veränderter Preis-Kosten-Verhältnisse auf Betriebsorganisation und Einkommen in Ackerbaubetrieben, Vortrag 22. Jahrestagung GeWiSola, Hohenheim, Okt. (1981).

2/ STEFFEN, G.: Die Rentabilität des Handelsdünger- und Pflanzen-schutzmitteleinsatzes in landwirtschaftlichen Unternehmen bei steigenden Preisen für Betriebsmittel und sinkenden Erzeugerpreisen, Berichte über Landwirtschaft, Bd. 59, H. 4 (1981).

3/ POPKEN, H.: Mineraldüngernachfrage 1980, Bestimmungsgründe und Elastizitäten, Agrarmarktstudien aus dem Inst. f. Agrarpolitik und Marktlehre, Univ. Kiel, H. 18 (1974).

flexibility is obviously greater for phospate and potash and relatively small for nitrogen. This explains why the factor determined for mineral fertilizers in general is 0.6, while it is only 0.2 for nitrogen. If income or liquidity rise by 1 per cent, fertilizer demand increases by 0.6 per cent, but by only 0.2 per cent for nitrogen. Decreasing incomes produce the opposite effect.

For the price which is the second important determining factor, POPKEN indicates approximately 0.2, both for mineral fertilizers in general and for nitrogen fertilizers, which means that if the price increases by 1, demand drops by 0.2. This shows that the farmer is fully aware of the importance mineral fertilizers have for his income.

Flexibility does, however, vary according to size and structure of the farms. This phenomenon is closely connected with the so-called social influences, as e.g. level of education and management competence. Larger farms generally monitor cost-yield ratios more closely, organize farm operations more effectively, aim at and achieve optimum special intensity and determine their consumption of mineral fertilizers accordingly. It is, therefore, not particularly suprising that well managed larger farms have a high price but a small liquidity flexibility. The contrary is the case for farms with smaller acreages.

3. Mineral fertilizer consumption since 1970/71

Mineral fertilizer consumption is illustrated by table 1. Average nitrogen application which was slightly above 40 kg/ha N during the sixties has reached more than 108 kg/ha N today. Phosphate consumption which amounted to 40 kg/ha P_2O_5 at the time, has climbed to a per ha rate of 62 kg P_2O_5. Potash increased from 70 kg/ha K_2O to 86 kg/ha K_2O.

Regional fertilizer rates are, however, differing considerably. Schleswig-Holstein and Lower Saxony as well as the Rhineland have the most intensive fertilizer application. The lowest rate of consumption is to be found in Baden-Württemberg and the Saarland. A comparison with the N rate per ha farmland (FL) of neighbouring countries shows that the nitrogen consumption in the Federal Republic of Germany is lower than in Belgium (124 kg/ha N) and Denmark (134 kg/ha N). At a rate of 238 kg/ha N, the Netherlands hold a very special position. Another group is formed by France, Great Britain and Italy, using 60 to 70 kg/ha N. Ireland consumes the smallest amount, viz. 43 kg/ha N.

4. Fertilization as management problem

A continuously rising farm production is permanently calling for decisions which are as good or as bad as the bases on which they are made. Many of these decisions are no doubt more routine based on experience. Using this uncritically does, however, often lead to false decisions which may have major economic consequences. Fertilization, and nitrogen fertilization in particular, represents such a decision area. On a low level of production, it may be based on time-tested usages and experience without any risk of detrimental consequences. For high production levels, on the contrary, such recipes have to be modified and adapted to the conditions prevailing in each particular case. Success and failure lying very closely together in plant production, especially nitrogen fertilization has become a management problem par excellence. Inadequate supply of nutrients means a loss of yield potentials. Excess fertilization impairs yields and often also quality, it means also an ineffective financial expense.

In addition to a calculation of requirements aiming at a nutrient balance, nitrogen fertilization requires determination of application dates for the different crops, the incorporation into the over-all programme of farmyard manure and its exploitable nutrient potential as well as, finally, the selection of the most suitable mineral fertilizers. Although determination of nutrient requirements may seem easy at first sight, is it in reality very difficult to fix actual nitrogen rates and their timing. The criteria to be taken into consideration are not only the requirements and yield levels of the different crops. The assessment is complicated by the soil of the site, its particular properties and resulting nutrient potential as well as its capability of making additional nutrient quantities available. As the release of nutrient reserves and its timing are furthermore largely dependent on weather conditions, the fixation of the required fertilizer quantities is very difficult indeed.

As per graph 2, decision-making in the field of nitrogen fertilization is consequently consisting of measuring, assessing and dosing. The calculation is, however, all the more precise, the more individual parameters and deviations into the positive or negative direction have been taken into account. By means of analytical determination - the N_{min} method (SCHARPF, WEHRMANN, 1977) 4/ may serve as an example - it is tried at the beginning of the vegetation period to measure the quantity of plant-available nitrogen as correctly as possible . Additional quantities supplied ex soil reserves have to be estimated on the basis of past experience, by regarding the actual

---

4/ SCHARPF, H.-C., WEHRMANN, J.: Stickstoffbedarf schätzen oder messen? DLG-Mitteilungen, H. 2 (1977).

development of the crops or by plant analysis. They elude any precise determination. For this purpose, auxiliary tables have been developed which help to determine the required quantities of applied nitrogen (BUCHNER, STURM, 1980). 5/

Nitrogen fertilization whose quantities depend on the above criteria has to be as much as possible to the measure of the different crops. In this connection one has to make the qualification that, strictly speaking, this applies to mineral fertilizers, only. Precise dosing of farmyard manure is obviously impossible. This is above all true for its timely availability, as organically bound nitrogen present in the soil undergoes a series of conversion processes. For various reasons, however, farmers should under all circumstances aim at effectively using their farmyard manure in order not to be forced to clear it away, which may be a great problem.

5. Production functions for nitrogen

On the basis of the law of the decreasing extra yield according to MITSCHERLICH, v. BOGUSLAWSKI and SCHNEIDER (1961) 6/ formulated a third approximation of the yield law without questioning the principles of the representation by MITSCHERLICH. This "adaptation" enables a rather detailed description of the yield curve according to economic and plant-physiological aspects (graph 3) as well as a definition of the optimum use of yield-promoting means of production. The representation offers the advantage that it is possible to vary the constancy of plant growth efficiency factors, which is inexistent in praxi.

The graph firstly illustrates the well-known fact that rising expenditure - in this case of fertilizers (x) - increases the yield (y). Starting from a "zero fertilization", the increase takes the form of an S curve, reaches a maximum and declines, again in the form of an S. Increase in the neighbourhood of "zero fertilization" may be a very flat line almost linear to the base line, e.g. in the case of sites very poor in nutrients. The rise in the section of increasing fertilizer rates is influenced by other factors and may, therefore, also be flatter or steeper. This is in any case the area of increasing improvement. If we consider the yield alone, the optimum point represents at the same time the point of the maximum yield.

5/ BUCHNER, A., STURM, H.: Hilfstabelle zur N-Düngung. Was muss bei Getreide im Frühjahr beachtet werden? Deutsche Landw. Presse, Jg. 97, Nr. 5 (1974).

6/ v. BOGUSLAWSKI, E., SCHNEIDER, B.: Die dritte Annäherung des Ertragsgesetzes, 1. Mitteilung, Z. f. Acker- und Pflanzenbau, Bd. 114, H. 3 (1962).

The declining part of the curve is the section of increasing depression due to excess supplies.

For practical considerations it is important that there is not only an optimum identical to the maximum because at this point promoting and depressing effects are compensating each other, but also a so-called "maximum-range", i.e. a certain variance around the maximum point. The optimum range of the yield stretches more or less from point "O" to point "M". It coincides with the range of "optimum fertilization" on the abscissa. Any reduction but also any increase below or beyond this range leads to yield depressions and, consequently, economic losses.

To which extent this basic curve may change, has been shown by REISCH (1973) 7/ by a comparison of production functions, comprising the determination of optimum fertilization intensities for cropping sites of different quality (graph 4).

With identical fertilizer rates, the yield increases from I to II and III. Optimum fertilization on the poorer site is reached with only 9 fertilizer units, on the medium site it requires 12 and on the best plot 15 units. In the same way as optimum yield and optimum application rate are dependent on the site, they are, of course, also influenced by all biotechnical developments.

6. Optimum nitrogen application

On the basis of long-term experiments with rising nitrogen rates, KLING (1982) 8/ studied the conditions required to reach the economically optimum N application.

For a medium and a good site, he calculated and represented production functions i.a. for winter wheat. His results indicate the following (graphs 5 and 6):

(1) The relations already described by REISCH (1973) in connection with the influence on optimum application and yield of soil quality are reconfirmed.

(2) The more favourable site has the better yield potential. Even higher nitrogen rates cannot compensate site-dependent yield differences.

7/ REISCH, E.: Der Stickstoff als Betriebsmittel in der Landwirtschaft, "Der Stickstoff", H. 9, Fachverband Stickstoffindustrie, Düsseldorf, (1973).

8/ KLING, A.: Optimaler Stickstoffeinsatz unter veränderten Preis-Kosten-Verhältnissen, Bayerisches Landw. Jahrb., 59 (1982) 8.

(3) The maximum for the medium site is a 5400 kg/ha grain yield, for the good site it amounts to 6900 kg/ha.

(4) It requires a mineral nitrogen application of 160 kg/ha N and 185 kg/ha N, respectively. In other words: One has to apply 2.96 kg N per 100 kg grain yield on the medium site, on the good site only 2.68 kg N. According to these results, the marginal yields of nitrogen are, consequently, better on the good site than they are on the medium plot.

(5) Yield optima of the two sites differ in the same way as the maxima. They are situated only slightly below the maximum yields. The required application of nitrogen was determined to be 144 and 163 kg/ha N, respectively.

This comparison alone is, of course, not sufficient to decide whether one should aim at the maximum or the optimum yield. One may not forget in this connection that these are auxiliary quantities which have to be taken into account for decision-making. KLING 9/ has examined the changes that took place in the marginal profits of a trial series with rising nitrogen rates. In this connection, marginal profit means the difference between the various per ha nitrogen levels calculated on the basis of the per ha market performance less per ha N fertilization costs. In view of the fact that the marginal profit between maximum and optimum yield for the good site was determined to be only DM 18.--/ha, DM 14.--/ha having been found for the medium site, one has to conclude that in the present price/cost situation, farmers should continue orienting their N application according to maximum yields, a statement confirming past principles also for today's higher cost level.

6.1. Influence of changed product and factor prices

Present farming conditions are marked by only modest increases, if not decreases, of producer prices, higher costs for means of production and relatively high inflation rates of 4 per cent and more.

By means of a simulation, STEFFEN (1981) 10/ calculated models for a 50 ha market crop farm arriving at the result that within a few years' time its income will deteriorate considerably, if, e.g. a 2 per cent price increase on the side of its net profits coincides with a cost increase on the side of its means of production of 5 per cent, and if one has to simultaneously expect a similar rate of inflation.

9/ KLING, S. on another place.

10/ STEFFEN, S. on another place.

This raises the question whether farmers should under such circumstances reduce, maintain or increase their expenditure of means of production in order to again bring their income into balance. In his simulation calculations, STEFFEN 11/ arrives at the conclusion that for a period of 10 years and under different assumptions the following decisions by the farmer would be logical for wheat cropping (table 3). For reasons of simplification, the table is limited to nitrogen costs.

Assuming a biotechnical progress of 2.3 per cent per year, one may draw the following conclusions:

(1) In case A, without any changes in the costs of means of production and product prices, the farmer will choose intensity level V.

(2) If product prices increase by 2 per cent (case B), he will pass to intensity level VI.

(3) He will fall back to intensity level V, if, as in case C, annual product price increases of 2 per cent coincide with cost increases for his means of production of 5 per cent.

(4) This intensity will be maintained, if the costs for the means of agricultural production rise by 10 per cent p.a.

(5) Only if these costs climb by 15 per cent p.a. will the farm again drop to intensity level IV.

KLING (1982) 12/ arrives on principle at the same results (graphs 5 and 6). If optimum nitrogen application at the medium site at a price of DM 1.80 per kg N is determined to be 144 kg/ha N, application drops by only 4.7 respectively 11 kg/ha N, if nitrogen prices rise to DM 2.20, DM 2.68 and DM 3.--. At identical N prices, N application at the good site would be reduced by 5, 10 and 15 kg/ha N, respectively.

According to this calculation model, a price increase for nitrogen of 67 per cent would consequently lower N application by 9 per cent maximum. It has to be underlined that these are theoretical calculations, which demonstrate the high efficiency of nitrogen fertilization.

For changing producer prices with all other production functions remaining the same, the author has found that nitrogen application adapts to changing marginal profits (graph 7), both in the case of increasing and falling producer prices.

11/ STEFFEN, S. on another place.

12/ KLING, S. on another place.

6.2. Fertilizer use to reduce risks

One argument is becoming increasingly important for the use of means of agricultural production, viz. the safeguarding of yields which is identical to a limitation of risks. The effect of nitrogen fertilization and, of course, also of phosphate and potash, is, as we know, not restricted to yield improvement. It also plays an essential part in the safeguarding of yields, which is all the more successful, the better the farmer masters production techniques and, consequently, the art of nitrogen fertilization. If he succeeds over a medium-period of time for a given yield level of 75 dt/ha wheat to e.g. reduce yield fluctuations from approximately 10 per cent to about 8 per cent, he improves his average yields by 1.5 dt/ha without having changed the production potential by any other measures, e.g. a different variety. Nitrogen fertilization is an important yield lever, also in this respect.

6.3. Profitability calculations on the basis of long-term trials

At today's prices of DM. 48.-- per 100 kg wheat and approximately DM. 2.-- per kg N including application costs, the profitability threshold of nitrogen fertilization is situated at approximately 4 kg grain per kg N. This means that economically any further increase of N rates does no longer make sense if additional yields are smaller than 4 kg grain per kg N. On the other hand, it is an economic imperative to fully exploit this marginal profit.

The limit value analysis serving to determine up to which limit application units are covered by additional profits is a suitable calculation method for assessing the profitability of N fertilization. According to the principle of the law of decreasing yields by MITSCHERLICH, it would have to show that profitability, during the last few years, of nitrogen fertilization has declined because yield levels and nitrogen application have been stepped up.

Calculations made on the basis of longer-term experiments show that this is not correct. Owing to the large number of individual trials made according to the same design, the results obtained are particularly instructive (graph 8).

The evaluation of these trial data shows that in spite of rising yield levels and higher N rates in the course of the 10 years under consideration, nitrogen has remained unchangingly effective at 14.7 and 14.4 kg grain/kg N, respectively. As compared to 1969/71, the break-even point has deteriorated only slightly from approximately 3 to 4 kg grain (which would mean a profit of more or less DM. 2.--). Even with rising N rates, the law of decreasing extra yields did not produce its effects. On the contrary: better nutrient conversion, higher-yielding varieties, more effective plant protection and a more pointed splitting of nitrogen dressings have led to regular transgressions of this law.

The contribution calculation is an instrument making it possible to calculate the economic efficiency of a branch of farm activities or a crop under certain conditions, as e.g. yield-improving nitrogen fertilization. Mathematically, the cross margin results from the so-called market performance (e.g. yield in dt per ha x price) less variable costs, as e.g. seed, fertilization, plant protection, labour and machinery.

An operational analysis of comprehensive trial data originating from tests with differing nitrogen rates applied to winter wheat by means of the cross margin calculation shows the following: in this trial series, nitrogen application was adapted to the analytically determined contents present in the soil in early spring of easily soluble and consequently plant-available nitrogen (N_{min}) (table 4). In these experiments, a distinction was made between medium sites with less than 40 kg/ha N (N_{min}) determined analytically in a 90 cm soil profile in early spring (end February/beginning March), and better sites with 40 to 80 kg/ha N (N_{min}).

In view of the fact that it was possible to make also this evaluation on the basis of the results of 35 different trials, it offers a high degree of exactitude.

Depending on the yield level, the calculations made for various site groups arrive at differences in market performance of approximately DM. 550.--/ha. The differences in the special variable costs are predominantly due to different N application rates.

On the lighter soils, cross margins reach the remarkable level of DM. 1,628.-- and DM. 1,704.--/ha, respectively. The final 20 kg N before the fertilization optimum still produce a considerable increase in cross margin of DM. 76.--/ha. The difference in the special variable costs for the two fertilization levels are essentially due to the additional costs for N application. Owing to higher yield levels at lower special variable costs (due to lower N rates), the cross margin for the better sites of DM. 2,243.-- and DM. 2,301.--/ha, respectively, considerably surpass the values for the lighter soils. The increase in the cross margin brought about by the last 20 kg N is in this case DM. 58.--/ha.

This means that also the cross margin calculation for different sites demonstrates in every case the high profitability of N fertilization.

The calculations show quite clearly how important it is to get as close as possible to the fertilization optimum in order to fully exploit the yield potential of modern, high-yielding varieties. A further operational analysis, taking into account prices and costs as per financial years 1980/81 and 1981/82, is of particular interest because 1980/81 was marked by stagnating producer prices and the simultaneous heavy increase in variable costs by 12 per cent (table 5). The figures demonstrate, however, that it would be wrong to cut down fertilization in order to lower costs, on the contrary.

It was in fact possible to stop the drop in cross margins by rising N-rates, wherever this was not yet the case, to their optimum level. It results very clearly from the figures that the farms in question were forced to make this step forward in order to avoid economic losses.

7. Summary

(1) Mineral fertilizers have a considerable share in the large cost increase for means of agricultural production, which occurred during the last few years. In view of the simultaneous decrease or underproportional increase of agricultural product prices, the question arises whether it is possible to cut down expenditure. Also when buying his nitrogen fertilizers, the farmer has to take corresponding decisions. A rise in producer prices of nominally 30 to 50 per cent during the last 10 years has to be seen in the light of price increases for nitrogen fertilizers of more than 90 per cent.

(2) Earlier papers on the price and income flexibility of nitrogen fertilizer demand having pointed already to the fact that N requirements have been relatively inelastic, more recent data are now serving to demonstrate why yield-orientated N fertilization is economically the correct decision, even at today's price:cost ratios.

(3) At the production level meanwhile reached in the Federal Republic of Germany, nitrogen application represents a decision-making area requiring a great deal of expertise and knowledge. In order to reach optimum yields, basic knowledge of production functions has to be completed by actual experience in the light of given actual production techniques and individual farm management.

(4) The necessity independently described by various authors of under the present circumstances orientating nitrogen fertilization according to the yield maximum is confirmed by comparative calculations made on the basis of comprehensive wheat trial results. At the present producer price level of DM 48.-- for wheat and a nitrogen price of DM. 2.-- per kg (including application costs), one arrives at a margin profit of 4 kg wheat grain per kg N. If the last N application unit produces smaller surplus yields, it is economically no longer justifiable. On the other hand, there is the economic imperative of exploiting this threshold. The analysis of 111 experiments made during the

years 1969-1971 and of 68 trials effected during the period 1978-1981 shows, however, that in spite of markedly higher N rates and yield levels, the efficiency of nitrogen is still more than 14 kg grain per kg N. This means that we shall yet have a long way to go before reaching the margin profit. The increasing economic deterioration of results in the presence of rising application rates that may be inferred from the yield rules does according to these calculations not materialize because continuous improvements that may be defined as biotechnical progress have exerted an equally positive effect on the application of nitrogen and its utilization.

(5) For this reason it results also from cross margin calculations - again for wheat as "model crop" - that in spite of the regrettable increase of variable costs during the last year of approximately 12 per cent, nitrogen fertilization aiming at high yields optimizes economic results, although there is no doubt about it that falling producer prices do have a negative effect on cross margins. Profitability calculations would, however, reveal much more important losses, if the market performance was durably affected by foregoing yield-orientated nitrogen application.

GRAPH 1

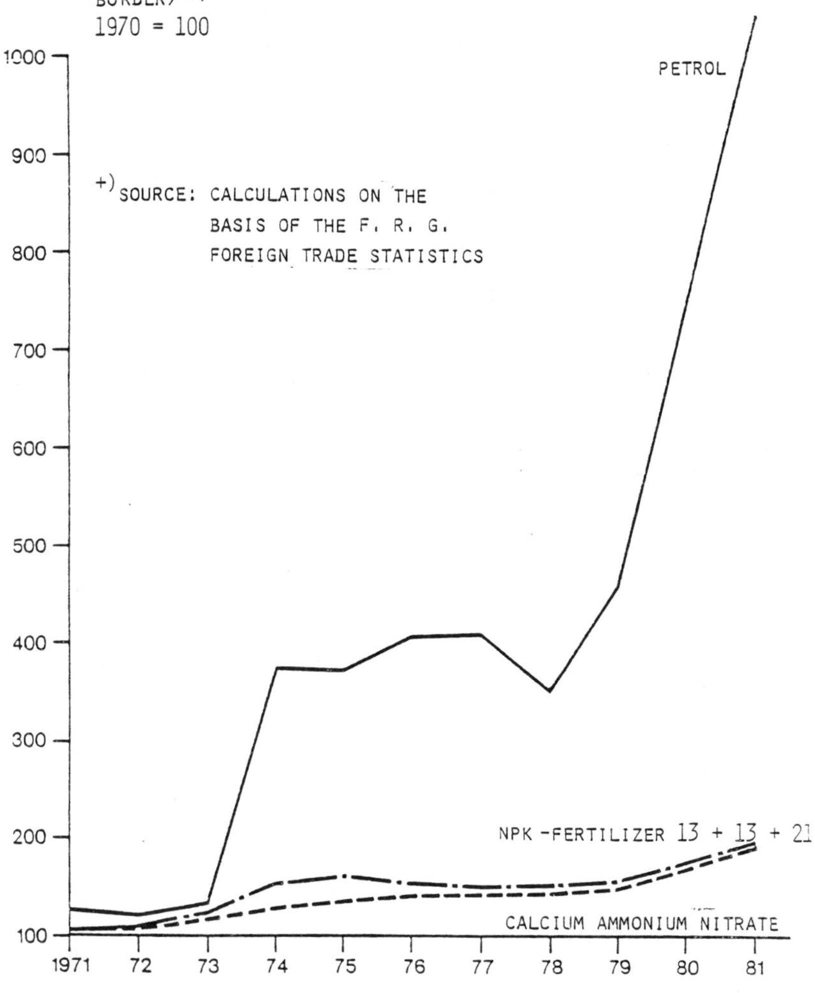

FACHVERBAND STICKSTOFFINDUSTRIE e.V.

GRAPH 2

SOURCES OF N SUPPLY IN CULTIVATED PLANTS

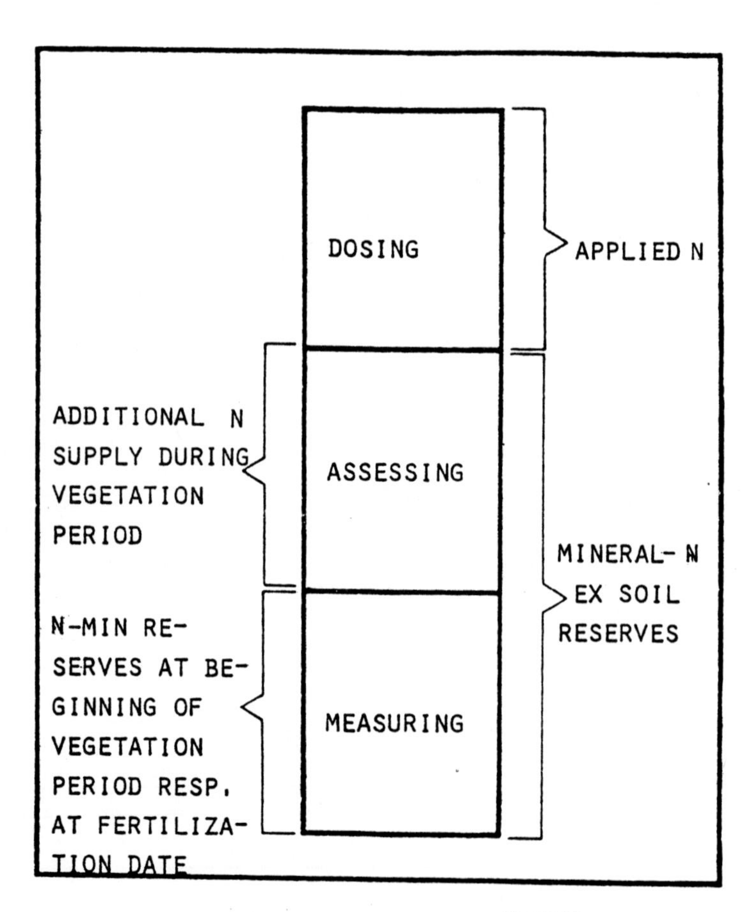

SOURCE: SCHARPF AND WEHRMANN (1977)

GRAPH 3

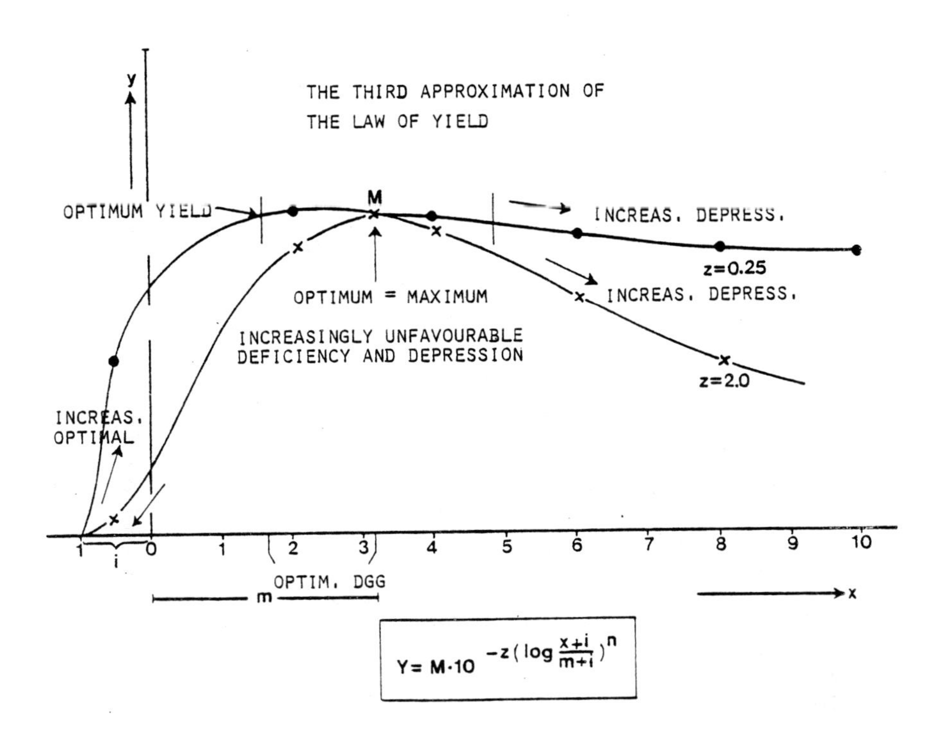

SOURCE: V. BOGUSLAWSKI, SCHNEIDER (1962)

GRAPH 4

PRODUCTION FUNCTION AND OPTIMUM INTENSITY OF FERTILIZATION ON SITES WITH DIFFERENT YIELD POWER

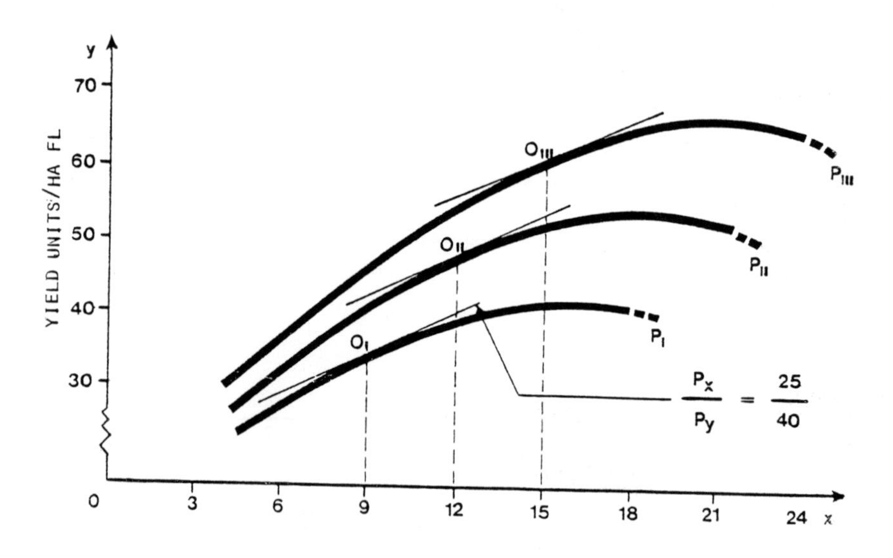

1 FERTILIZER UNIT = 100 KG NPK-FERTILIZER   FERTILIZER UNIT/HA FL

SOURCE: REISCH, E. (1973)

GRAPH 5

PRODUCTION FUNCTION FOR WINTER WHEAT ON A MEDIUM SITE[1)]

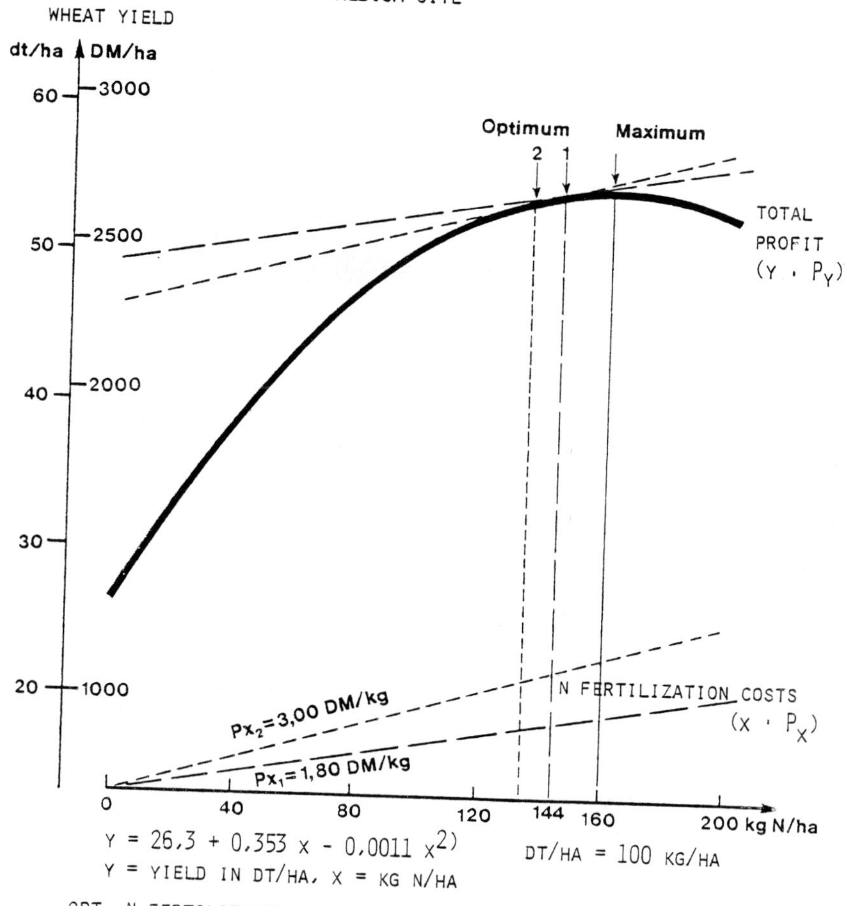

$Y = 26{,}3 + 0{,}353\ x - 0{,}0011\ x^2$ [2)] DT/HA = 100 KG/HA

Y = YIELD IN DT/HA, X = KG N/HA

OPT. N FERTILIZATION AT DIFFERENT N PRICES[2)]

PRICE IN DM/KG N	1,80	2,20	2,60	3,00
OPTIMUM N FERTILIZATION IN KG/HA	144	140	137	133

[1)] BASIC UNIFORM FERTILIZATION [2)] P_Y = 49,50 DM/DT

CALC. BASIS: CONTINUOUS INT. N EXPERIMENT OF BAYER. LANDES-ANSTALT BP 1972 - 81

SOURCE: KLING, A. (1982)

GRAPH 6

PRODUCTION FUNCTION FOR WINTER WHEAT ON A GOOD SITE[1)]

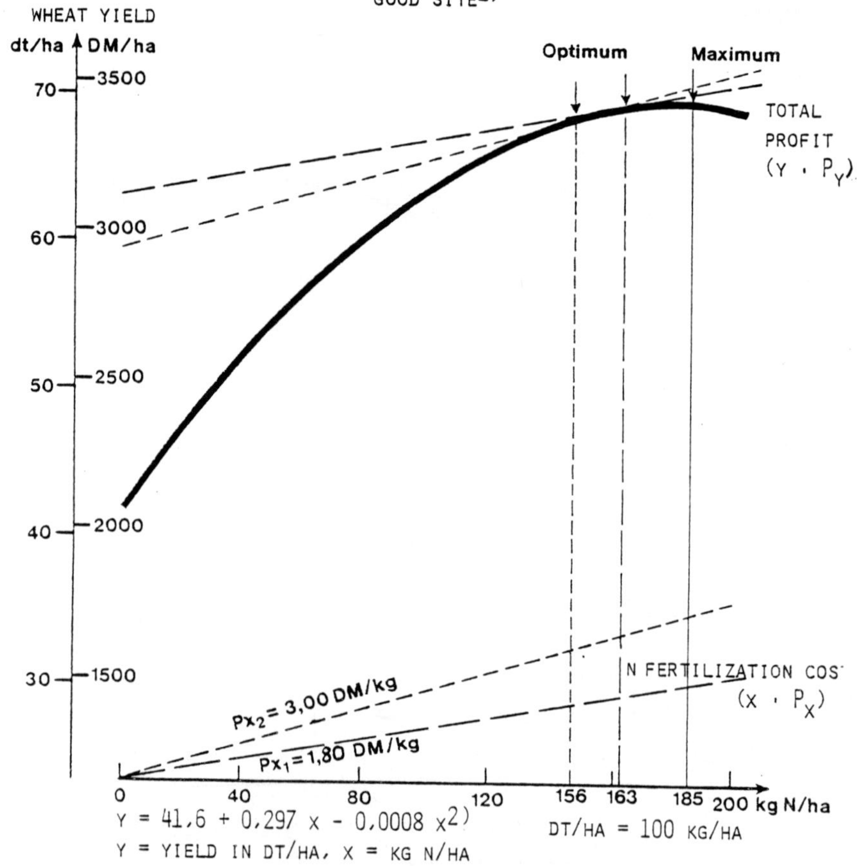

$Y = 41{,}6 + 0{,}297\ X - 0{,}0008\ X^{2}$ [2)]   DT/HA = 100 KG/HA

Y = YIELD IN DT/HA, X = KG N/HA

OPT. N FERTILIZATION AT DIFFERENT N PRICES[2)]

PRICE IN DM/KG N	1,80	2,20	2,60	3,00
OPTIMUM N FERTILIZATION IN KG/HA	163	158	153	148

[1)] BASIC UNIFORM FERTILIZATION   [2)] P_Y = 49,50 DM/DT

CALC. BASIS: TRIALS WITH INCREASING N RATES BY RUHR-STICKSTOFF AG IN BAYERN 1975 - 81

SOURCE: KLING, A. (1982)

GRAPH 7

OPTIMUM SPECIAL INTENSITY AT CHANGING WHEAT PRICES

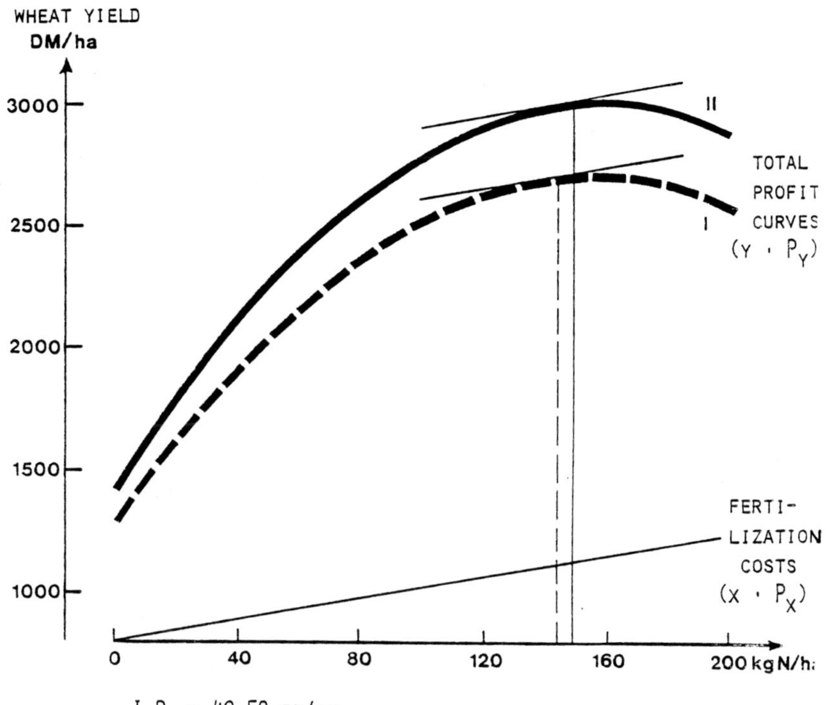

I P_Y = 49,50 DM/DT
II P_Y = 55,00 DM/DT

OPTIMUM N FERTILIZATION AT DIFFERENT WHEAT PRICES[1)]

PRICE IN DM/DT	49,50	55,00
OPTIMUM N FERTILIZATION KG/HA	144	148

1) P_X = 1,80 DM/KG

CALC. BASIS: CONTINUOUS INT. N EXPERIMENT OF BAYER. LANDESANSTALT BP 1972 - 81

SOURCE: KLING, A. (1982)

GRAPH 8

YIELD DEVELOPMENT, OPTIMUM N RATES AND EFFICIENCY OF N ON WINTER WHEAT OVER A 10 YEARS PERIOD

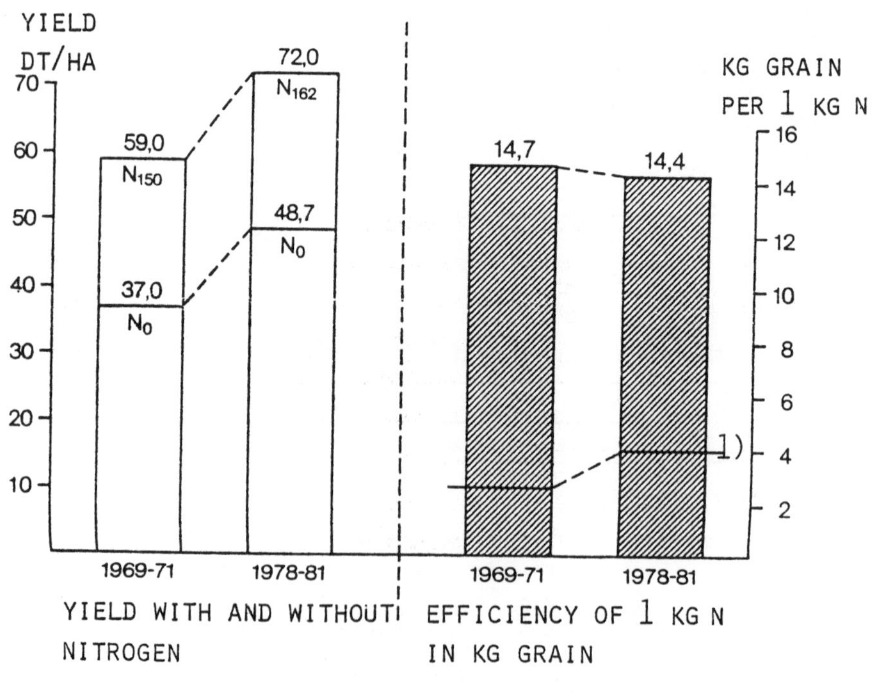

1969 - 71, 111 TESTS, 1978 - 81, 68 TESTS

SOURCE: BECKER, QUADE (1981)

1) BREAK-EVEN POINT DT/HA = 100 KG/HA

TABLE 1

FERTILIZATION INTENSITY IN THE INDIVIDUAL LÄNDER OF THE F.R.G.
KG NUTRIENT PER HA FARMLAND

LAND	1960/61			1965/66			1979/80 [3]			1981/82 [3]		
	N	P_2O_5	K_2O	N	P_2O_5	K_2O	N	P_2O_5	K_2O	N	P_2O_5	K_2O
SCHLESW.-HOLST.	54,7 [1]	57,1	72,8 [1]	75,6	67,9	80,5	178,2	94,3	111,3	145,4	62,8	81,9
HAMBURG	.	.	.	71,4	47,6	72,5	.	.	.	.	.	.
NIEDERSACHSEN	52,9 [2]	49,8 [2]	83,6 [2]	74,4	64,3	97,7	136,9	64,9	98,5	122,1	53,7	86,3
WESER-EMS	44,3 [2]	49,5 [2]	81,7 [2]	67,7	61,5	95,3	142,2	58,7	80,4	.	.	.
HANNOVER	59,4	51,6	87,4	79,6	67,2	101,1	133,9	68,5	108,8	.	.	.
BREMEN	.	.	.	61,6	76,2	93,5	.	.	.	.	.	.
NORDRH.-WESTF.	59,9	54,6	87,8	82,3	63,6	105,9	130,7	71,5	108,0	118,9	54,6	94,5
WESTF.-LIPPE	50,6	49,0	73,0	73,7	57,0	91,7	116,7	64,7	91,1	.	.	.
RHEINLAND	78,1	66,2	116,7	100,7	77,7	134,9	156,8	84,2	139,6	.	.	.
HESSEN	41,9	42,5	62,1	54,5	54,4	70,2	100,8	70,3	83,9	92,3	62,3	74,2
RHEINLAND-PFALZ	46,7	49,8	66,5	57,8	59,6	77,6	101,1	73,0	98,3	88,0	61,6	88,4
BADEN-WÜRTTBG.	27,7	37,9	54,8	42,6	50,1	68,1	80,7	67,6	84,2	79,1	63,2	79,3
BAYERN	32,1	41,7	63,6	52,0	57,2	80,2	108,2	78,5	98,4	100,8	70,5	90,3
SAARLAND	21,5	20,0	25,1	29,4	29,5	36,5	66,0	56,1	67,0	71,7	47,1	58,1
BERLIN (WEST)	18,1	31,7	46,6	30,7	27,2	45,9	96,0	34,0	72,5	151,0	64,0	145,0
FED.REP. AS A WHOLE	43,4	46,4	70,6	62,1	59,2	84,6	120,0 112,5 [4]	74,1 69,6 [4]	98,0 91,8 [4]	108,5	61,7	86,5

1) INCL. HAMBURG, 2) INCL. BREMEN

3) COMPARISON BY PERIODS AFFECTED BY CHANGE IN LOWER LIMIT FOR CALCULATION OF FARMLAND AS FROM 1979/80

4) RATES USED BY MIN. OF AGRIC. FOR COMPARISON WITH EARLIER YEARS

TABLE 2

INTENSITY OF N FERTILIZATION
IN THE EEC MEMBER COUNTRIES
- KG/HA FARMLAND -

COUNTRY	1960/61	1965/66	1978/79	1979/80	1980/81
BELGIUM/LUXEMBOURG	57,3	85,4	123,2	124,3	125,6
FED. REP. OF GERMANY	43,4	62,1	102,8	120,0 1)	126,6
DANMARK	39,5	63,3	129,8	134,0	128,7
FRANCE	16,4	25,6	62,5	69,1	67,2
IRELAND	5,4	7,9	54,9	43,3	47,9
ITALY	15,6	22,8	61,0	62,8	57,5
NETHERLANDS	97,3	137,9	215,7	238,0	238,3
UNITED KINGDOM	23,5	30,5	66,4	71,4	66,3
TOTAL EEC (8)	24,2	35,0	74,2	80,2	78,5

1) COMPARISON BY PERIODS AFFECTED BY CHANGE IN LOWER LIMIT FOR CALCULATION OF FARMLAND AS FROM 1979/80
FOR 1979/80, IN ORDER TO ASSURE COMPARABILITY WITH EARLIER YEARS, THE FED. MIN. OF AGRICULTURE USES THE FOLLOWING APPLICATION RATES FOR N:112,5 KG N/HA FARMLAND

SOURCE: VARIOUS STATISTICS, I.G. FOOD AND AGRICULTURE ORGANIZATION OF THE UNITED NATIONS AND THE BRITISH SULPHUR CORPORATION

TABLE 3

FACTOR EXPLOTATION IN DM/HA OVER A YEARS PERIOD IN THE PRESENCE OF CHANGING TECHNICAL PROGRESS OR DIFFERING COST DEVELOPMENT FOR FERTILIZATION AND PLANT PROTECTION

INTENSITY	N FERTILIZATION KG/HA	YIELD DT/HA		CROSS MARGINS IN CASE OF DM/HA A	B	C	D	E
			BTF % P.A.	2,3	+2,3	+2,3	+ 2,3	+ 2,3
			PP % P.A.	± 0	+2,0	+2,0	+ 2,0	+ 2,0
			BP % P.A.	± 0	± 0	+5,0	+10,0	+15
I	80	40		1711	2149	1967	1668	1269
II	100	50		2089	2626	2378	1983	1387
III	120	60		2468	3125	2790	2277	1505
IV	140	69		2806	3562	3141	2510	1562
V	160	77		3075	3924	3536	2683	1558
VI	180	80		2973	3999	3448	2603	1330

BTF = BIOTECHNICAL PROGRESS
PP = PRODUCT PRICE
BP = COST FOR MEANS OF PRODUCTION

SOURCE: STEFFEN, G. (1981)

TABLE 4

PROFITABILITY OF N FERTILIZATION IN WINTER WHEAT CROPPING 1981/82 - CROSS MARGIN CALCULATION -

	N_{MIN} BELOW 40 KG/HA		N_{MIN} 40-80 KG/HA	
N FERTILIZATION KG/HA	169	189	136	156
PRICE DT/HA	63,4	65,9	75,2	77,3
MARKET PERFORMANCE (48 DM/DT) DM/HA	3.043	3.163	3.610	3.710
	DM/HA		DM/HA	
SEED	191	191	191	191
N (1,85 DM/KG)	313	350	252	289
120 KG P_2O_5 + 160 KG K_2O	293	293	293	293
PS + CCC	247	247	247	247
MACHINERY	168	168	168	168
DRYING (1,30 DM/DT)	82	86	98	100
INSURANCE	35	35	35	35
INTEREST	86	89	83	86
VARIABLE SPECIAL COSTS	1.415	1.459	1.367	1.409
CROSS MARGIN	1.628	1.704	2.243	2.301

TABLE 5

CROSS MARGINS FOR WINTER WHEAT IN 1980/81 AND 1981/82 (DM/HA)

	N_{MIN} BELOW 40 KG/HA				N_{MIN} 40 - 80 KG/HA			
	1980/81		1981/82		1980/81		1981/82	
KG/HA N	169	189	169	189	136	156	136	156
MARKET PERFORMANCE	3.043	3.163	1.043	1.163	3.610	3.710	3.610	3.710
VARIABLE SPECIAL COSTS	1.261	1.297	1.415	1.459	1.218	1.254	1.367	1.409
CROSS MARGIN	1.782	1.866	1.628	1.704	2.392	2.456	2.243	2.301

THE EFFECT OF THE ORGANIC-MINERAL FERTILIZER "HUMOFERTIL" ON THE MAINTENANCE AND INCREASE OF SOIL FERTILITY AND ON THE PREVENTION OF UNDERGROUND AND WATER POLLUTION

Dr. F. Pajenk and Dr. Dj. B. Jelenic
University of Belgrade
Yugoslavia

The need for a more intensive and economic agricultural production has led to a wide use of high doses of concentrated complex mineral fertilizers. This, together with insufficient use of organic fertilizers, made us aware of some significant negative effects: decrease of the fertility and the damage of the soil structure, pollution of the underground waters by leaching of nitrates and the lowering of plant yields per hectare. Organic fertilizers regulate optimal conditions in the soil for high yields and good quality of the crops.

The manure, a significant organic fertilizer whose use influences the creation of optimal conditions in soil, becomes due to its voluminnousity more unprofitable and this lowers or even excludes its wider use in intensive agricultural production. The decrease in the use of voluminous organic materials due to economic and other reasons creates a problem of maintaining soil fertility and using higher doses of concentrated mineral fertilizers without damage.

For this reason agricultural production is forced to look for a solution in obtaining a new form of fertilizer that would combine the positive characteristics of both - organic and mineral fertilizers. We are convinced that this important problem is solved successfully through the technological process of producing complex organic-mineral fertilizer under the name of Humofertil.

Lignite is an organic material which serves as a source of humus and of specific stimulators of plant growth. This is because it contains humic acids and other physiologically active materials, but lignite by itself is a poor source of plant nutrients. Therefore, through a technological process we combine the advantages of organic and mineral fertilizers to the level of standard fertilizers with respect to the content of active nutrients. The essence of this product is that lignite is successfully used as a very effective organic - mineral fertilizer with a higher content of mineral nutrients.

Lignite of a good quality, owing to its content of humic acids and other active materials, can serve as a very good source for the production of complex mineral - organic fertilizers which contain macro and micro-nutrients (N, P_2O_5, Mn, Zn, Mo, Cu, etc) and biostimulators, and which has an efficient effect on some soil properties that are important from the aspect of land reclamation.

Lignite due to its content of humic acids and active groups, its porosity, colloidal properties, etc. has a big capacity for binding nitrogen in different forms (ammonia, nitric acid, urea, etc.), and also P in the form of phosphoric acid. In the technological process, by mixing lignite in the reactor with N,P. urea, ammonia, phosphoric acid and other components, carboxylic groups of humic acids react. So, lignite with phosphate gives lignite - humus - phosphate complexes which make phosphorus in the soil easily available even in the presence of $CaCO_3$ and iron.

On the basis of these properties the phosphorus and nitrogen utilization coefficients significantly increase, and release nutrient ions. The organic lignite component in the previously mentioned organic-mineral fertilizer assumes more and more the role of a good quality manure fertilizer and through the content of humus and specific properties of the mineral fertilizers has a significant influence on the qualitative and quantitative increase in yield. Owing to their physical and chemical constitution, and above all due to their content of physiologically active compounds and microelements, the produced organic-mineral fertilizers have a complex influence in the direction of improving soil fertility. Apart from this they also improve plant growth.

In chemically younger coals humic acids occur to a smaller extent as free humic acids and to a greater extent in the form of humates, whose most important cations are: Ca^{++}, Al^{+++}, Fe^{+++}, Mg^{++}, K^{+} and Na^{+}. Humic acids and lignine are typical colloids and so the significant water content, the ability to swell and the remarkable autooxidative properties of chemically younger coals are ascribed to their content of humic acids and lignine. The colloidal properties of coal decrease with time.

The cation adsorption capacity of the organic material of the chemically younger coals might reach a value of up to 500 meq/100 g. Thanks to its amphoteric character and the content of various active groups coal might also have a significant buffering capacity. With respect to their structure humic acids from coal have much in common with the humic acids from the soil of the chernozem type.

The technological procedure (patent Pajenk-P 2428/66-No 33103) for refining lignite is very flexible and is performed in a special reactor. When the obtained humus - mineral fertilizers are applied, ammonium, P and potassium ions pass gradually into the soil solution and are at the same time being replaced by calcium, magnesium, iron and aluminium ions, these ions being more tightly bound. Strong binding of potassium, iron and aluminium ions on the coal component prevents migration of these ions through the soil and also lowers their concentration in the soil solution. Because of this the transformation of phosphoric acid into insoluble phosphates (fixation of phosphate ions) is prevented, that is the solubility of phosphates is increased which as a consequence has increased mobility and availability of the phosphoric acid towards the plant. Apart from this strong binding of the calcium and magnesium ions to the coal component contributes to the creation and maintenance of better soil structural aggregates.

The applied technological procedure for the production of "HUMOFERTIL" permits obtaining coal-mineral fertilizers with varying concentrations of active macro-nutrients (NPK) and with suitable combinations of ratios between nitrogen, phosphorus and potassium.

In these complex relations with coal, nitrogen varies from 3.6 to 12.1%, phosphorus from 7.9 to 12.5% and potassium from 11.8 to 13.5%. If we, however, follow the variation in the content of nitrogen, phosphorus and potassium in the technological samples then it represents a range from 22.1 to 40.9% NPK pure nutrients. May be for a wider application a formulation with a uniform ratio of plant nutrients and with total concentration of active matter not exceeding 25% of all pure nutrients would be suitable. Above this, as we have pointed out earlier, the positive effect of coal as a source of humus, on the soil fertility is lowered.

"Humofertil" is applied as a fertilizer in the same manner as all other standard industrial fertilizers in the agrotechnical phase of basic or additional management.

In the period from 1966 to 1979, investigations of these lignite coal-mineral fertilizers had been undertaken, i.e. 48 in field experiments and in vegetative experiments and some cytological investigations in the laboratory.

Investigations were performed on the major soil types of Yugoslavia with vegetable and fruit crops and different grasses. As far as the territorial aspect of these investigations is concerned the following republics of Yugoslavia were included: Croatia, Slovenia, Serbia and Bosnia and Herzegovina. In the experimental network of these investigations the following institutions were included: faculties of agricultural sciences, agricultural research institutes, large agricultural industrial complexes (Belje, Sljeme, Beograd), industrial enterprises (EEK, Velenje, REIK Kolubara), agricultural stations (Zabok, Valjevo), agricultural cooperatives (Salek, Veliki Crljeni) and the fruit-growing organization "Vocar" at Valjevo.

The major method used in these investigations was the Latin square with six experimental variants and six repetitions. All results obtained were statistically analysed (variance analysis).

In connection with these investigations a very detailed experimental documentation exists and it is not possible to present it now in the limited space of our contribution. For this reason in the following table (tab. 1) important data are given about experimental sites, soil types, test-culture and relative yield obtained with coal-mineral fertilizers "Humofertil" in comparison to the yield achieved with pure mineral fertilizer of the same content of active nutrients.

A very high increase in the yield of crops which are grown because of their vegetative mass (grasses, vegetables) was determined. However, better effect is as a rule achieved on the soils with not so good properties. Here, humic acids as specific growth stimulators show a particularly positive effect.

The Department for genetics and plant breeding of the Faculty of Agricultural sciences in Zagreb (Professor Tavcar) has performed some interesting cytological investigations on the plants included in the investigations with the lignite coal-mineral fertilizer "Humofertil". Cytological investigations from 100 experimental samples, on each of which 100 cells were counted and gave results on the basis of which it could be concluded that the mitotic activity was biggest in the combination of the lignite fertilizers lignite + N + P and lignite + P. It was observed that under the influence of "Humofertil" nutrients very soon incorporate themselves in the plant metabolism. This is especially the case with phosphorus.

When evaluating the organic - mineral fertilizer "Humofertil" produced on the basis of coal, the influence on the yield in the year of application is not the only criterium because coal as a permanent source of humus has a cumulative effect on the soil fertility which is not the case with pure mineral fertilizers. Another important characteristic is that it prevents (by string binding of nutrients) leaching of nitrates and nitrites and other compounds into deeper layers. This means that it prevents the pollution of underground waters.

In this context lignite coal - mineral fertilizer "Humofertil" can be taken as fertilizer with prolonged effect due to their organic component. "Humofertil" is an organic - mineral fertilizer that has many useful functions and hence it should be as soon as possible included in the list of commercial fertilizers.

Table 1

Summary of the Results of the "Humofertil" Effect on the Yield of Different Agricultural Crops in Field Experiments
(more than 100 tests)

No	Agricultural crops tested	Soil type	Applied pure nutrients in kg/ha			Effect of mineral fertilizers only (index = 100,00)	Effect of "Humofertil" compared with the effect of pure mineral NPK fertilizers
			N	P_2O_5	K_2O		
1)	2)	3)	4)	5)	6)	7)	8)
1	Vegetable crops	Sandy clay soils	90-160	80-120	120-200	100,00	113,70-121,16
2	Maize	Alluvium soil	140-160	75-120	100-160	100,00	108,29-120,09
3	Maize	Chernozem soil	90-160	75-120	100-160	100,00	103,36-104,50
4	Wheat	Brown forestry soil	120-140	90-105	70-80	100,00	100,00-123,68
5	Peach trees (Variety: Colina)	Brown forestry soil	120-200	0-50	150-300	100,00	121,20-135,70
6	Peach trees (Variety: Alberta)	Brown forestry soil	100-200	0-30	150-300	100,00	117,70-131,90

POSSIBILITIES OF INCREASING THE PRODUCTION OF CORN IN THE CHERNOZEM ZONE OF YUGOSLAVIA (VOJVODINA) BY ZINC APPLICATION

Prof. Dr. Staniša Manojlović
Faculty of Agriculture
Institute of Field and Vegetable Crops
Novi Sad, Yugoslavia

Corn is a staple crop in Yugoslavia, as confirmed by its acreage (2.3-2.4 million hectares), total production (approximately 10 million tons a year, 11.3 million tons in 1982), and income from export.

The Province of Vojvodina, with its 1,626,306 ha of arable land (87 per cent are ploughed fields and gardens), of which area 60 per cent are chernozem and chernozem-like soils, and with a moderately continental climate, is an ideal region for the production of cereals, especially corn and wheat. It fully deserves its title as "the bread basket of Yugoslavia". Corn and wheat are grown on 42.3 and 22.6 per cent of the total arable land, respectively. The other important crops are sunflower (8.4 per cent of the total arable land), sugarbeet (5.4 per cent), alfalfa and clover (4.7 per cent).

Attempts have been made in the post-war period to improve the production of corn. Before and immediately after the Second World War, the average yield of corn was very low (2.27 t/ha of grain in 1939, 2.54 t/ha in 1947) (Table 1). These yields were increased by 2.4-2.7 times. In the last five years, the average yields for the total corn acreage (approximately 620,000 ha) were 6-7 t/ha (7-8 t/ha in the social sector (120,000 ha) and 6-6.5 t/ha in the private sector (500,000 ha)). The annual gain was 0.17 t/ha in the last two decades or 0.21 t/ha in the last decade.

In the first phase of plant promotion of production, high yield increases were obtained on account of the introduction of high-yielding varieties and hybrids as well as of the use of fertilizers. Once added to the optimum level, phosphorous and potassium ceased to bring increases in corn yield. Practically, only nitrogen fertilization continued to affect corn yield. This effect was significantly positive. For example,

Rajković (1978) reported that one nitrogen unit increased the grain yield of corn by 12-22 kg, the variation in the increase depending on the nitrogen dose. The same author wrote an extensive review of problems in corn fertilization (Rajković., 1978).

In a field experiment conducted on chernozem soil which had the optimum level of readily available phosphorous (around 20 mg P_2O_5/100 gr, Egner-Riem's Al-method, 1959), phosphorous fertilizers had low effects: sunflower and corn practically did not react to phosphorous fertilization while sugarbeet and wheat did react positively but after the period of 8-10 years (Manojlović, S. and Žeravica, M. 1980).

When considering problems of plant nutrition and fertilization in the chernozem zone discussed, it is necessary to start from the composition and properties of the soil types present there. Generally, chernozem and chernozem-like soils have favourable physical properties, well-regulated water, air, and thermic regimens, high biological activity, 3-4 per cent of humus, 0.15-0.22 per cent of total nitrogen, intermediate to optimum level of readily available phosphorous (15-20 mg P_2O_5/100 gr, Egner and Riem's Al-method, 1959), and optimum level of potassium (20 mg K_2O or more). An important property of these soils is the presence of calcium carbonate: they are limeless, slightly calcareous, most frequently with 5-10 per cent $CaCC_3$, and in some cases with 10-15 per cent $CaCC_3$. Another important property is the non-uniformity of these soils, which is most striking in the large plots of the social sector. The non-uniformity is caused by micro- and meso-relief and different histories of the previous smaller plots, deep tillage, intensive fertilization, etc. For example, the content of $CaCC_3$ may be much higher on the ridges of a plot than in the level parts because $CaCC_3$ is ploughed up during deep tillage. High contents of readily available phosphorous, due to an intensive fertilization with high doses of phosphorous, and a high potassium level in the soil are in some instances detrimental to the plant production in Vojvodina Province. In recent years, problems have been encountered with soil compaction caused by heavy agricultural machines, especially in sugarbeet plots.

Although all crops bring high yields in favourable years, the Province frequently faces years with a high water deficiency and an unfavourable distribution of rainfall. To overcome these problems, more and more attention is paid to irrigation, with the final aim of obtaining two crops a year.

The work on microelements has been intensified in recent years although some problems related to that subject-matter had been studied earlier and the most important results have been published.

Our programme of microelement studies has the following targets:

1. to determine the contents of readily available forms of microelements as well as their total contents;

2. to determine the forms of microelements in the soils;

3. to define relationships between certain microelements on one side and environmental factors and macroelements on the other;

4. to find suitable methods of determining microelements in the soil;

5. to establish limit values for different methods;

6. to determine the effect of various sources of microelements on plant growth, development, and yield as well as to find the most suitable methods, doses, and dates of their application.

Now we shall present some considerations on the possibilities of further improvement in the production of corn in the chernozem zone of Yugoslavia (i.e., in the Province of Vojvodina) by zinc application. The reasons discussed in the previous text, e.g., high $CaCO_3$ content, high content of readily available phosphorous, intensive application of "pure" mineral fertilizers low in zinc, may cause zinc deficiency and limit yields of corn grown in the chernozem zone of Yugoslavia, especially in Vojvodina Province. We shall review briefly the results of several recent studies which dealt with this problem.

The occurrence of zinc deficiency in corn production

Zinc deficiency was first observed by agronomists in charge of corn production at agricultural estates of the social sector. According to Rajković (1978), "zinc deficiency occurs in a small number of fields and only when corn plants grown there are at early stages of development. It is manifested in an uneven plant height. Zones may be seen in such a plot, not related with the micro-relief, in which some plants are two times shorter than the others although all of them are of the same age, e.g., at the stage of 4-6 pairs of leaves. Other symptoms occur on the leaves later on - a light-coloured strip appears on the margins, progressing to the central nerve. In the subsequent period, when the temperature increases, the retarded plants grow level with the normal ones but it is assumed that the previous slowdown affects negatively the final yield."

Several striking cases of zinc deficiency were observed in some large corn fields located on sandy chernozem in western Bačka. The zones of retarded plants that were three times shorter than the normal ones at the stage of 7-8 leaves were circular, 12-15 m in diameter, and arranged almost regularly along the fields. The analyses of both, soil and plants, indicated an almost complete lack of readily available zinc but also a high level of readily available phosphorous. It turned out later on that excessive amounts of superphosphate had been added by mistake to these particular zones in the fields, making the available zinc bound. Repeated treatments with a liquid fertilizer containing zinc mitigated to an extent the differences in plant height and yield. An experiment established in two locations showed that ZnDTPA was a more efficient zinc source than ZnEDTA and zinc-sulphate (Mohamed Elnaim and Manojlović, 1978).

Effect of zinc in corn nutrition

Stanojlović et al. (1981) (Table 2) conducted a four-year study on the effect of zinc-sulphate on the yield of corn grown on chernozem soil. The doses of 2 and 4 kg Zn/ha were added before planting. The obtained yield increases were significant or close to significant. The larger dose brought increases of 0.32-0.55 t/ha or 4-7 per cent. In the opinion of these authors, doses of 5-6 kg Zn/ha would bring higher increases.

Glintić (1983) (Table 3) conducted a set of experiments on different soil types in the central part of Yugoslavia. Out of eight test locations, zinc increased yields in four. The doses of 6 and 8 kg Zn/ha were more effective than the dose of 4 kg Zn/ha.

Glintić et al. (1982) (Table 4) reported that 6 kg Zn/ha in the form of zinc sulphate, added before planting, brought 10-30 per cent, but usually 10-20 per cent, increases in the yields of corn grown on alluvial soil of the River Velika Morava in Serbia. Effects of zinc application were conspicuous and clearly visible. The positive action of zinc was observed in 9 out of 10 experiments.

Ljubić (1980) (Table 5) studied the effect of certain micro-elements applied individually or in combination on the yields of corn grown on hydromorphic soil and brown lessive soil in Slavonia. Field experiments lasted for three years. Yield increases varied from year to year but were generally in the range of 5-10 per cent. The application of 6 kg Zn/ha before planting increased the yields by 7-12 per cent or more.

The same author reported that the application of 5 kg/ha of boron and 8 kg/ha of zinc increased the three-year average sugarbeet yield by 18 per cent (yield volume about 56 t/ha) on pseudogley, and by 15 per cent (yield volume 82 t/ha) on brown lessive soil.

According to the results of Abd Elnaim, M. and Manojlović, S. (1983) for chernozem soil, the application of zinc as ZnDTPA increased the concentration of the element in the soil and plants; one kilogram of zinc as ZnDTPA increased the grain yield of corn significantly and more economically than the other sources. Zinc was applied one month after planting, in the form of a suspension banded 10 cm laterally and below the plants. Besides the effect of zinc (ZnDTPA) application on the yield, a three-year pot experiment with the application of $ZnSO_4$, ZnEDTA, and ZnDTPA showed that the last source increased the amount of extractable zinc in the soil both native and applied, more than the other sources used in this study. In the presence of phosphorous, the highest grain yield was obtained with 100 kg P_2O_5/ha and 3 kg of zinc as ZnDTPA.

Effect of $CaCO_3$ and phosphorous on the adsorption of zinc in chernozem soil

Regarding the effect of phosphorous on zinc adsorption in non-calcareous chernozem soil, the application of P did not increase greatly the maximum adsorption of Zn but tended to decrease the bonding energy coefficient (K). A possible reason for this phenomenon might be due to the reaction of P which still remains in the solution after the equilibrium with Zn has been reached, forming $Zn_3(PO_4)_2$ and decreasing the amount of zinc that could be adsorbed by clay or organic matter. Similar results were obtained with calcareous soil which had 10 per cent of $CaCO_3$. In calcareous soil with 30 per cent of $CaCO_3$, however, the application of P increased both the maximum adsorption and the bonding energy coefficient. An explanation may be that first phosphorous came in contact with $CaCO_3$ to become converted into the fixed form of calcium phosphate. When zinc was applied, there was a small amount of free $CaCC_3$ to be contacted with the applied zinc, resulting in free Zn which is then adsorbed by clay on exchangeable cations which in turn increases the bonding energy (K). A general conclusion is that in calcareous soil the carbonate equivalent was the principal factor decreasing the availability of both native and added zinc due to the adsorption of zinc by $CaCO_3$ or the precipitation of zinc hydroxide or carbonate which form insoluble zinc compounds. In addition, our results showed that phosphorous did not affect directly the adsorption of zinc in the soil. It is, therefore, not surprising that phosphorous had a small beneficial effect on the adsorption of zinc in the examined soil type (Mohamed Abd Elhaim, 1980).

Total zinc content

The soils of the discussed region have total zinc contents ranging from 50 to 140 ppm Zn. Heavy hydromorphic soils are richer in zinc than chernozem soils (Ubavić et al., 1978).

Provision of chernozem soils with readily available zinc

A characteristic of the studies dealing with the contents of the forms of readily available zinc conducted so far was that different methods were used although some of them were not suitable for calcareous soils.

According to Ubavić et al. (1978), exchangeable zinc determined by extraction with nKCl (method of Peive, 1960), ranged most frequently within the limits of 1-2 ppm Zn, without any specific regularities regarding the soil type. The only exception were sandy soils which are naturally poorer in zinc.

Manojlović et al. (1983) (Table 8) conducted a pot experiment on chernozem and chernozem-like soils from 58 locations from Vojvodina Province to determine the effect of zinc sulphate on the height of corn plants and the yields of fresh and dry matter 45 days after emergence. On the average for the experiment, zinc sulphate significantly increased the plant height on the basis of NK (5.8 per cent) and highly significantly on the basis of NPK (20 per cent). Similar results were obtained for the yield of dry matter: 8.5 per cent increase on the basis of NK and 10.2 per cent increase on the basis of NPK.

The increase in plant height due to zinc application on the basis of Nk occurred in 52 per cent of the localities, and on the basis of NPK in two thirds of the localities (Table 9).

The increase in dry matter due to zinc application on the basis of NK and NPK occurred in 53 and 52 per cent of the localities, respectively (Table 10).

The above figures make room for the conclusion that positive effects of zinc application on corn yield may be expected in a half of the soils of Vojvodina Province. Accordingly, recommendations for zinc application may be given for these soils.

There remains a question of the selection of methods and criteria for the evaluation of soil provision with readily available zinc. In view of the properties of the existing soil types, especially the content of calcium carbonate, it is only logical that we gave preference to the methods with chelate agents over the methods of acid extraction. The preliminary limit values for the method of extraction with 1 per cent Na_2EDTA water solution, the ratio 1:10 (Allan's method, 1961) are:

- very poor - below 1 ppm Zn
- poor - 1-2 ppm Zn
- medium provided - 2-3 ppm Zn
- well-provided - over 3 ppm Zn.

Final considerations

The facts discussed in this paper give ground for the conclusion that zinc application may further improve the production of corn in the chernozem zone of Yugoslavia, primarily in Vojvodina Province.

It is reasonable to expect increases in corn yields of 5-10 per cent or more.

Our preliminary studies indicated that the effect of zinc on corn yield may be expected on half of the arable land in the Province.

As the existing soils are mostly calcareous, Allan's method (1961) of soil analysis for readily available zinc, extraction with 1 per cent water solution of EDTA, the ratio 1:10, was found to be most suitable. The provisional limit values for this method are: very poor soil - below 1 ppm Zn, poor soil - 1-2 ppm, medium provided soil - 2-3 ppm, and well-provided soil - over 3 ppm.

An extensive experimental work will be necessary to determine the best means of prevention of zinc deficiency, time and method of their application. Studies conducted so far hint at the following possibilities of application:

1. Before planting, in the form of zinc sulphate, broadcasted and incorporated to the planting depth for corn. This method is the cheapest if not the most effective.

An alternative is the application of zinc sulphate mixed with mineral fertilizers.

2. Application 30-40 days after planting, banded 10 cm laterally and below the plants, in chelate form. ZnDTPA ranks first, although the other chelate complexes should not be excluded as a possibility, especially due to their price and conditions of purchase.

An alternative is the application of chelate complexes with Zn mixed with liquid fertilizers (200-400 litres of fertilizer applied at the same time and by the same method).

3. Two-three sprayings with a zinc-containing liquid fertilizer. Combining the practice with disease protection measures would improve the over-all economy of application.

Studies conducted so far have cast light on the possibilities of increasing corn yields by zinc application. Long and hard labour is necessary to solve different problems in this field in the most effective and economic way.

LITERATURA

Abd ElNaim, M. and Manojlović, S. (1983): The effect of different doses of phosphorus, zinc and zinc sources on zinc uptake and yield of corn (zea Mays L.) grown on calcareous chernozem Soil (1983). IX world fertilizer congress of C.I.E.C., Uppsala, Sweden.

Allan, J.E. (1961): The determination of cink in agricultural materials by atomic-absorption spectrophotometry. Analyst 86: 530-534.

Glintić, M. (1983): Uticaj cink-sulfata na prinos kukuruza na različitim zemljištima (nepublikovano).

Ljubić, Jakov (1980): Uticaj pojedinih mikroelemenata na razvoj i prinos šećerne repe i kukuruza. Agrohemija, No 1-2, 1-5 (Beograd).

Manojlović, S. and Žeravica, M. (1981): Effect of residual and fresh phosphorus on the yields of some field crops grown on chernozem soil. Zemljište i biljka, Vol. 30, No 3, 315-328 (Beograd).

Mohamed Abd ElNaim (1980): Investigation of adsorption of zinc in soil at different levels of phosphorus and $CaCO_3$. Arhiv za polj.nauke 41, 143 (1980/3), 355-362 (Beograd).

Mohamed Abd ElNaim and Manojlović, S. (1981): The influence of different levels of phosphorus and cink sources and doses on the dry matter yield and zinc uptake by corn (Zea Mays L.) grown in chernozem soil. Zemljište i biljka, Vol.30, No 1, 73-85 (Beograd).

Mohamed Abd ElNaim (1981): The effect of phosphorus on zinc uptake by corn (Zea mays L.) grown on calcareous chernozem soil. Doctoral disertation, University of Novi Sad, 1981.

Rajković, Ž. (1978): Značaj i osobenosti azota u Sistemu kontrole plodnosti zemljišta i primene djubriva. Bilten za kontrolu plodnosti zemljišta i upotrebu djubriva, Br. 2, 5-49 (Novi Sad).

Rajković, Ž. (1978): Djubrenje u intenzivnom gajenju kukuruza. Agrohemija, No 11-12, 395-415 (Beograd).

Ubavić, M., Rajković, Ž. and Manojlović, S. (1971): Contribution to the study of trace elements in orchards and vineyards in the Subotica-Horgoš region. Arhiv za poljoprivredne nauke, Vol.24, No. 85, 137-145.

Ubavić, M., Manojlović, S. i Rajković, Ž. (1979): Mikroelementi u zemljištima Vojvodine. 1. Ukupni i lakopristupačni cink. IV JUgoslovenski simpozijum "Mikroelementi u poljoprivredi Jugoslavije", Portorož, 1979.

Stanojlović, B., Stanisavljević, D. i Glintić, M. (1981): Ispitivanje uticaja cinka na prinos zrna kukuruza. Agrohemija, No 1-2, 57-63, Beograd.

Manojlović, S., Ubavić, M., Dozet, D., Olar, P., Navalušić, J. i Gajić, V. (1983): Obezbedjenost zemljišta Vojvodine cinkom i njegov značaj za visoku proizvodnju kukuruza (u pripremi za štampu, Novi Sad).

Table 1

Average yields of corn grain in Vojvodina Province, 1957-1982
(mc/ha)

Sector	Year									Index 1982/57
	1939	1947	1957	1977	1978	1979	1980	1981	1982	
Social + private sector	22.7	25.4		62.0	55.8	64.7	61.2	60.2	69.1	269*/
Social estates **/			39.3	74.2	72.1	76.3	73.7	72.3	80.5	205
Private farms **/			30.8	59.4	52.9	61.8	58.4	57.4	66.1	215

Annual gain 1963/82 1.68 mc/ha

Annual gain 1973/82 2.12 mc/ha

*/ Index 1982/47

**/ In Vojvodina Province social estates take about 40 per cent of the land and private farms about 60 per cent.

Table 2

Effect of zinc sulphate on grain yield of corn grown on chernozem soil in Srem District

(Four-year results, Stanojlović et al., 1981)
(t/ha)

Year	LSD		Variant of fertilization		
	0.05	0.01	NPK	NPK + Zn kg/ha	
				2	4
1973	0.397	0.600	8.79 100.0	8.86 103.8	9.17 104.3
1975	0.257	0.389	8.86 100.0	9.20*/ 103.8	9.19*/ 103.7
1976	0.431	0.653	7.94 100.0	8.16 102.8	8.49*/ 106.9
1977	0.345	0.522	8.02 100.0	8.09 100.9	8.34 104.0
Average			8.40 100.0	8.58 102.1	8.80 104.7

Table 3

Effect of the zinc sulphate on corn yields in the central part of Yugoslavia

Glintić, et. al., 1983

Locality	ppm Zn	Yield T/HA			
		NPK	NPK + Zn kg/ha		
			4	6	8
1.	5.1	8.13	8.63*	8.83*	8.75*
2.	5.2	11.68	11.92*	11.30	11.57
3.	5.3	10.93	10.10	11.42	11.15
4.	7.1	12.69	12.79	12.72	13.24
5.	5.5	9.79	10.31*	10.38*	10.61
6.	2.7	11.77	11.78	12.25	11.75
7.	2.7	4.84	4.10	5.52**	6.56**
8.	5.8	11.16	13.87**	13.42**	12.87**
Average		10.05	10.44	10.73*	10.74*

Table 5

Effect of boron, zinc and manganese on yield of corn in Slavonia (Yugoslavia)

kg/ha NPK*+B+ZN+MN	Yields of corn grain							
	1974		1975		1976		Average	
	t/ha	Index	t/ha	Index	t/ha	Index	t/ha	Index
1. NPK+0+0+0	2.19	100	8.23	100	9.18	100	6.54	100
2. NPK+5+2+6	4.08	186	8.90	108	9.42	103	7.47	114
3. NPK+5+4+6	6.31	288	8.96	109	9.48	103	8.25	126
4. NPK+5+6+6	7.71	352	8.88	108	9.30	101	8.63	132
5. NPK+5+6+0	6.06	275	8.78	107	9.76	106	8.20	125
6. NPK+0+6+6	8.20	374	8.78	107	9.64	105	8.87	136
7. NPK+0+6+0	7.98	364	9.24	112	9.86	107	9.03	138

Soils: 1974 - Hydromorphic soil, 1975 and 1976 - brown-lessive soil

* kg/ha = N-160, P_2O_5 = 128, K_2O=

Table 4

Effect of zinc sulphate on corn yields in production experiments on Serbia (Yugoslavia)

Glintić, M. et al., 1982

Locality and type of soil	ppm Zn in soil	Yield of grain kg/ha		
		NPK	NPK+Zn*	Index NPK=100.0
1. Aluvijalna zemljišta u dolini	3.6	9 349	11 103	118.7**
2. Velike Morave	6.5	10 271	11 878	115.6**
3. Aluvial soils in the valley of the River	2.7	7 944	9 772	123.0**
4. Velika Morava	1.8	9 605	9 948	103.6
5.	9.0	9 832	12 649	128.0**
6.	8.0	9 639	10 629	110.3*
7.	6.3	13 309	14 594	109.6*
8.	5.5	10 572	13 813	130.6**
9.	6.4	12 144	14 980	123.4**

Table 6

Total zinc in the soils of Vojvodina

(ppm Zn)

Soil type		Horizon			
		A (0-20)	A (20-40)	AC -	C -
Chernozem calcareous	V.š.*/	50-66	39.5-66	33-66	33-60
	M*/	60.5	52.7	49.3	46.5
Chernozem noncalcareous limeless	V.š.	75.100	52.-100	50.95	47.78
	M.	87.5	76.0	72.5	62.5

		A (0-20)	A (20-40)	AC -	CG	G
Black meadow soil (chernozem)	V.š.	45-100	45-78	50-78	45-70	45-66
	M.	72.5	61.5	64.0	57.5	55.5
		A (0-20)	A (20-40)	AG -	G -	
Hydromorphic black soil	V.š.	66-135	66-111	45-111	45-95	
	M.	100.5	88.5	78.0	70.0	

*/ V.š. = variation width

M. = Mean

Table 7

AVAILABLE ZINC IN THE SOILS OF VOJVODINA

(PPM ZN)

Type of soil		HORIZON				
		A (0–20)	A (20–40)	AC –	C –	
CHERNOZEM CALCAREOUS	VŠ*	1.10–2.03	0.73–1.61	0.85–1.36	0.55–1.39	
	M*	1.56	1.17	1.10	0.97	
CHERNOZEM NON-CALCAREOUS LIMELESS	VŠ	0.94–1.83	0.87–1.20	0.76–1.36	0.31–1.23	
	M	1.38	1.03	1.06	0.77	
		A (0–20)	A (20–40)	AC –	CG –	G –
BLACK MEADOW SOIL	VŠ	0.97–2.18	1.04–1.50	0.97–1.55	0.95–1.40	1.01–1.10
	M	1.57	1.27	1.26	1.17	1.06
		A (0–20)	A (20–40)	AG –	G –	
HYDROMORPHIC BLACK SOIL	VŠ	1.12–1.57	0.75–1.67	0.72–1.28	0.50–1.30	
	M	1.34	1.21	1.00	0.90	

Table 8

EFFECT OF ZINC AND PHOSPHORUS ON THE HEIGHT OF CORN PLANTS AND YIELD OF FRESH AND DRY MATTER IN 58 LOCALITIES IN VOJVODINA PROVINCE (MANOJLOVIC AT AL., 1983)

VARIANT	PLANT HEIGHT	INDEX	WEIGHT OF PLANTS			
			FRESH MATTER (GR)	INDEX	DRY MATTER (GR)	INDEX
1 - NK	67.1	100.0	128.1	100.0	17.0	100.0
2 - NK + ZN	71.1	105.8*	133.2	104.0	18.5	108.5*
3 - NK + P	69.2	103.0 (100.0)	192.5	150.3** (100.0)	24.2	142.2** (100.0)
4 - NKP + ZN	83.1	123.8** (120.2)	185.3	144.6** (96.3)	26.7	156.7** (110.2)*

Table 9

Effect of readily available zinc on the action of zinc-sulphate in the height of corn grown on Vojvodina soils

In soil ppm Zn	Number of localities	NK + Zn		Number of localities	NPK + Zn	
		%			%	
		+	-		+	-
0 - 2	46	57	43	46	71	29
2 - 3	8	25	75	8	37	63
0 - 3	54	52	48	54	56	44
Over 3	4	50	50	4	75	25
Total	58	52	48	58	67	33

\+ Effect observed

\- No effect

N = 58

Table 10

Effect of readily available zinc on the action of zinc-sulphate in the content of dry matter of corn grown on Voivodina soils

In soil ppm Zn	Number of localities	NK + Zn		Number of localities	NPK + Zn	
		%			%	
		+	-		+	-
0 - 2	46	54	46	46	54	46
2 - 3	8	37	63	9	33	67
0 - 3	54	51	49	55	51	49
Over 3	4	75	25	3	67	33
Total	58	53	47	58	52	48

\+ Effect observed

\- No effect

N = 58

ACCUMULATION OF SOME TRACE ELEMENTS THROUGH THE APPLICATION OF FUNGICIDES

Prof. D. D. Kerin
University of Maribor
Yugoslavia

A decisive measure for maintaining soil fertility is an application of fertilizers which returns at least those amounts of plant nutrients to the soil that have been extracted by the produce harvested. In intensive special cultures such as wine and fruit growing the requirements of plant nutrients are particularly high and need to be covered by correspondingly high rates of fertilizers.

Intensive measures of plant protection, through the use of organo-metallic fungicides and inorganic copper-based pesticides, lead to an accumulation of heavy metals in the soil. In vineyards metallic fungicides are applied up to six times annually, in fruit plantations up to ten times. Only small quantities of these fungicides remain on the plants (or the fruit) whereas most of the heavy metals remain in the soil and are thus accumulating. Such agrotechnic systems can therefore lead to an overcharging of soil and water and of surrounding ecosystems.

In fruit plantations the use of zinc and manganese carbamates as fungicides deposits annually and per hectare 3 to 5 kg of zinc and 5 to 10 kg of manganese into the soils. The same amounts are reached in vineyards or, with an application of copper-based fungicides, up to 25 kg of copper per ha.

The exportation of the various heavy metals by vine plants or apples is easily determined with the help of an analysis of plant particles. The amounts of heavy metals vary only very little at different yield levels. Furthermore, the forms in which heavy metals are tied to the absorptive complex of the soils have not yet been clearly determined and hence the real losses are unknown.

The following data are given as average annual values for the exportation of nutrients from the soil through intensive cultures (in grs per ha):

zinc	-	100 to 200
copper	-	60 to 120
manganese	-	150 to 180

The following average content of heavy metals has been determined in must (in mg per litre):

zinc	-	1
manganese	-	1.7
copper	-	6.5

Thus grapes are extracting the following amounts of heavy metals from the soil in 100 hl of must (in grs per ha):

zinc	-	10
manganese	-	17
copper	-	65

It can be concluded that 90 per cent of the heavy metals introduced by fungicides remain in the soil, which causes concern from the ecological point of view.

In field trials it has been shown that the heavy metal content of the must did not decrease when the vine plants were treated exclusively with organic fungicides.

Comparative trials in intensive fruit plantations with ten applications of metal-containing organic fungicides per annum have shown that a yield of 30 tons of apples per hectare extracts the following amounts of heavy metals (in grs per ha):

zinc	-	13
manganese	-	25
copper	-	9

There are some differences between intensive and extensive (without the application of chemical substances) systems of fruit growing, however:

Heavy metal content of apples (mg/kg)

	from plantations	untreated with chemica
zinc	0.45	0.13
manganese	0.85	0.17
copper	0.31	0.13

The metal content of fruit is not dangerous in both cases since they do not exceed generally established maximum allowances.

The heavy metal content of soils has been increasing. It it suggested to develop appropriate analytical methods for determining the soluble and physiologically active proportions of heavy metals in soils in order to recognise and avoid any possible pollution of the groundwater and of other parts of the ecosystem.